"十二五"职业教育国家规划教材
经全国职业教育教材审定委员会审定

修订版

Android 项目驱动式开发教程

第 3 版

主　编　刘　正　董明华
副主编　刘　丹　陈雪勤
参　编　陈　强　陶文寅　查艳芳

机械工业出版社

本书基于"十二五"职业教育国家规划教材修订而成，同时也是"十三五"江苏省高等学校重点教材（编号：2016-1-032）。

本书基于Android 13（API 33）版本，采用最新Android Studio作为开发环境，以项目驱动的方式全面而详细地介绍了Android应用开发所涉及的各方面的知识。全书共10个单元，分为3个部分，内容包括Android开发入门、生命周期及调试方法、布局与基本组件、高级组件开发、后台服务和广播、多媒体功能的设计、数据存储与数据共享、网络通信、传感器应用开发，以及综合实例：新闻客户端的实现。

本书内容丰富，结合大量精心设计的项目案例进行讲解。掌握本书的实例后，开发者无须自己编写大量的代码即可解决实际的Android项目开发问题。

本书既可作为高职及本科院校计算机专业Android应用开发类课程的教材，也可供相关专业人士参考使用。

为方便教学，本书配备电子课件等教学资源。凡选用本书作为授课教材的教师均可登录机械工业出版社教育服务网www.cmpedu.com免费下载相关资源。如有问题请致电010-88379375联系营销人员。

图书在版编目（CIP）数据

Android项目驱动式开发教程/刘正，董明华主编．—3版．—北京：机械工业出版社，2023.12

ISBN 978-7-111-74641-6

Ⅰ．①A… Ⅱ．①刘… ②董… Ⅲ．①移动终端-应用程序-程序设计-高等职业教育-教材 Ⅳ．①TN929.53

中国国家版本馆CIP数据核字（2024）第006744号

机械工业出版社（北京市百万庄大街22号 邮政编码100037）
策划编辑：赵志鹏　　　　　责任编辑：赵志鹏　侯　颖
责任校对：张勤思　李　杉　　封面设计：马精明
责任印制：常天培

北京机工印刷厂有限公司印刷

2024年5月第3版第1次印刷
184mm×260mm·16.75印张·380千字
标准书号：ISBN 978-7-111-74641-6
定价：49.00元

电话服务　　　　　　　　　网络服务
客服电话：010-88361066　　机　工　官　网：www.cmpbook.com
　　　　　010-88379833　　机　工　官　博：weibo.com/cmp1952
　　　　　010-68326294　　金　书　网：www.golden-book.com
封底无防伪标均为盗版　机工教育服务网：www.cmpedu.com

前言

《Android 项目驱动式开发教程》自 2014 年第 1 版、2018 年第 2 版发行以来深受广大读者的欢迎，不胜荣幸。此次根据党的二十大报告中指出的"加快发展数字经济，促进数字经济和实体经济深度融合"的要求，立足以移动互联 App 开发赋能社会治理和民生服务为导向，进一步落实立德树人根本任务，对内容做了相应的修订，在培养学生掌握专业技能的同时，也注重培养学生的职业道德、工匠精神和创新精神。

2015 年开始，Google 推出 Android Studio 开发平台，并停止对 Eclipse ADT 的更新支持。第 2 版最大的变更点就是更新为基于 Android Studio（简称 AS）。目前，集成开发环境 AS 和 Android 的 API 接口版本发生了很多的更新，第 3 版则是根据最新的集成开发环境和技术发展对部分内容做了调整。全书共 10 个单元，分为以下 3 个部分：

1）Android 开发基础部分（单元 1～单元 4）。单元 1 和单元 2 通过介绍 Android 系统的起源、发展和体系特征，并通过 Android 环境的搭建和开发第一个应用程序，对 Activity 的生命周期函数进行了讲解；通过 Logcat 方法进行调试方法的说明。和第 2 版相比，本版更新了案例，强化了职业素养的培养，在单元 2 中结合实例特别要求学生提高代码调试能力。代码调试能力是程序员一辈子的基本功，刚开始程序出现错误可以请老师、同学帮助，但最好的方法就是慢慢自己掌握调试方法，提高个人的编程能力以及发现问题、分析问题和解决问题的能力，这样才能比较顺利地理解和掌握相关的知识点。

2）Android 开发高级应用部分（单元 5～单元 9）。通过介绍后台服务与广播的使用、多媒体播放器的设计、Android 系统中各种数据的存储与共享，以及网络通信、传感器技术的应用，进一步讲解 Android 应用开发中较高级的知识和技术。这部分内容根据实际应用需求变动较大，大部分案例都按照最新的 API 做了更新，希望通过一个主题来培养学生具有优秀 IT 工作者的品质和素养。比如，在单元 5 中强调通过反复练习和推敲代码来增强快速分析问题并解决问题的能力；而在单元 6 中，通过音乐播放器这个例子带领学生对 Android 提供的 API 文档进行解读和熟悉，从而学会使用官方提供的最新 API 中的类和方法，为以后的更全面的开发提供可持续发展的支撑；而在单元 8 学习数据的存储模式和共享模式时，希望学生增强数据安全意识，在以后的学习和工作中要确保数据处于有效保护和合法利用的状态。

3）Android 开发案例（单元 10）。本单元通过一个新闻客户端的案例实现对前面的技能点做一个整理,是每个单元中学到的知识和技能的一次大练兵,是平时练习中一点一滴的积累汇聚成最后的一个综合案例。

  在 IT 业界,一般将程序员分为 4 个层级:初级、中级、高级和资深程序员。根据发展规律,每一个层级的晋升为 2～4 年,如何快速让学生适应岗位、缩短晋级时间是学习的一个重要目标。学习程序开发不仅是为了在学校取得课程考核及格,更多的是在学习中一步一步引导学生进行探索和思考,增强学生的信息意识,提升计算思维,促进数字化创新与发展能力,树立正确的信息社会价值观和责任感,为其职业发展、终身学习和服务社会奠定基础。

  本书由苏州工业园区服务外包职业学院刘正、董明华任主编,江苏联合职业技术学院刘丹及苏州大学陈雪勤任副主编,参加编写的人员还有苏州工业园区服务外包职业学院陈强、陶文寅和查艳芳老师。苏州斯威高科信息技术有限公司孙敏经理和添可智能科技有限公司孙海龙工程师参与了全书的规划及项目选取。

  由于编者水平有限,书中难免存在不足之处,敬请广大读者批评指正。

编 者

二维码索引

序号	名称	图形	页码	序号	名称	图形	页码
01	Android 课程导入		001	09	实训1-新闻客户端的登录界面设计-代码演示		078
02	开发工具的下载及安装		004	10	实训2-新闻客户端的首页设计实训-代码演示		082
03	Activity 生命周期		025	11	ProgressBar		091
04	实训 bug 调试技巧		038	12	SeekBar		093
05	View		042	13	ImageView		103
06	TextView		043	14	GridView		106
07	ImageButton		051	15	Fragment		122
08	ConstraintLayout		067	16	多媒体播放		157

（续）

序号	名称	图形	页码	序号	名称	图形	页码
17	多媒体播放 - 代码演示		158	21	Threadhandlermessage 代码演示		223
18	资源文件 -raw 文件		199	22	AsyncTask 加载网络图片		228
19	SQlite 数据库基本概念		202	23	JSON 解析		229
20	HttpURLConnection 使用		220	24	GSON 概述		231

目　录

前言
二维码索引

单元 1　Android 开发入门 / 001
1.1　Android 的发展及历史 / 001
1.2　Android 开发环境的搭建 / 004
1.3　项目框架分析 / 011
1.4　更新方法和常用配置 / 016
1.5　Android 四大组件介绍 / 019
1.6　实训项目与演练 / 020
单元小结 / 021
习题 / 022

单元 2　生命周期及调试方法 / 023
2.1　系统进程生命周期 / 023
2.2　Activity 生命周期 / 025
2.3　Android 开发中的调试技术 / 030
2.4　设备兼容性及国际化 / 033
2.5　实训项目与演练 / 038
单元小结 / 040
习题 / 040

单元 3　布局与基本组件 / 041
3.1　Android 用户界面的组件和容器 / 041
3.2　文本控件的功能与使用方法 / 042
3.3　按钮控件的功能与使用方法 / 050
3.4　时间和日期控件的功能与使用方法 / 057
3.5　界面布局管理器的使用 / 060
3.6　Intent 的概念及使用 / 069
3.7　Activity 的启动和跳转 / 071
3.8　实训项目与演练 / 078
单元小结 / 088
习题 / 089

单元 4　高级组件开发 / 091
4.1　进度条组件的开发和使用 / 091
4.2　列表与 Adapter 的开发和使用 / 094

4.3　图片浏览组件的开发和使用 / 103
4.4　消息组件的开发和使用 / 108
4.5　菜单与标签页组件的开发和使用 / 112
4.6　实训项目与演练 / 126
单元小结 / 130
习题 / 131

单元 5　后台服务和广播 / 133
5.1　后台服务简介 / 133
5.2　服务的两种使用方式 / 135
5.3　在服务中使用新线程更新 UI / 143
5.4　广播及接收 / 149
5.5　实训项目与演练 / 156
单元小结 / 160
习题 / 161

单元 6　多媒体功能的设计 / 163
6.1　多媒体文件格式与编码 / 163
6.2　音乐播放器的设计 / 165
6.3　录音功能的设计与实现 / 170
6.4　相机的调用与实现 / 176
6.5　实训的项目与演练 / 176
单元小结 / 186
习题 / 186

单元 7　数据存储与数据共享 / 187
7.1　配置文件的存储与读取 / 187
7.2　普通文件的存储与读取 / 191
7.3　SQLite 数据库的访问与读 / 写操作 / 202
7.4　数据共享操作 / 211
7.5　实训项目与演练 / 215
单元小结 / 217
习题 / 218

单元 8　网络通信 / 219
8.1　HTTP 网络通信 / 219
8.2　异步的基本概念 / 221

8.3 使用 Thread+Handler+Message 进行异步操作 / 221
8.4 使用 AsyncTask 进行异步操作 / 226
8.5 JSON 的基本概念和用法 / 229
8.6 实训项目与演练 / 232
单元小结 / 237
习题 / 238

单元 9　传感器应用开发 / 239

9.1 手机传感器介绍 / 239
9.2 开发传感器应用 / 242
9.3 实训项目与演练 / 242
单元小结 / 246
习题 / 246

单元 10　综合实例：新闻客户端的实现 / 247

10.1 系统功能介绍和架构设计 / 247
10.2 聚合数据 API Key 的申请 / 248
10.3 JSON 数据的解析 / 249
10.4 注册登录功能的实现 / 251
10.5 新闻浏览功能的实现 / 253
10.6 视频播放功能的实现 / 256
10.7 个人中心功能的实现 / 258
单元小结 / 259
习题 / 259

参考文献 / 260

单元 1
Android 开发入门

知识目标

- 了解 Android 系统的历史和版本演变。
- 掌握 Android Studio 开发环境的安装和配置。
- 理解 Android 应用程序的组成和架构。

能力目标

- 能够从官网下载并快速准确地搭建开发环境。
- 能够独立创建一个新的 Android 项目,并对项目进行基本的设置。
- 能够理解一个简单的 Android 应用程序的基本结构和布局,并会做简单变化。

素质目标

- 培养较强的自学能力,能够主动积累相关的知识和技能。
- 培养精益求精的工匠精神,能充分认识准确搭建开发环境(工具)的重要性。
- 培养信息检索的能力,能够不断学习新技术和新方法。

1.1 Android 的发展及历史

Android 课程导入

1.1.1 Android 系统简介

Android 是一种基于 Linux 的自由及开放源代码的操作系统,主要应用于移动设备。Android 股份有限公司于 2003 年在美国加州成立,2005 年被 Google 收购。经过 20 多年的发展,Android 已经和苹果 iOS、华为鸿蒙一起成为全球较受欢迎的智能手机平台之一。

Android 一词最早出现于法国作家利尔·亚当(Auguste Villiers de L'Isle-Adam)在 1886 年发表的科幻小说《未来夏娃》(*L'Eve Future*)中。他将外表像人的机器命名为 Android,于是便有了这个可爱的小机器人,如图 1-1 所示。

如果你是一个手机玩家，那么 Android 就是一个酷炫的手机系统，装有 Android 系统的手机会给你带来前所未有的全新的用户体验。如果你是一个上网达人，那么 Android 就是 4G 到 5G 时代智能手机的典范，你可以通过它获得前所未有的网络体验。如果你是一个程序员，那么 Android 就是一个魅力十足的开发平台，你可以在其上开发各种有趣有用的应用程序 App，并发布到应用市场，然后根据应用程序的销量获取相应的酬劳。

图 1-1　Android 标志

1.1.2　Android 智能手机系统的发展

自 Android 系统首次发布至今，Android 经历了很多的版本更新。从 2009 年 4 月开始，Android 操作系统改用甜点来作为版本代号，这些版本按照大写字母的顺序进行命名；而从 2019 年的 Android 10 起，则直接以数字作为版本号。表 1-1 列出了 Android 系统不同版本的发布时间及对应的版本号。

表 1-1　Android 版本历史

Android 版本	发布日期	代　　号	API 等级
Android 1.5	2009 年 4 月	Cupcake（纸杯蛋糕）	3
Android 2.3	2010 年 12 月	Gingerbread（姜饼）	9
Android 4.0	2011 年 10 月	Ice Cream Sandwich（冰淇淋三明治）	14
Android 5.0	2014 年 12 月	Lollipop（棒棒糖）	21
Android 6.0	2015 年 5 月	Marshmallow（棉花糖）	23
Android 7.0	2016 年 8 月	Nougat（牛轧糖）	24
Android 8.0	2017 年 3 月	Oreo（奥利奥）	26
Android 9.0	2018 年 5 月	Pie（馅饼）	28
Android 10(Q)	2019 年 5 月	不再以甜点名称作为代号，直接以数字命名	29
Android 11(R)	2020 年 9 月		30
Android 12(S)	2021 年 7 月		31/32
Android 13(T)	2022 年 5 月		33

Android 系统是基于 Linux 的智能操作系统。2007 年 11 月，Google 与 84 家硬件制造商、软件开发商及电信运营商组建开发手机联盟，共同研发改良了 Android 系统。随后 Google 以 Apache 开源许可证的授权方式，发布了 Android 的源代码。也就是说，Android 系统是完整公开并且免费的，Android 系统的快速发展，也与它的免费开源不无关系。

1.1.3　Android 系统的框架架构

Android 是一个开放源代码的操作系统，其内核为 Linux。开发者所关心的是这个平台的架构及所支持的开发语言。图 1-2 所示为这个平台的框架架构。下面介绍 Android 系统的框架及其内容。

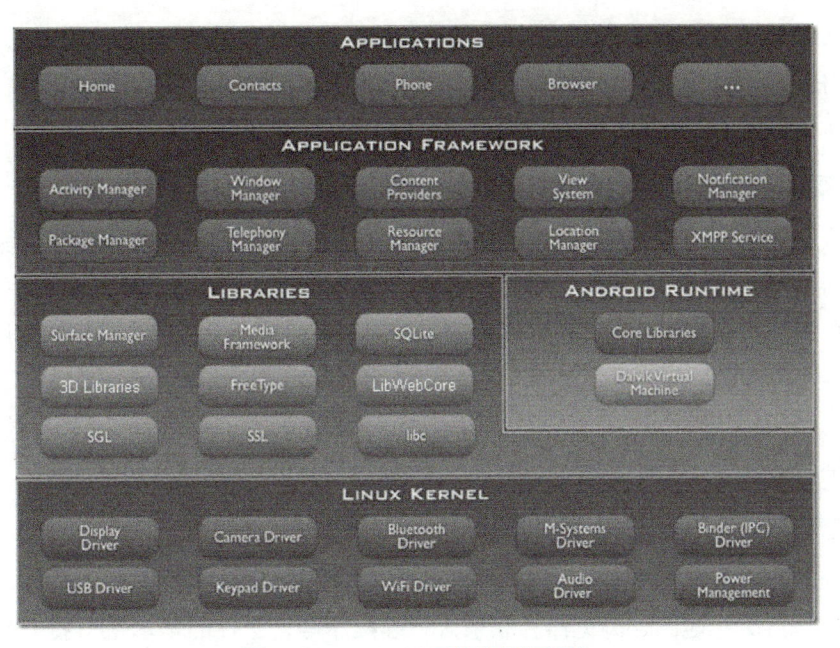

图 1-2　Android 系统的框架架构

1. Linux 内核（Linux Kernel）

Android 的核心系统服务依赖于 Linux 内核，包括显示驱动（Display Driver）、进程驱动（IPC Driver）、WiFi 驱动（WiFi Driver）、音频驱动（Audio Driver）、电源管理（Power Management）等。Linux 内核同时也被作为硬件和软件栈之间的抽象层。

2. 系统运行库（Libraries）

（1）程序库　Android 包含一些 C/C++ 库，这些库能被 Android 系统中的不同组件使用。它们通过 Android 应用程序框架为开发者提供服务。以下是一些核心库。

1）系统 C 库（libc）。它是一个从 BSD 继承来的标准 C 系统函数库，专门为基于嵌入式（Embedded）Linux 的设备定制的。

2）媒体库（Media Framework）。该库基于 PacketVideo OpenCORE，支持多种常用的音频、视频格式回放和录制，同时支持静态图像文件。编码格式包括 MPEG4、H.264、MP3、AAC、AMR、JPG 和 PNG 等。

3）Surface Manager。该库是对显示子系统的管理，并且为多个应用程序提供了 2D 和 3D 图层的无缝融合。

4）LibWebCore。它是一个最新的 Web 浏览器引擎，支持 Android 浏览器和一个可嵌入的 Web 视图。

5）SGL。它是底层的 2D 图形引擎。

6）3D Libraries。该库基于 OpenGL ES 1.0 APIs 实现，可以使用 3D 硬件加速（如果可用）或者使用高度优化的 3D 软件加速。

7）FreeType。它用于位图（bitmap）和矢量（vector）字体的显示。

8）SQLite。它是一个对于所有应用程序可用的、功能强劲的轻型关系数据库引擎。

（2）Android 运行时（Android Runtime） Android 系统会通过一些 C/C++ 库来支持用户使用的各个组件，使其能更好地为用户服务。Android 包括了一个核心库（Core Libraries），该核心库提供了 Java 编程语言核心库的大多数功能。

3. 应用程序框架（Application Framework）

开发人员也完全可以访问核心应用程序所使用的 API 框架。该应用程序的架构设计简化了组件的重用；任何一个应用程序都可以发布它的功能块，并且任何其他应用程序都可以使用其发布的功能块（不过得遵循框架的安全性限制）。同样，该应用程序的重用机制也使用户可以方便地替换程序组件。

隐藏在每个应用程序后面的是一系列的服务和系统接口，是开发者在学习和开发过程中要好好学习的内容，熟练掌握它们能有效地提高开发效率和效能。

4. 应用程序（Application，App）

Android 系统会和一个核心应用程序包一起发布到设备中，包括 E-mail 客户端、SMS 短消息程序、日历、地图、浏览器、联系人管理程序等，这样的基本生态圈（系统＋核心应用程序 GMS）构成了购买移动设备时的系统和自带核心程序。

移动设备在使用中，用户会从网络下载不同的 App，或者安装自己开发的 App，去完成各种功能。本书讲解和开发的 App 都属于这个部分。

1.2 Android 开发环境的搭建

1.2.1 Android 开发简介

Android 的应用程序一般使用 Java 或 Kotlin 编写，当然也有 NDK（Native Development Kit）的开发方式，会涉及 C/C++。在开发过程中，有众多的样本应用和开源应用提供下载，并且使用官方 IDE（集成开发环境）Android Studio。这种官方的集成开发环境有丰富的源代码模板，用户可以在源码的基础上进行程序的修改和编写，从而降低程序开发的难度，加快开发速度。同时，IDE 提供的工具能将开发者的代码连同项目中的数据和资源文件编译成一个 Android 应用程序包，即 APK 文件（就是带有 *.apk 扩展名的安装文件），方便通过应用市场进行分发。

推荐在 Windows 操作系统下采用 Java 语言编程。Java 作为官方语言的时间比 Google 官方推荐的 Kotlin 要长，而且它比 Kotlin 应用更广泛，在许多软件开发（比如企业管理软件或网站开发）上应用得非常广泛。所以，学习好本书所涉及的移动应用程序的开发的同时，对熟悉并掌握好 Java 语言也是极好的锻炼。

Kotlin 和 Java 比较类似，建议读者在熟悉 Java 开发的基础上对其进行深入学习。

1.2.2 下载 Android Studio IDE

下载 Android Studio IDE 的官方网址是 https://developer.android.google.cn/index.

html，下载页面如图 1-3 所示。

图 1-3　Android Studio IDE 下载页面

单击下载按钮后会弹出许可协议，选择同意，并再次确认版本后单击下载按钮。这里下载的文件是 Windows 版本的 android-studio-2021.3.1.17-windows.exe，如图 1-4 所示。

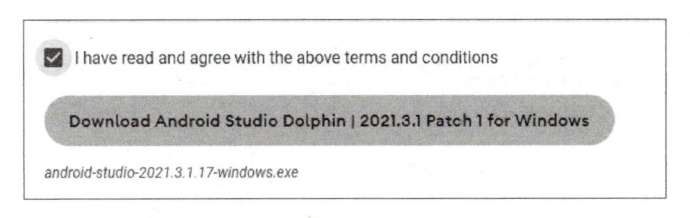

图 1-4　下载确认页面

最新的 Android Studio 安装后会自带 Java 运行环境 JRE（Java Runtime Environment），读者可以直接使用 Android Studio 自带的 JRE，而不再需要安装 Java 开发工具包 JDK（Java Development Kit）。这个过程在较早版本的书籍中一般都会做要求，现在初学者可以忽略这一步。当然，如果读者已经在计算机上使用 Eclipse 进行过 Java 编程工作，那么说明这台计算机上应该已经安装好 JDK 并配置好其中的环境，也可以直接使用。

1.2.3　安装 Android Studio

找到已下载的可执行文件，双击，进入安装欢迎向导，直接单击 Next 按钮继续。安装路径默认为系统盘 C 盘，建议安装到另外一个分区中，如 D:\Android（切记文件目录不要带中文，以后开发过程中项目的保存也要注意，否则容易出错）。安装过程中持续单击 Next 按钮。最后，选中 Accept 单选按钮并单击 Finish 按钮即可。具体过程如图 1-5 所示。

安装过程中，请务必保持网络能正常访问。安装成功后可以在开始菜单中找到 Android Studio 的启动图标。可以右击该图标，使用快捷菜单命令将其快捷启动方式发送到桌面，以后只需在桌面上双击该图标就可以启动 Android Studio 了。

默认为 C 盘，建议改安装到 D 盘

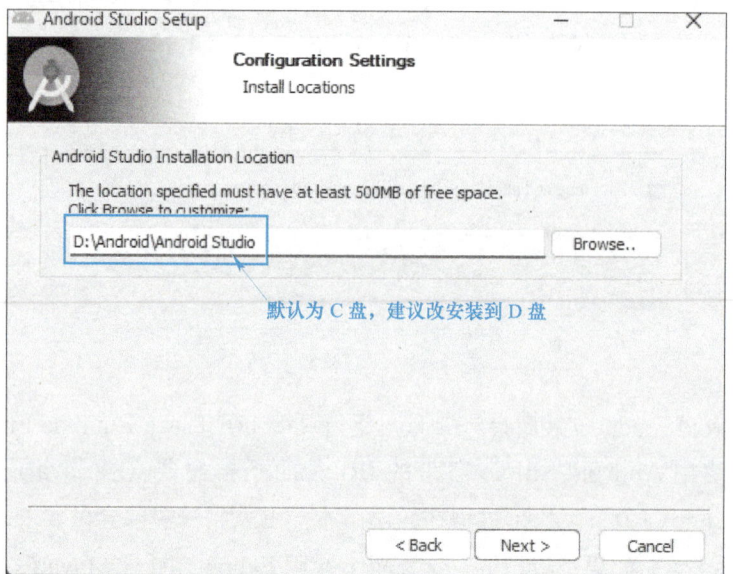

图 1-5 安装过程界面

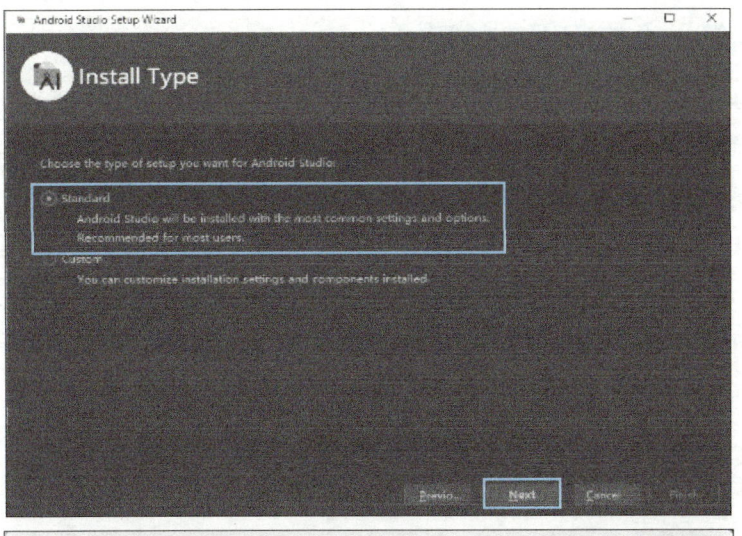

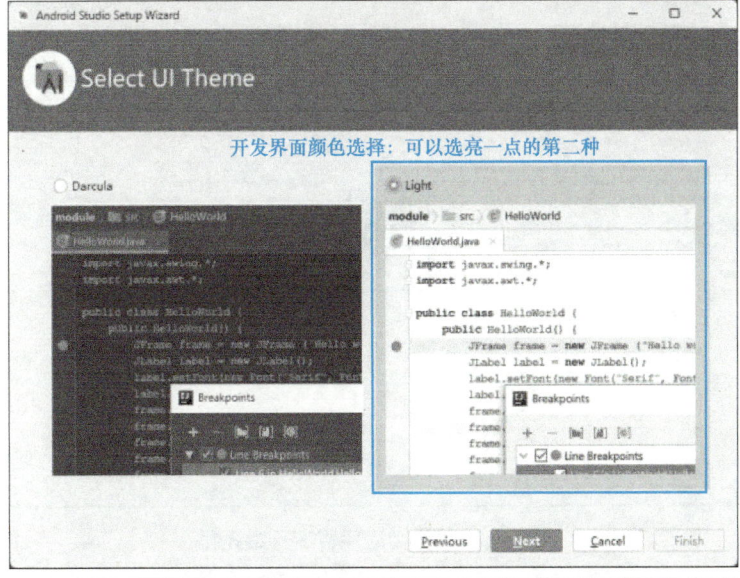

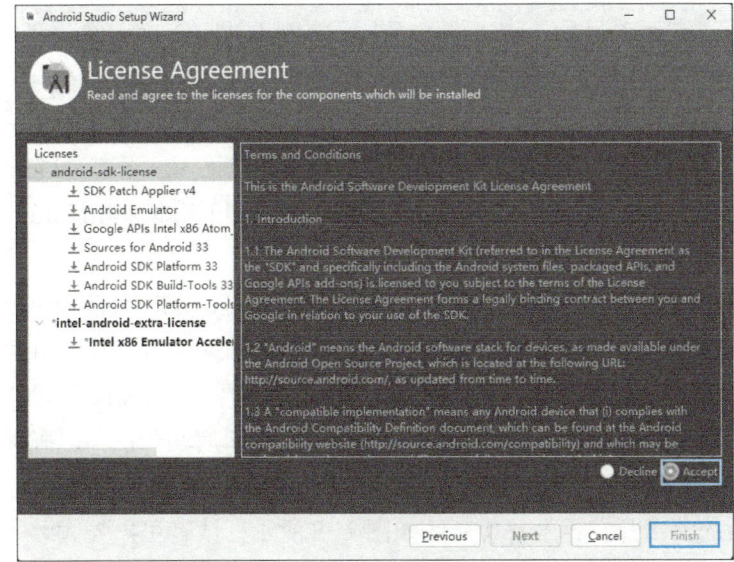

图 1-5 安装过程界面（续）

1.2.4 开启第一个应用程序并初始化

第一次安装 Android Studio IDE 时还有些插件没有下载和配置，需要在建立第一个应用程序的同时对其开发环境进行初始化。系统会根据需要自动安装必要的 Android 开发软件包 Android SDK 和自动化构建工具 Gradle 等插件和工具。

启动 Android Studio IDE 后进入图 1-6 所示的欢迎界面。单击 New Project 按钮，选择 Phone and Tablet 手机应用（Android 能支持的设备有手机、穿戴设备、TV 及智能设备等，本书默认是手机应用）中的空模板（Empty Activity）来开启第一个应用程序的创建。

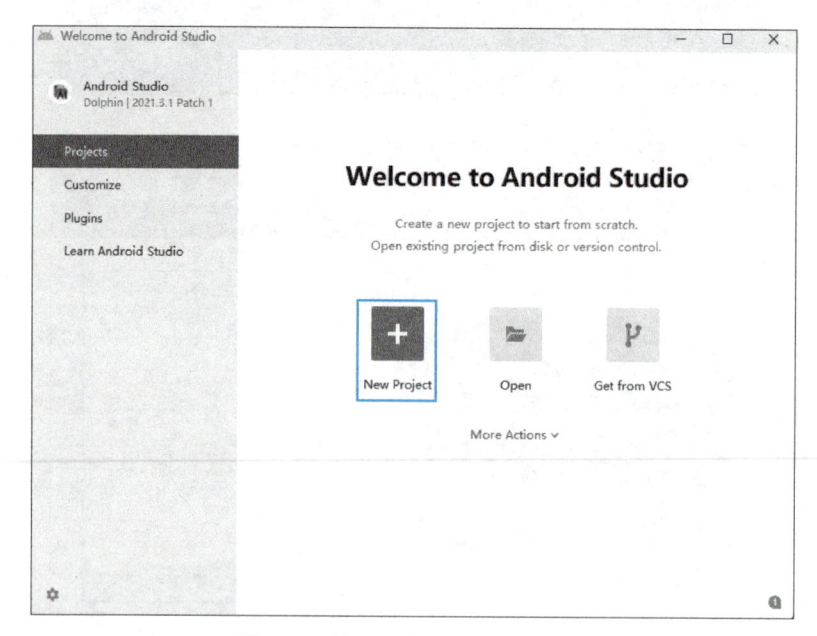

图 1-6 第一个应用程序开始界面

选择空模板建立新项目后，进入图 1-7 所示的新项目（New Project）的设置界面。在这里设置项目名称（Name，修改成 HelloAndroid）、包名（Package name，本次可以默认使用自动生成的包名，以后开发项目时根据项目要求再修改设置）、保存路径（Save location，项目保存的路径可以修改，尽量不要有中文和空格）、语言（Language，系统默认为 Kotlin，这里修改成 Java），以及最低支持的 Android 版本（Minimum SDK，这里选择默认的 5.0）。最后，单击 Finish 按钮。

第一次项目构建完成要等待较长时间，因为需要下载 Gradle 及部分 Android 项目需要依赖的包。在更新过程中，如果出现 Windows 系统的防火墙对于 Android 插件（比如 adb.exe）的网络访问选择，请选择允许访问选项。更新时间可能会比较长，请耐心等候。

建议在项目构建完成后，关闭 Android Studio 并重新启动一次，以确保新安装的插件或更新的功能可以正确应用，新创建的 HelloAndroid 项目也将重新构建完成。

正常加载后的项目开发界面各功能区如图 1-8 所示，读者可以先大致了解一下，随着开发工作的深入，对它会越来越熟悉。

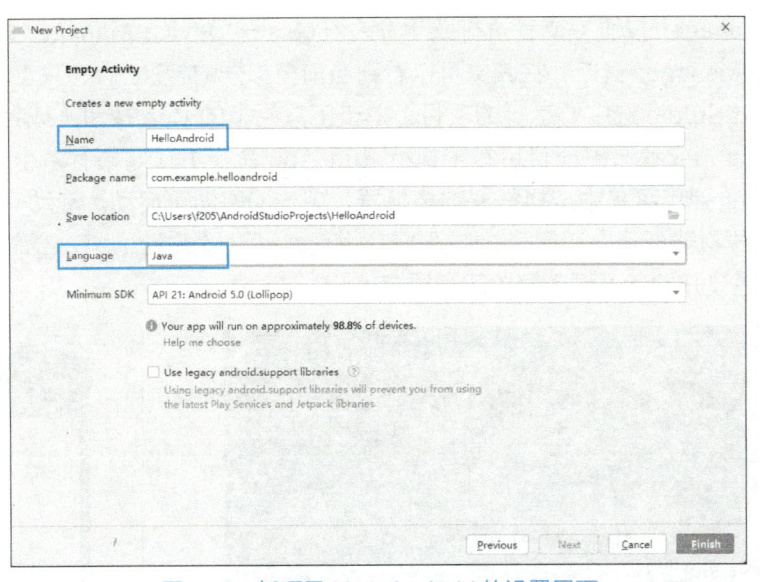

图 1-7　新项目 HelloAndroid 的设置界面

图 1-8　项目开发界面各功能区

1.2.5　在 AVD 上运行 App

上一小节通过模板向导创建了一个 HelloAndroid 项目，项目已经默认包含了一系列源文件，我们可以立即运行该应用程序。下面来一起学习在 Android 模拟器 AVD 上或者在真实的 Android 设备上安装并且运行应用程序。

如果不方便使用真实设备调试，Android 为用户提供了一种解决方案。开发平台集成了 Android 虚拟设备（Android Virtual Device，AVD），利用 Device 管理器，用户可以创建各种模拟器（Emulator），并利用模拟器获得跟真实手机基本相同的体验。

第一次直接使用 Android Studio 安装后系统自带的默认 AVD（以后开发者可以利用 Device 管理器来创建其他 AVD 以满足特定项目的需求），先单击 Android Studio 工具栏上的 Device Manager 按钮（或者执行菜单命令 Tools → Device Manager），打开图 1-9 所示的 Device Manager 窗口，在其中可以看到当前模拟器的状况。

在 Android Studio 选中要运行的项目，单击工具栏上的 Run 按钮（或者执行菜单命令 Run → Run'App'，或者选中项目后右击执行 Run App 命令）。如果有多个 AVD，需要从 Device Manager 弹出菜单中选择需要的模拟器，单击 OK 即可启动。启动完成后，即可看到 App 已经在模拟器屏幕上运行了，如图 1-10 所示。第一次启动 AVD 会需要较长的时间，实际开发时，建议开发者不要频繁关闭和重启 AVD。

图 1-9　Device Manager 窗口　　　　　　图 1-10　App 运行图

如果需要新建 AVD，可以在 AVD Manager 面板中，单击 Create Device 选项，然后在 Select Hardware 界面中选择一个设备，比如 Pixel 6（API33），单击 Next 按钮，选择列出的合适系统镜像并给出一个 AVD 名称，最后单击 Finish 按钮即可完成新 AVD 的创建。

1.2.6　在真机上运行 App

如果有一个真实的 Android 设备（手机或平板计算机），通过以下的步骤可以在该设备上安装和运行应用程序。

1）开启手机上的 USB 调试选项和 USB 安装选项。这个选项在"设置"（或更多设置）→"开发人员选项"里。这里需要注意的一点是，现在 Android 手机中"开发人员选项"在默认情况下是隐藏的。想让它可见，可以去"设置"→"关于手机"（或者关于设备）中单击版本号 7 次。再返回时就能找到"开发人员选项"了。不同的品牌可能略有差异，可以上网搜索一下。

2）准备一部 Android 手机，以及一根确保能正常使用的数据线，然后连接好计算机和手机。这一步一定要做好，手机通过数据线连接到计算机时，一般会提示"充电"或"传输文件"等，请选择"传输文件"。下面的操作过程中务必保持手机和计算机是连接着的。

3）将 Android Studio 中的运行设备从 AVD 变更为真机型号（如果没有出现真机型号，说明前两个步骤有操作不当的地方，请检查更正）。然后单击 Run 按钮。恭喜您，您开发的第一个 App 就会安装到您的手机里面并运行了。本项目的运行效果和 AVD 运行效果完全一样，显示的图标和内容虽然非常简单，但这是一个完整的 App。

大部分初学者开发的 App 都可以使用 AVD 模拟器进行快速的运行和调试。但当开发者开发的 App 涉及蓝牙传输、GPS 定位、相机或使用了手机的传感器的时候，就必须使用真机来进行程序调试了。

1.3 项目框架分析

1.3.1 HelloAndroid 项目框架

在建立 HelloAndroid 应用程序的过程中，Android 系统在 Android Studio 中会自动建立一些目录和文件，构成一个项目的框架，如图 1-11 所示。其中有的文件有着固定的作用，有的允许修改，有的不允许修改。了解这些文件及目录的作用，对 Android 应用程序的开发有着非常重要的作用。下面对这些文件分别进行介绍。

manifests/ 目录下的 AndroidManifest.xml 文件是 Android 配置文件。该文件列出了应用中所使用的所有组件，如 Activity 和后面要介绍的广播接收者、服务等组件，以及应用的权限。

java/ 目录用于存放开发人员自己编写的 Java 源代码的包。

res/ 目录（res 是 resource 的缩写）一般被称为资源目录。该目录可以存放一些图标、界面布局文件、菜单文件，以及应用中用到的字符串等内容。

Gradle Scripts/ 目录下是构建工具 Gradle 编译产生的相关文件。

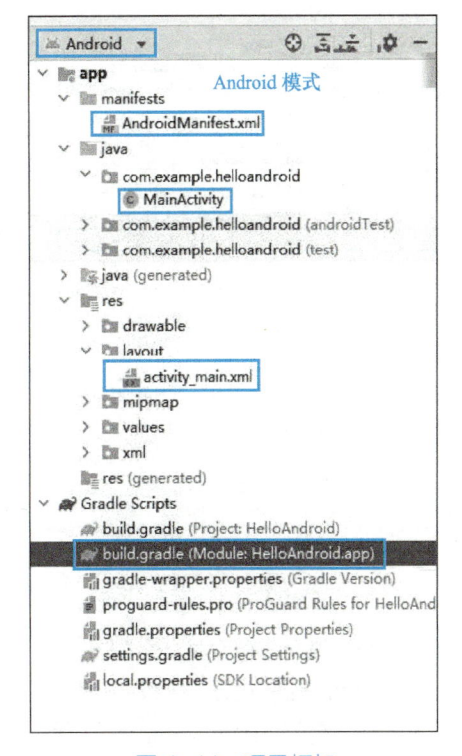

图 1-11 项目框架

1.3.2 资源目录

资源是 Android 应用程序不可或缺的部分。资源中存放了会被应用到程序里面的一些外部元素，例如图片、音频、视频、字符串文本、布局、主题等。Android 创建了一个被称为 R 的类，在 Java 代码中可以通过它关联到对应的资源 ID。任何存放在资源目录里的内容都可以通过应用程序的 R 类访问，这是被 Android 编译过的。所有资源的 ID 将最终被编译到 APK 文件里。R 类中所包含子类的命名由 res/ 目录下的文件夹名称所决定。

res/ 目录下的 drawable 文件夹用来存放程序里所用到的所有图片资源文件。

res/ 目录下的 mipmap 文件夹是 Android 4.2 及以上版本新增加的一个目录，系统会在图片的缩放上提供一定的性能优化。目前只是用来放启动图标 ic_launcher，而 PNG、JPEG、GIF 等自己制作的图片资源，还是全部放在 drawable 目录下。

res/ 目录下的 layout 文件夹存放的是项目涉及的布局文件。本例中的布局文件是系统默认自动创建的 activity_main.xml 文件。（在 Android Studio 中，双击 activity_main.xml 文件，在编辑区出现图 1-12 的界面，当前显示的是 Split 模式。用户可以单击 Design 或 Code 按钮，切换编辑模式。）布局文件利用 XML 语言来描述用户界面。图中代码的第

011

9行说明在界面中使用了TextView控件,该控件主要用来显示字符串文本。代码的第9～16行分别对此文本控件的宽、高、显示内容等做了描述。其中,第12行中的"Hello Android!"是对TextView的内容设置,后面会尝试修改这个字符串的内容,使界面中显示的内容发生变化,用户可以尝试一下这个操作。

图1-12 layout设计界面

res/目录下的values文件夹,其中存放的strings.xml文件用来定义字符串和数值,colors.xml文件用来存放定义的颜色值。

如下面的strings.xml文件代码所示,它声明了string标签,每个string标签对应声明一个字符串(key-value键值对),如"<string name="APP_name">HelloAndroid"中类型为string的name属性指定其为引用名,在程序中调用此引用名(APP_name)就可以使用后面的值(实际的字符串为HelloAndroid)。

```
1  <resources>
2      <string name="APP_name">HelloAndroid</string>
3  </resources>
```

为什么要把程序中出现的文字单独存放在strings.xml文件中呢?主要有以下两个作用。

1)可以提高代码的可维护性。借鉴C语言中的常量概念来理解,使用常量有3个好处:①不必重复输入同一个值;②如果必须修改常量值,只需要修改源代码中的一个地方即可;③给常量赋一个描述性的名字提高程序的易读性。

2)方便国际化。也就是同一个App安装到不同语言的设备时,能自动根据系统语言决定显示界面上的语言文字(如中文系统就显示中文,日文系统就显示日文,英语系统就显示英文),增加用户友好性。Android系统建议将屏幕上显示的文字定义在strings.xml中。比如开发的应用程序本来是面向中国国内用户的,当然只需要在屏幕上使用中文,而如果要让这个应用程序走向世界,进入国际市场,就需要在手机屏幕上显示英语等语言。如果没有把文字信息定义在strings.xml中,就必须修改所有相关的程序内容,很容易犯错。但将所有屏幕上出现的文字信息都集中存放在 strings.xml 文件中后，只需要再提供英语（或更多种语言）的 strings.xml 文件，将里面的汉字信息都修改为英语等，运行程序后，Android 操作系统会根据用户手机的语言环境和国家来自动选择相应的 strings.xml 文件，比如英文系统的手机界面就会显示英语信息。

1.3.3 AndroidManifest.xml 简介

在根目录 manifests/ 中，每个应用程序都有一个配置文件 AndroidManifest.xml（一定是这个名字）。这个功能清单文件为 Android 系统提供了关于这个应用程序的基本信息，系统在运行任何程序代码之前必须知道这些信息。

AndroidManifest.xml 文件主要包括以下功能。

1）命名应用程序的 Java 应用包，这个包名用来唯一标识应用程序。

2）描述应用程序的组件——活动、服务、广播接收者、内容提供者，对实现每个组件和公布其功能（比如能处理哪些意图消息）的类进行命名。这些声明使得 Android 系统了解这些组件，以及它们在什么条件下可以被启动。

3）决定应用程序组件运行在哪个进程里。

4）声明应用程序所必须具备的权限，用以访问受保护的部分 API，以及和其他应用程序交互。

5）声明应用程序其他的必备权限，用以组件之间的交互。

6）列举测试设备 Instrumentation 类，用来提供应用程序运行时所需的环境配置及其他信息。这些声明只在程序开发和测试阶段存在，发布前将被删除。

程序中使用的所有组件都会在功能清单文件中被列出来，所以开发者必须对此文件非常了解，并能够对其进行准确的修改。

```
1  <?xml version="1.0" encoding="utf-8"?>                          <!-----XML 文件头 ---->
2  <manifest xmlns:android="http://schemas.android.com/apk/res/android"<!----- 第一层次 ---->
3  package="cn.edu.siso.helloandroid" >
4      <application                    <!----- 第二层次，声明描述应用程序的相关特征 ---->
5          android:allowBackup="true"
6          android:icon="@mipmap/ic_launcher"
7          android:label="@string/APP_name"
8          android:theme="@style/APPTheme" >
9          <activity                <!----- 第三层次,声明应用程序中的组件,如 Activity ---->
10             android:name=".MainActivity"
11             android:exported="true">
12             <intent-filter>        <!----- 第四层次，声明此 Activity 的过滤器 ---->
               <!—Android 没有专门的 main() 方法，通过这个动作指定启动 App 时首先显示哪一个 Activity-->
13                 <action android:name="android.intent.action.MAIN" />
14                 <category android:name="android.intent.category.LAUNCHER" />
15             </intent-filter>            <!----- 第四层次声明结束标签 ---->
16             <meta-data
17                 android:name="android.APP.lib_name"
18                 android:value="" />
19         </activity>                    <!------ 第三层次声明结束标签 ----->
```

| 20 | </application> | <!------ 第二层次声明结束标签 -----> |
| 21 | </manifest> | <!------ 第一层次声明结束标签 ----> |

AndroidManifest.xml 是每个 Android 程序中必须具备的文件。它位于整个项目的根目录下，描述了 package 中暴露的组件（Activity、Service 等）、它们各自的实现类，以及各种能被处理的数据和启动位置。此外，AndroidManifest.xml 还能指定 Permissions 和 Instrumentation（安全控制和测试）。

下面对 AndroidManifest.xml 文件进行具体分析。

第 2 行代码，manifest 是根目录，属于第一层次；xmlns:android 定义了 Android 的命名空间，一般为 http://schemas.android.com/apk/res/android，这使得 Android 中的各种标准属性都能在文件中被使用，为大部分元素提供了数据。

第 3 行代码 package="cn.edu.siso.helloandroid" 指定了本应用程序中 Java 主程序包的包名，它也是一个应用进程的默认名称。

第 4~20 行代码声明了应用程序相关的信息。一个 AndroidManifest.xml 文件中必须含有一个 application 标签，这个标签声明了每一个应用程序的组件及其属性（如 icon、label、permission 等）。这也是最重要的声明部分，属于第二层次。

第 6 行代码 android:icon 用来声明 App 的启动图标。启动图标放在 mipmap 文件夹中，使用资源引用的方式。

第 7 行代码 android:label 用来声明 App 的名称，字符串一般存放在 strings 文件中，使用资源引用的方式。

第 8 行代码 android:theme 用来定义资源的风格，它定义了一个默认的主题风格给所有 Activity。当然，也可以在自己的 Theme 里设置它，类似于 style。

第 9~19 行代码是对这个应用程序中的一个 Activity 的声明，属于第三层次。由于本应用中只有一个 Activity，因此这里只需要声明一个 Activity。如果有多个组件，则必须在这里添加声明。

第 10 行代码 android:name 是一个前面省略了包名的类名，注意在 android:name=".MainActivity" 中前面有个点。这个类名也是在 src/ 根目录下的，以包命名的文件夹中对应的 Java 文件名，大小写也要完全一致。

第 12~15 行代码是对这个 Activity 的过滤器（Filter）的声明，属于第四层次。intent-filter 内设定的属性包括 action、data 与 category 这 3 种。也就是说，过滤器只会与这 3 种属性做对比动作。

action：action 很简单，它只有 android:name 这个属性。常见的 android:name 的值为 android.intent.action.MAIN，表明此 Activity 是作为应用程序的入口。该属性起到的功能和 C 语言程序中的 main() 函数相同，所以 action.MAIN 能且只能赋给一个 Activity。

category：category 也只有 android:name 属性。常见的 android:name 的值为 android.intent.category.LAUNCHER，它用来决定应用程序是否显示在程序列表里。

这里需要补充说明一个非常重要的权限许可（Permission）问题。Android 系统采用不声明不能使用的原则，即如果程序需要访问内部通讯录、Internet、GPS、蓝牙等功能，都必须在 manifest 文件中进行许可声明，否则程序将出错。

Android 的 manifest 文件中有 4 个标签与 Permission 有关，它们分别是 <permission>、<permission-group>、<permission-tree> 和 <uses-permission>。其中，最常用的是 <uses-permission>。如果需要获取某个权限时，就必须在 manifest 文件中声明 <uses-permission>。<uses-permission> 与 <application> 同层次，一般插入在 application 标签后面，例如：

<uses-permission android:name= "android.permission.READ_CONTACTS"/>

这句代码表示当前的应用程序具有从内部通讯录联系人中读出名字和号码的权限。

在 AndroidManifest.xml 文件中必须注意它所包含的 intent-filters，即"意图过滤器"。应用程序的核心组件（活动、服务和广播接收器）通过意图被激活，意图代表的是你要做的一件事情或想达到的目的。Android 寻找一个合适的组件来响应这个意图。如果需要启动这个组件的一个新的实例，并将这个实例传递给这个意图对象，就需要 Filters 描述 Activity 启动的位置和时间。每当一个 Activity（或者操作系统）要执行一个操作时，例如，打开网页或联系簿时，它创建出一个 intent 的对象，这个对象将承载一些信息用于描述你想做什么、你想处理什么数据、数据的类型及其他一些信息。Android 比较 intent 对象和每个 application 所暴露的 intent-filter 中的信息，以找到最合适的 Activity 来处理调用者所指定的数据和操作。

1.3.4 重点文件说明

再次观察图 1-11，图中框出了 4 个重点文件，这是初学者必须知道的内容。下面来说明这几个文件的作用和相互之间的关系。

1）功能清单文件 AndroidManifest.xml。这个文件在第 1.3.3 小节中已进行了详细介绍。它描述了项目的基本清单（App 有哪些组件会起作用，以及这些组件的详细信息），并规定了项目的权限（声明过的权限就能使用，没有声明的权限就不能使用），等同于一个项目的说明书和权限声明书，开发者需要非常熟悉。

2）Java 源文件 MainActivity。编译并运行本案例 Java 源文件后，Activity 启动并加载布局文件 activity_main.xml，显示一条文本"Hello Android!"。开发者通过编写 Java 源文件来实现各种想要的功能，是开发者最重要的代码舞台。

3）布局文件 activity_main.xml。一个好的 App 必然需要美观实用的用户界面（UI）。比如在一个手机界面上有几个按钮、几张图片、几个文本框，以及显示的文字字体、大小和颜色，横着排列布局还是竖着排列布局。在布局文件中都必须有非常明确和详细的布局设计，这也是开发者非常重要的工作内容。

一个 Activity 需要一个主 Java 文件对应一个 XML 布局文件。一般在 Java 文件中通过 setContentView(R.layout.activity_main) 语句来实现对应和关联。本案例程序只有一个 Activity 并且模板已经自动做好了关联。在以后开发第 2 个 Activity 时，除了在 AndroidManifest.xml 中要做新 Activity 的声明外，关联这一点也请务必记住，避免出现跳转不成功的错误。

4）build.gradle 文件。Android Studio 使用 Gradle 编译运行 Android 项目，项目的每个模块及整个项目都有一个 build.gradle 文件。通常只需要关注模块自身的 build.

gradle 文件，该文件用于存放编译设置，包括 defaultConfig 设置。

① compiledSdk Version，应用将要编译的目标 Android 版本，此处默认为 SDK 已安装的最新 Android 版本。人们仍然可以使用较老的版本编译项目，但把该值设为最新版本，可以使用 Android 的最新特性，同时可以在最新的设备上优化应用来提高用户体验。

② ApplicationId，创建新项目时指定的包名。

③ minSdk Version，创建项目时指定的最低 SDK 版本，是新建应用支持的最低 SDK 版本。

④ targetSdk Version，测试过自己的应用支持的最高 Android 版本（同样用 API level 表示）。当 Android 发布最新版本后，应该在最新版本上测试自己的应用，同时更新 targetSdk Version 到 Android 最新版本，以便充分利用 Android 新版本的特性。

对于初学者来说，熟悉并掌握了这几个重要文件的话，对初步的编程入门会有比较大的帮助。其他项目文件不是说不重要，但可以随着学习的深入再逐步去了解和分析，从而达到对整个项目的全面掌握。

1.4 更新方法和常用配置

安装 Android Studio 后，可以轻松通过自动更新和 Android SDK 管理器让 Android Studio IDE 和 Android SDK 工具保持最新状态。

若有可用的 IDE 更新，Android Studio 将通过对话框通知读者，也可以执行菜单命令 Help → Check for Update 手动检查更新。

1.4.1 SDK 的更新

Android 软件开发包 SDK 在第一次安装时，已经安装好了最新版本，如果开发者需要开发指定版本的 App，则需要下载并使用对应版本的 SDK 工具。

Android SDK 管理器可以帮助开发者下载 SDK 工具、平台和开发应用所需的其他组件。下载完成后，开发者可以在标示为 Android SDK Location 的目录中找到每个软件包。如需从 Android Studio 打开 SDK 管理器，可执行菜单命令 Tools → SDK Manager，或单击工具栏中的 SDK Manager 按钮。SDK 管理器的平台选项卡如图 1-13 所示。

1）已安装的软件包如有更新，其复选框中会显示短画线。

2）如需更新某个软件包或安装新软件包，选中复选框，然后单击 Apply 或 OK 按钮，并同意许可协议。

3）如需卸载某个软件包，选中对应的复选框，然后单击 Cancel 按钮。

4）待下载的更新在左侧列中以下载图标表示。待执行的移除项以红色叉号图标表示。

对于 SDK Tools（工具）选项卡中的内容（见图 1-14），系统已经自动默认安装了以上软件包，其中包含了构建应用、Android 平台所需的各种工具及模拟器加速器等。开发者可根据需求进行增删或更新。

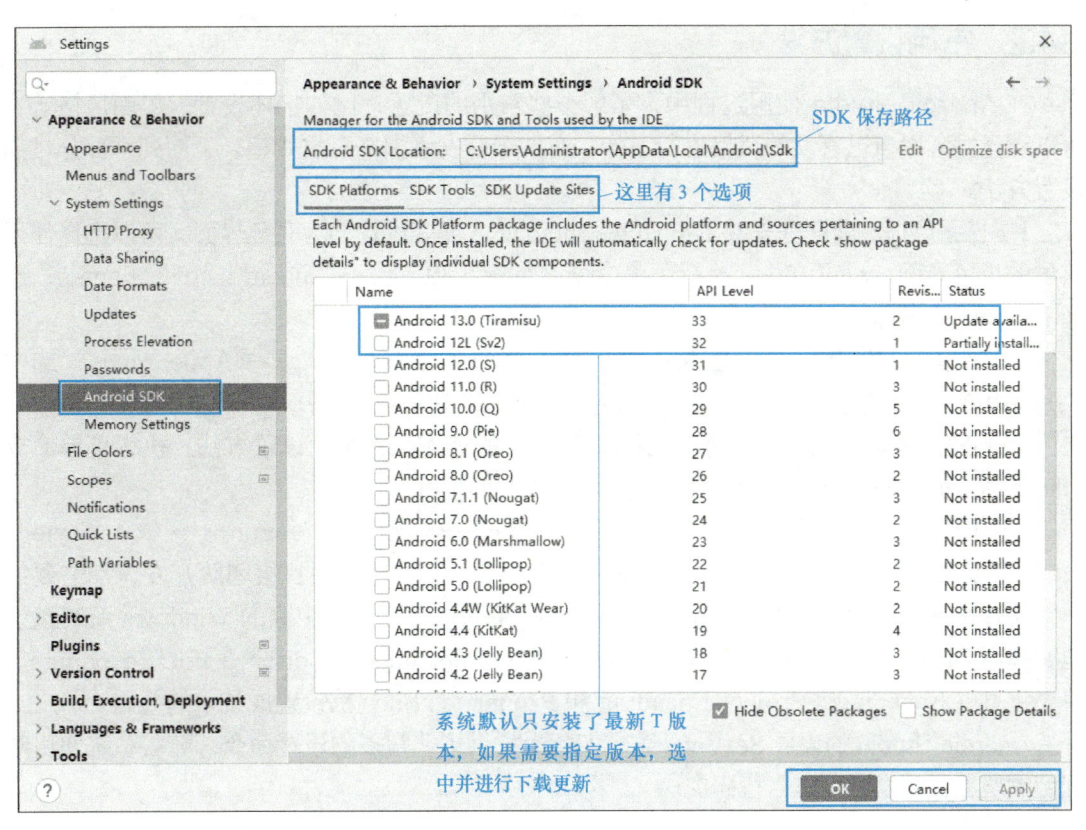

图 1-13 SDK 管理器的平台界面

图 1-14 SDK 管理器的工具界面

1.4.2 常用设置方法

在 Android Studio 使用过程中，了解一些常用的设置，比如字体设置、界面风格等，可以让开发者以自己喜欢的风格进行工作，有助于开发者提高开发效率。下面列举部分常用设置方法。

1）界面风格。前面在安装 Android Studio 时，界面设置的为亮色界面，可以选择使用炫酷的黑色界面。设置方法：执行菜单命令 File → Settings → Appearance → Theme，选择 Darcula 主题即可。

2）菜单栏的字体。设置方法：执行菜单命令 File → Settings → Appearance，选中 Use custom font 选项，选择一款喜欢的字体即可。

3）代码字体和大小。对于编译器（Editor）的字体和大小，设置方法：执行菜单命令 File → Settings → Editor → Font，选择字体和大小即可。

4）代码格式设置。设置方法：执行菜单命令 File → Settings → Editor → Code Style。

5）默认文件编码 UTF-8。无论是开发者个人开发，还是项目组团队开发，都需要统一的文件编码。出于字符兼容的问题，建议统一使用 UTF-8（中国的 Windows 系统默认的编码为 GBK）。设置方法：执行菜单命令 File → Settings → Editor → File Encodings。建议将 IDE Encoding、Project Encoding 和 Properties Files 都设置成统一的编码。

Android Studio 的设置 Settings 菜单实际上提供了非常多的设置命令，随着系统使用熟练度的增加，开发者可以自行研究。

1.4.3 常用快捷键

Android Studio 为许多常用操作提供了快捷键，快捷键的使用有时能提高开发效率。表 1-2 列出了 Android 常用快捷键。

表 1-2 Android 常用快捷键

快　捷　键	功　　能
Ctrl+D	复制当前行
Ctrl+Y	删除当前行
Alt+Insert	生成构造器、Getter、Setter、构造函数等
Ctrl+Alt+V	可以引入变量。例如把括号内的 SQL 赋成一个变量
Ctrl+Alt+T	可以把代码包在一个块内，例如 try、catch、if 语句等
Ctrl+Alt+Space	类名自动完成，自动生成可选变量名
Ctrl+W	用于逐渐增加当前光标所在位置的选中范围
Ctrl+Shift+W	用于缩小当前光标所在位置的选中范围
Shift+F6	重命名
Ctrl+O	重写父类方法
Ctrl+Alt+L	格式化代码
Ctrl+Shift+Z	前进一次操作
Ctrl+Z	撤销一次操作

可以执行菜单命令 File → Settings → Keymap → Editor Actions，查看更多的快捷键，也可以对快捷键进行自定义修改。

1.5　Android 四大组件介绍

组件是 Android 应用的基本构建模块。每个组件都是一个入口点，系统或用户可以通过该入口点进入开发的应用。有些组件会依赖于其他组件。Android 四大基本组件分别是 Activity、BroadcastReceiver（广播接收器）、Service（服务）和 Content Provider（内容提供者）。下面分别对它们进行详细介绍。

（1）Activity　Activity 是应用程序与用户交互的入口点。一个 Activity 通常是一个单独的屏幕，它可以显示一些控件，也可以监听并对用户的事件做出响应。Activity 之间通过 Intent 进行通信。在 Intent 的描述结构中，有两个最重要的部分：动作和动作对应的数据。

典型的动作类型有 MAIN（Activity 的入口）、VIEW、PICK、EDIT 等。而动作对应的数据则以 URI 的形式表示。例如，要查看一个人的联系方式，开发者需要创建一个动作类型为 VIEW 的 Intent，以及一个表示这个人的 URI。

（2）BroadcastReceiver（广播接收器）　借助广播接收器组件，系统能够在常规用户流之外向应用传递事件，从而允许应用响应系统范围内的广播通知。由于广播接收器是另一个明确定义的应用入口，因此系统甚至可以向当前未运行的应用传递广播。例如，应用可通过调度提醒来发布通知，以告知用户即将发生的事件。而且，通过将该提醒传递给应用的广播接收器，应用在提醒响起之前无须继续运行。许多广播均由系统发起，例如，通知屏幕已关闭、电池电量不足或已拍摄照片等。应用也可发起广播，例如，通知其他应用某些数据已下载至设备，并且可供其使用。尽管广播接收器没显示界面，但其可以创建状态栏通知，在发生广播事件时提醒用户。但广播接收器更常见的用途只是作为通向其他组件的通道，旨在执行极少量的工作。

（3）Service（服务）　服务是一个通用入口点，用于因各种原因使应用在后台保持运行状态。它是一种在后台运行的组件，用于执行长时间运行的操作或为远程进程执行作业。服务不提供界面。

引用一个媒体播放器的例子来说明 Service 的作用。在一个媒体播放器的应用程序中有多个 Activity，它们可以让使用者选择歌曲并播放歌曲。然而，音乐播放这个功能并没有对应的 Activity，因为使用者认为在导航到其他屏幕（如看电子书）时，音乐应该还在播放。此时系统前台是电子书的界面，但媒体播放器会使用 Context.startService() 来启动一个事先定义好的具有歌曲播放功能的 Service，从而实现在后台保持音乐的播放。同时，系统也将保持这个 Service 一直执行下去，直到这个 Service 运行结束。

（4）Content Provider（内容提供者）　Content Provider 可以将一个应用程序的指定数据集提供给其他应用程序，实现应用程序之间的数据交换。这些数据可以存储在文件系统、SQLite 数据库等位置。其他应用程序也可以通过 ContentResolver 类，从内容提供者中获取或存入相关数据。只有在多个应用程序间共享数据时,才需要内容提供者。例如,通讯录的数据可能需要被多个应用程序所使用,但这些数据只存储在一个内容提供者中。其优点非常明显,即统一数据访问方式。

1.6 实训项目与演练

实训 显示不同的内容和字体

搭建开发环境并能正确运行第一个程序,是所有编程语言学习的第一步。恭喜您已跨出了第一步!现在开始迈出第二步,尝试在不对程序做大变动的情况下,对于显示的内容或字体颜色大小等做些调整,以便更好地熟悉和掌握开发过程。

下面来试着改变手机界面中显示的内容。打开项目中的 activity_main.xml 文件,如图 1-12 所示,对 TextView 中显示的文本内容进行修改。

1)将第 12 行中的 "Hello Android!" 修改成 " 这是我的第一个 Android APP!!",并增加一行字体大小设置,保存后再次运行,即可看到图 1-15 所示的界面。

```
12    android:text=" 这是我的第一个 Android APP!!"
13    android:textSize="26dp"
```

图 1-15 修改内容和字体大小的运行结果

2)将第 12 行代码由直接定义显示内容改为图 1-16a 所示的间接引用资源方法,这时会出现一个错误,说没有对应的可以被引用的资源。此时打开项目中的 strings.xml 文件,如图 1-16b 所示,增加一条资源为"开始我的 Android 编程之旅啦,开心!"。保存后再次运行,即可看到图 1-17 所示的界面。

```
<TextView
    android:layout_width="wrap_content"
    android:layout_height="wrap_content"
    android:text="@string/helloandroid"
    android:textSize="26dp"
```

a)

```
<resources>
    <string name="app_name">HelloAndroid</string>
    <string name="helloandroid">开始我的Android编程之旅啦，开心！</string>
</resources>
```

b)

图 1-16　修改引用的资源

a）间接引用资源方法　b）间接被引用的资源

图 1-17　改为间接引用资源方法的运行结果

这种间接引用资源的方法是后面经常使用的方法。

现在已经学会如何修改显示的内容及字体大小，请自行尝试修改字体的颜色等。探索一下哪里发生了变化？思索一下为什么会发生这样的变化？

单元小结

本单元介绍了 Android 平台的发展及历史，搭建了 Android 的开发环境，并进行了第一个 Android 简单应用程序的开发，学生可初步掌握 Android 项目开发的基本知识；然后分析了 Android 项目框架，并说明了 4 个重点文件，学生可较好地熟悉 Android 项目。通过本单元的学习，学生一定要明确一个 Activity 由两部分组成：layout 文件夹下的 XML 文件负责手机界面布局的描述，而所有控件等的功能代码则在 java 文件夹下的 Java 源文件中实现。对于简单的应用程序，学生要会对这两个文件进行修改和编程。

"工欲善其事，必先利其器。"——《论语·卫灵公》

通过本单元内容的学习，读者应了解并掌握开发环境的常用设置和项目结构等，为以后能高效开发 App，避免一些不必要的错误做好准备。

习 题

1. 移动应用 App 开发主要有哪几种？它们各有什么特点？
2. 查询资料，了解移动互联网的发展对数字中国建设有什么样的贡献？
3. 移动应用开发在大学生创新创业中有何好的应用？能否规划一个自己的应用？

单元 2
生命周期及调试方法

知识目标
- 理解 Android 系统进程及 Activity 的生命周期概念。
- 掌握 Android 开发中的调试技术。
- 了解设备兼容性及国际化方法。

能力目标
- 能够处理 Android 组件的生命周期，学会在合适的地方添加合适的代码。
- 能够使用合适的调试方法和工具快速判断出问题所在，提高分析问题能力。

素质目标
- 培养良好的代码编写习惯和规范意识，能够编写易于维护和扩展的高质量代码。
- 培养勇于尝试、不怕失败的编程习惯，能够通过不断调试提升自身的开发水平。

2.1 系统进程生命周期

Android 系统一般运行在资源受限（即 CPU 和内存有限制）的硬件平台上，这是嵌入式系统最显著的特征，因此资源管理对 Android 系统至关重要。Android 系统能主动地管理系统资源，为了保证高优先级程序（进程）的正常运行，可以在某些情况下中止低优先级的程序（进程），并回收其使用的系统资源。因此，Android 程序并不能完全控制自身的生命周期，而是由 Android 系统进行调度和控制的。

在 Android 系统中，多数情况下每个程序都是在各自独立的 Linux 进程中运行的。当一个程序或其某些部分被请求启动时，它的进程就"出生"了；当这个程序没有必要再运行下去且系统需要回收这个进程的内存用于其他程序时，这个进程就"死亡"了。可以看出，Android 程序的生命周期是由 Android 系统控制而非程序自身直接控制的。这和编写 PC（个人计算机）桌面应用程序时的思维有差别。一个桌面应用程序的进程也是在其他进程或用户请求时被创建，但是往往是在程序自身收到关闭请求后执行一个特定的动作（如从 main()函数中遇到 return 后产生的动作）而导致进程结束的。要想做好某种类型的程序或者某个平台下的程序的开发，最关键的就是要弄清楚这种类型的程序或整个平台下的程序的一般工作模式并熟记在心。因此，要求开发者对于 Android 系统中的程序的生命周期控制必须熟悉。

在 Android 系统中，双击图标启动所选定的应用程序，会调用 startActivity(myIntent) 方法，系统会在所有已经安装的程序中寻找其 intent-filter 和 myIntent 最匹配的一个 Activity，启动这个进程，并把这个 Intent 通知给这个 Activity，这就是一个程序的"出生"。例如，用户单击"Web browser"图标时，系统会根据这个 Intent 找到并启动 Web browser 程序，显示 Web browser 的一个 Activity 供用户浏览网页（这个启动过程有点类似用户在 PC 上双击桌面上的一个图标，启动某个应用程序）。在 Android 系统中，所有应用程序"生来就是平等的"，所以不光 Android 的核心程序，甚至第三方程序也可以发出一个 Intent 来启动另外一个程序中的一个 Activity。Android 系统的这种设计非常有利于"程序部件"的重用。

一个 Android 程序的进程是何时被系统结束的呢？通俗地说，一个即将被系统关闭的程序是系统在内存不足时，根据"重要性层次"选出来的"牺牲品"。一个进程的重要性是由其中运行的部件和部件的状态决定的。各种进程的优先级按照重要性从高到低的排列如图 2-1 所示。

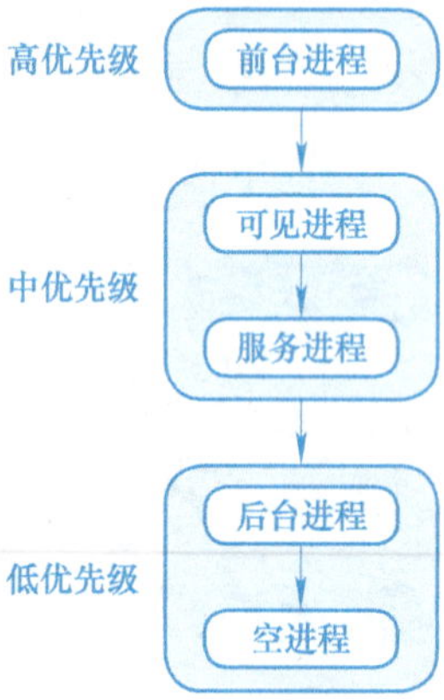

1）前台进程。这样的进程拥有一个在屏幕上显示并和用户交互的 Activity，或者它的一个 Intent Receiver 正在运行。这样的程序重要性最高，只有在系统内存非常低，"万不得已"时才会被结束。

2）可见进程。可见进程是指在屏幕上显示，但是不在前台的程序，例如，一个前台进程以对话框的形式显示在该进程前面。这样的进程也很重要，它们只有在系统没有足够内存运行所有前台进程时，才会被结束。

图 2-1 进程的优先级

3）服务进程。这样的进程在后台持续运行，例如，后台音乐播放，以及后台数据上传、下载等。这样的进程对用户来说一般很有用，所以只有当系统没有足够内存来维持所有的前台进程和可见进程时，它们才会被结束。

4）后台进程。后台进程是指包含目前不为用户所见的 Activity（Activity 对象的 onStop() 函数已被调用）的进程。这些进程与用户体验没有直接的联系，可以在任意时间被"杀死"以回收内存供前台进程、可见进程及服务进程使用。一般来说，会有很多后台进程运行，所以它们一般存放于一个 LRU（最后使用）列表中，以确保最后被用户使用的 Activity 被"杀死"。如果一个 Activity 正确地实现了生命周期方法，并"捕获"了正确的状态，则"杀死"它的进程对用户体验不会有任何不良影响。

5）空进程。这样的进程不包含任何活动的程序部件，它存在的唯一原因是作为缓存，在组件再次被启动时，可缩短运行时的启动时间。系统可能随时关闭这类进程。

从某种意义上讲，Java 开发中的垃圾收集机制把程序员从"内存管理难题"中解放了出来，不用开发者去考虑系统内存是否需要回收的问题；而 Android 的进程生命周期管理机制则把开发者和用户从"任务管理难题"中解放了出来。

2.2 Activity 生命周期

2.2.1 Activity 生命周期的基本概念

Activity 是 Android 组件中最基本也是最常用的一种组件。在一个 Android 应用中，一个 Activity 通常就是一个单独的屏幕。每一个 Activity 都被实现为一个独立的类，并且继承于 Activity 这个基类。

Activity 提供了和用户交互的可视化界面。创建一个 Activity 一般是继承于 Activity（也可以是 ListActivity、AppCompatActivity 等），并覆盖 Activity 的 onCreate() 函数。在该函数中调用 setContentView() 函数来展示要显示的视图，调用 findViewById(int) 函数来获得 UI 布局文件中定义的各种界面控件（如文本框、按钮等），实现后继对此控件进行的各种控制功能。注意：Activity 只有在功能清单文件中声明过才能使用。

在 Android 系统中，每一个应用程序（进程）均有自己的生命周期，而每一个应用程序中所包含的一个或多个 Activity 也有自己的生命周期。Activity 生命周期指其从启动到销毁的过程。在这个过程中，Activity 表现为 4 种状态，分别是活动状态、暂停状态、停止状态和非活动状态。

1）活动状态。Activity 在用户界面中处于最上层，完全能让用户看到，能够与用户进行交互。

2）暂停状态。Activity 在界面上被部分遮挡，该 Activity 不再处于用户界面的最上层，且不能够与用户进行交互。

3）停止状态。Activity 在界面上完全不能被用户看到，也就是说，这个 Activity 被其他 Activity 全部遮挡。

4）非活动状态。不在以上 3 种状态中的 Activity 则处于非活动状态。

2.2.2 生命周期的回调函数

不像其他编程语言（如 C 或 Java）开发的程序一般都是从 main() 函数开始启动的，Android 系统会根据生命周期的不同阶段唤起对应的回调函数来执行代码，系统存在着启动与销毁一个 Activity 的一整套有序的回调函数。本部分的一个重点就是要理解回调函数在 Android 系统中的概念和特点：回调函数不是由程序员主动在程序中指定函数名来调用的，而是由系统根据某些特定条件触发的，由 Android 系统决定调用对应的回调函数，实行对应的功能。

本书会介绍一些生命周期中最重要的回调函数，并演示如何处理启动一个 Activity 所涉及的回调函数。根据 Activity 的复杂度，开发者也许不需要实现所有生命周期函数。但是，开发者需要知道每一个函数的功能并确保自己的应用程序能够像用户期望的那样执行。

在图 2-2 所示的生命周期图中，只有 3 种状态是静态的，在这 3 种状态下，Activity 可以存在一段比较长的时间（其他几个状态会很快被切换掉，停留的时间比较短暂）。

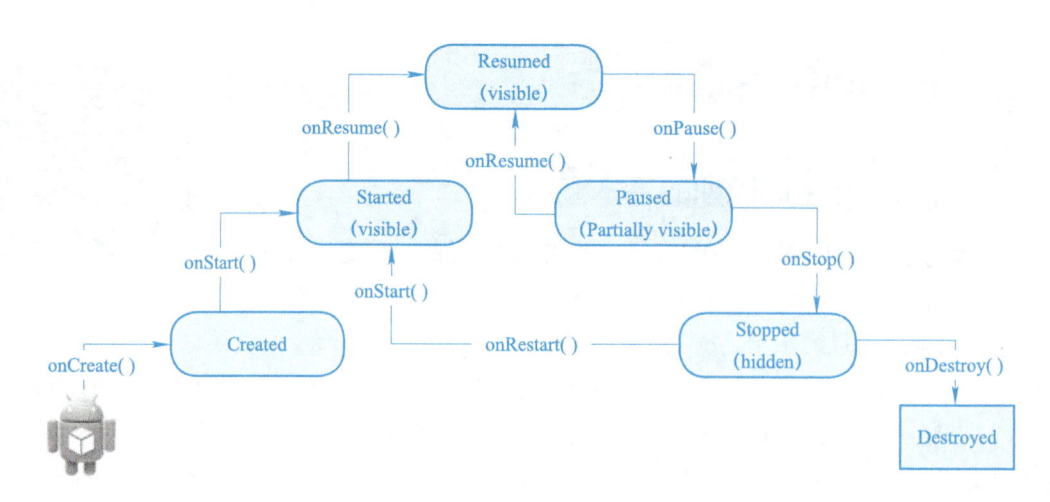

图 2-2 Activity 的生命周期图

1）Resumed 状态。在这个状态下，Activity 是在最前端的，用户可以与它进行交互（通常也被理解为 running 状态）。

2）Paused 状态。在这个状态下，Activity 被另外一个 Activity 所遮挡；另外的 Activity 来到最前面，但是半透明的，不会覆盖整个屏幕。被暂停的 Activity 不会再接收用户的输入且不会执行任何代码。

3）Stopped 状态。在这个状态下，Activity 完全被隐藏，用户不可见，可以被认为是在后台。当处于该状态时，Activity 实例与它的所有状态信息都会被保留，但是 Activity 不能执行任何代码。

其他状态（Created 和 Started）都是短暂的，系统快速地执行那些回调函数并通过执行下一阶段的回调函数转变为下一个状态。也就是说，在系统调用 onCreate() 之后，会迅速调用 onStart()，然后再迅速执行 onResume()。

当用户从主界面单击应用程序的图标时，系统会调用 App 中的被声明为 LAUNCHER（或 MAIN）Activity 中的 onCreate() 函数，这个 Activity 被用来当作程序的主要进入点。开发者可以在 AndroidManifest.xml 中定义哪个 Activity 作为 MAIN Activity，这个 MAIN Activity 必须在 Manifest 使用包括 MAIN action 和 LAUNCHER category 的 <intent-filter> 标签来声明。例如，项目 "2_01_ActivityLife" 的代码如下：

```
1  <activity
2      android:name=".MainActivity"
3      android:exported="true">
4      <intent-filter>
5          <action android:name="android.intent.action.MAIN"/>
6          <category android:name="android.intent.category.LAUNCHER"/>
7      </intent-filter>
8      <meta-data
9          android:name="android.app.lib_name"
10         android:value="" />
11 </activity>
```

如果程序中，每一个Activity都没有声明MAIN action或者LAUNCHER category，那么在设备的主界面列表里面将不会呈现该应用程序的图标。

理解了回调函数的基本概念和特点后，对Activity生命周期的回调函数进行一下归纳，见表2-1。

表2-1　Activity生命周期的回调函数

函　数　名	是否可中止	说　　明
onCreate()	否	Activity启动后第一个被调用的函数。常用来进行Activity的初始化，如创建View、绑定数据或恢复信息等
onStart()	否	当Activity显示在屏幕上时，该函数被调用
onRestart()	否	在Activity从停止状态进入活动状态前，调用该函数
onResume()	否	当Activity能够与用户交互，接收用户输入时，该函数被调用。此时的Activity位于Activity栈的栈顶
onPause()	是	当Activity进入暂停状态时，该函数被调用。一般用来保存持久的数据或释放占用的资源
onStop()	是	当Activity进入停止状态时，该函数被调用
onDestroy()	是	在Activity被中止前，即进入非活动状态前，该函数被调用

Activity的生命周期里并没有提到onSaveInstanceState()这个函数的触发，这个函数为开发者提供了在某些情况下保存Activity信息的机会。但需要注意的是，这个函数不是什么时候都会被调用的，只有在Activity被"杀死"之前调用，保存每个实例的状态，以保证该状态可以在onCreate(Bundle)或者onRestoreInstanceState(Bundle)（传入的Bundle参数是由onSaveInstanceState封装好的）中恢复。例如，如果Activity B启用后位于Activity A的前端，则在某个时刻Activity A因为系统回收资源的问题要被"杀死"，A通过onSaveInstanceState()将有机会保存其用户界面状态，使得将来用户返回到Activity A时能通过onCreate(Bundle)或者onRestoreInstanceState(Bundle)恢复当时界面的状态。Activity状态保存/恢复的回调函数见表2-2。

表2-2　Activity状态保存/恢复的回调函数

函　数　名	是否可中止	说　　明
onSaveInstanceState()	否	Android系统因资源不足中止Activity前调用该函数。用以保存Activity的状态信息，供onRestoreInstanceState()或onCreate()恢复之用
onRestoreInstanceState()	否	恢复onSaveInstanceState()保存的Activity状态信息，在onStart()和onResume()之间被调用

理解回调函数的基本概念后，大家必须了解并不是所有事件中的所有生命周期都会被调用。如果被调用，则会遵循图2-3所示的调用顺序。

Activity生命周期是指Activity从启动到销毁的过程。如图2-3所示，Activity的生命周期可分为全生命周期、可视生命周期和活动生命周期，每种生命周期中包含不同的回调函数。

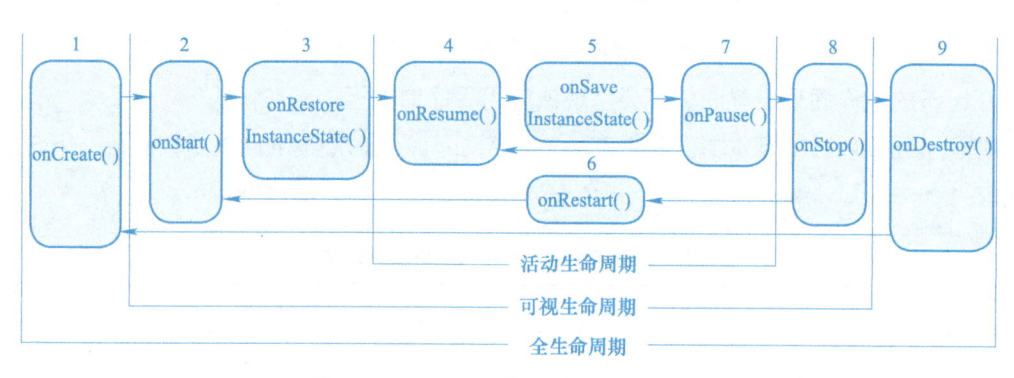

图 2-3 Activity 回调函数的调用顺序

全生命周期是从 Activity 建立到销毁的全部过程，开始于 onCreate()，结束于 onDestroy()。使用者通常在 onCreate() 中初始化 Activity 所能使用的全局资源和状态，并在 onDestroy() 中释放这些资源。在一些极端的情况下，Android 系统会不调用 onDestroy() 函数，直接中止进程。

可视生命周期是 Activity 在界面上从可见到不可见的过程，开始于 onStart()，结束于 onStop()。onStart() 一般用来初始化或启动与更新界面相关的资源，onStop() 一般用来暂停或停止一切与更新用户界面相关的线程、计时器和服务。onRestart() 函数在 onStart() 前被调用，用来在 Activity 从不可见变为可见的过程中进行一些特定的处理过程。onStart() 和 onStop() 会被多次调用，而且 onStart() 和 onStop() 也经常被用来注册和注销 BroadcastReceiver。

活动生命周期是 Activity 在屏幕的最上层，并能够与用户交互的阶段，开始于 onResume()，结束于 onPause()。在 Activity 的状态变换过程中，onResume() 和 onPause() 经常被调用，因此这两个函数中应使用更为简单、高效的代码。onPause() 是第一个被标识为"可中止"的函数，在 onPause() 返回后，onStop() 和 onDestroy() 随时能被 Android 系统中止。onPause() 常被用于保存持久数据，如界面上用户的输入信息等。

为了便于大家更好地理解，下面通过示例程序 2_02_ActivityLifeCycleDemo 来进行说明。

1）新建一个 Android Studio 工程，并命名为 2_02_ActivityLifeCycleDemo。
2）修改 MainActivity.java（这里重写了以上的 7 种方法，主要用 Logcat 来输出）。
3）执行程序，修改错误，观察结果。

```
1  public class MainActivity extends AppCompatActivity {
2      private static final String TAG = "LIFECYCLEDEMO";
3      @Override   // 完全生命周期开始时被调用，初始化 Activity
4      public void onCreate(Bundle savedInstanceState) {
5          super.onCreate(savedInstanceState);
6          setContentView(R.layout.activity_main);
7          Log.e(TAG, "调用了 onCreate（）方法 ~~~");
8      }
9      @Override   // 可视生命周期开始时被调用，对用户界面进行必要的更改
10     protected void onStart() {
```

```
11        super.onStart();
12        Log.e(TAG, "调用了 onStart() 方法~~~");
13    }
14    @Override   // 在重新进入可视生命周期前被调用，载入界面所需要的更改信息
15    protected void onRestart() {
16        super.onRestart();
17        Log.e(TAG, "调用了 onRestart() 方法~~~");
18    }
19    @Override   // 在活动生命周期开始时被调用，恢复被 onPause() 停止的用于界面更新的资源
20    protected void onResume() {
21        super.onResume();
22        Log.e(TAG, "调用了 onResume() 方法~~~");
23    }
24    @Override   // 在活动生命周期结束时被调用，用来保存持久的数据或释放占用的资源
25    protected void onPause() {
26        super.onPause();
27        Log.e(TAG, "调用了 onPause() 方法~~~");
28    }
29    @Override   // 在可视生命周期结束时被调用，一般用来保存持久的数据或释放占用的资源
30    protected void onStop() {
31        super.onStop();
32        Log.e(TAG, "调用了 onStop() 方法~~~");
33    }
34    @Override   // 在完全生命周期结束时被调用，释放资源，包括线程、数据连接等
35    protected void onDestroy() {
36        super.onDestroy();
37        Log.e(TAG, "调用了 onDestroy~~~");
38    }
39 }
```

本段代码的运行结果没有特别之处，重要的是观察 Logcat 窗口。具体的 Logcat 调试方法请参照第 2.5 节。

1）观察完全生命周期的回调函数的执行程序。用户打开应用时先后执行了 onCreate() → onStart() → onResume() 3 个方法，LogCat 窗口如图 2-4 所示，通过观察时间点，可以发现 onCreate() 和 onStart() 方法执行的时间都非常短暂，很快就进入了 onResume() 状态，这个状态其实就是进入了活动生命周期，这个状态就是和用户交互的状态。

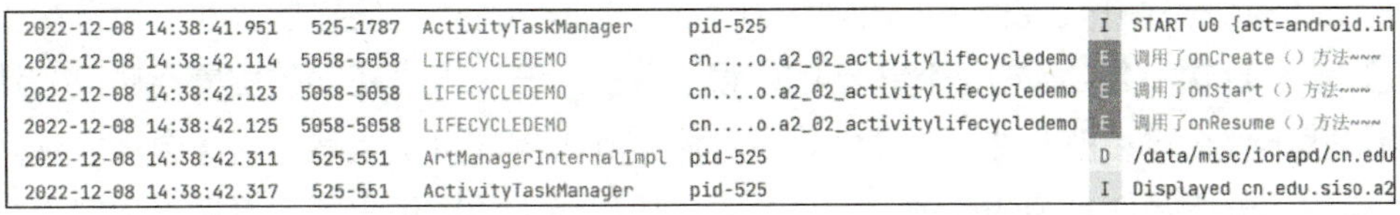

图 2-4 Activity 打开应用时执行的回调函数顺序

当按 <Back space> 键时，这个应用程序将结束，这时将先后调用 onPause() → onStop() → onDestroy() 3 个方法，如图 2-5 所示。

```
2022-12-08 14:44:10.432  5058-5058  LIFECYCLEDEMO    cn....o.a2_02_activitylifecycledemo  E  调用了onPause（）方法~~~
2022-12-08 14:44:11.210  5058-5058  LIFECYCLEDEMO    cn....o.a2_02_activitylifecycledemo  E  调用了onStop（）方法~~~
2022-12-08 14:44:11.213  5058-5058  LIFECYCLEDEMO    cn....o.a2_02_activitylifecycledemo  E  调用了onDestroy（）方法~~~
```

图 2-5　按 <Back space> 键时执行的回调函数顺序

图 2-4 和图 2-5 所示的过程意味着一个 Activity 经历了完全生命周期的过程，这个过程印证了图 2-3 所示的整个调用顺序。

2）观察可视生命周期的回调函数的执行程序。当用户打开应用程序后，比如用浏览器浏览新闻，看到一半时，突然想听歌，这时用户会选择按 <Home> 键，然后去打开音乐应用程序。而当用户按 <Home> 键时，Activity 先后调用了 onPause( ) → onStop( ) 这两个函数，这时候应用程序并没有销毁，如图 2-6 所示。

```
2022-12-08 15:00:20.771  5058-5058  LIFECYCLEDEMO    cn....o.a2_02_activitylifecycledemo  E  调用了onCreate（）方法~~~
2022-12-08 15:00:20.798  5058-5058  LIFECYCLEDEMO    cn....o.a2_02_activitylifecycledemo  E  调用了onStart（）方法~~~
2022-12-08 15:00:20.801  5058-5058  LIFECYCLEDEMO    cn....o.a2_02_activitylifecycledemo  E  调用了onResume（）方法~~~
2022-12-08 15:00:22.448  5058-5058  LIFECYCLEDEMO    cn....o.a2_02_activitylifecycledemo  E  调用了onPause（）方法~~~
2022-12-08 15:00:23.061  5058-5058  LIFECYCLEDEMO    cn....o.a2_02_activitylifecycledemo  E  调用了onStop（）方法~~~
```

图 2-6　启动程序后按 <Home> 键时执行的回调函数顺序

而当用户再次启动原应用程序时，则先后分别调用了 onRestart( )、onStart( )、onResume( ) 3 个函数，如图 2-7 所示。

```
2022-12-08 15:02:02.739  5058-5058  LIFECYCLEDEMO    cn....o.a2_02_activitylifecycledemo  E  调用了onRestart（）方法~~~
2022-12-08 15:02:02.743  5058-5058  LIFECYCLEDEMO    cn....o.a2_02_activitylifecycledemo  E  调用了onStart（）方法~~~
2022-12-08 15:02:02.744  5058-5058  LIFECYCLEDEMO    cn....o.a2_02_activitylifecycledemo  E  调用了onResume（）方法~~~
```

图 2-7　再次启动 Activity 时执行的回调函数顺序

对图 2-7 和图 2-4 所表现的内容进行比较，可以发现执行回调函数的个数是相同的，但图 2-4 中首次启动应用程序时，先后执行了 onCreate( ) → onStart( ) → onResume( ) 这 3 个方法，而图 2-7 表示在没有销毁 Activity 的状态下，再次启动该应用程序时，则先后分别执行了 onRestart( ) → onStart( ) → onResume( ) 这 3 个方法，同样进入了和用户进行交互的状态。

只有正确理解并掌握了各个回调函数的被执行时机和顺序，才能把必要的功能代码添加到合适的函数中去，从而确保在合适的时间点执行合适的代码功能。

2.3　Android 开发中的调试技术

在 Android 程序开发过程中，出现错误（bug）是不可避免的事情。在一般情况下，集成开发环境工具软件会自动检测到语法的错误，并提示开发人员错误的位置及修改方法。但逻辑错误就不那么容易被发现了，通常只有程序在模拟器或真机上运行时才会被发现。逻辑错误的定位和分析是件复杂的事情，尤其是对于代码量大的应用程序，仅凭直觉很难直接定位错误并找出解决方案。调试程序是每位程序员工作中必不可少的部分，而且可以毫不夸张地说，调试程序占用了程序员 50% 以上的工作时间。由此可见，调试程序是每个程序员必备的技能，甚至可以说，调试水平的高低决定了程序员水平的高低。

目前，开发过程中常用的调试程序方法如下：

1）使用 Debug 断点调试。

2）使用 JUnit 调试。

3）使用 Logcat 调试。

4）使用 AndroidJUnit4 调试。

2.3.1 使用 Debug 断点调试

Debug 断点调试是必须熟练掌握的调试技术，主要包括设置断点、运行到断点、单步运行等步骤。调试过程中可以查看变量值和当前堆栈信息等。

项目源文件编写完毕后，修改完语法错误，如果运行结果还是没有达到预期目标的话，建议将程序加上断点进行调试。设置断点的方法很简单，只要在所要调试的代码的最前面单击一下就可以了。再次单击即可取消断点设置。如图 2-8 所示，不同类型的代码显示不同的断点样式。

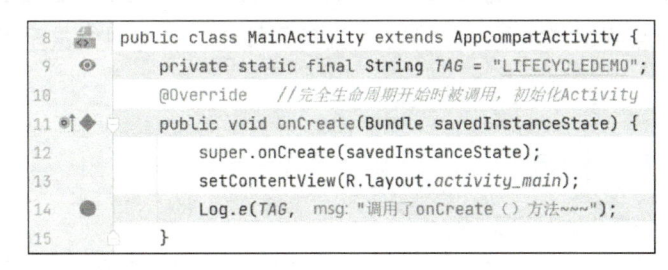

```
8    public class MainActivity extends AppCompatActivity {
9        private static final String TAG = "LIFECYCLEDEMO";
10       @Override    //完全生命周期开始时被调用，初始化Activity
11       public void onCreate(Bundle savedInstanceState) {
12           super.onCreate(savedInstanceState);
13           setContentView(R.layout.activity_main);
14           Log.e(TAG,  msg: "调用了onCreate()方法~~~");
15       }
```

图 2-8　添加断点

设置完断点后，单击 Debug 按钮（就是在运行按钮旁边的小瓢虫图标），即可开始调试，如图 2-9 所示。

图 2-9　启动断点调试

开始调试后，等待切换到 Debug 视图，出现调试工具栏，工具栏上有许多样式的箭头（见图 2-10），可以用它们进行调试。按快捷键也可以进行调试与运行。

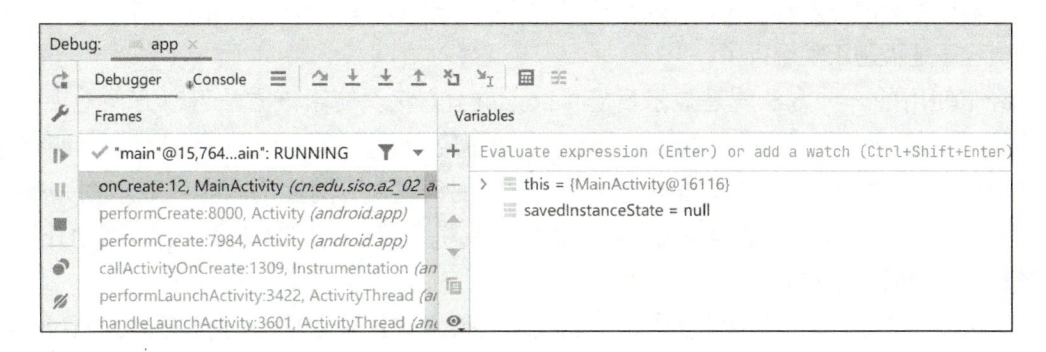

图 2-10　Debug 视图

单击各个箭头即可让代码运行到指定断点处并暂停,等待下一步调试指令。此时,通过 Debug 视图可以观察程序中各个变量的实时数值变化情况,从而判断错误可能发生的语句并进行完善。各调试图标的含义见表 2-3。

表 2-3　各调试图标的含义

调试图标	含义
step over	执行下一行,如果是调用方法,直接执行不会进入方法内部
step into	执行下一行,如果是调用自定义方法,直接进入方法内部
force step into	执行下一行,如果是调用方法,直接进入方法内部
step out	跳出当前执行的方法内部,执行到该方法调用的下一行代码
drop frame	回到调用该方法的开始处,恢复原始值
run to cursor	跳转到下一个断点处

掌握 Debug 断点调试技术是开发者必须具备的技能,有些时候甚至可以帮助开发者取得事半功倍的效果。

2.3.2　使用 JUnit 调试

Android 增加了对 JUnit 的支持。

JUnit 采用测试驱动开发的方式,也就是说,在开发前先写好测试代码,主要用来说明被测试的代码会被如何使用及错误处理等,然后开始编写代码,并在测试代码中逐步测试这些代码,直到最后在测试代码中完全通过。

先有测试规范,然后才有高质量的代码。软件测试的先进思想在将来的企业真实项目开发中必然会越来越受到重视和推广。由于本书侧重于功能的实现,因此对该调试方法不作过多描述,建议有兴趣的读者另外深入地学习 JUnit 方法。

2.3.3　使用 Logcat 调试

在复杂的程序运行过程中,调试程序的具体方法是:把程序运行过程的信息保存为文件或者输出到集成开发环境(Integrated Development Environment,IDE)中,这样就可以知道程序是否是正常运行了。

经常使用的一种方法就是显示日志(Logcat)方法。使用该方法可以方便地观察调试内容。在程序中导入 android.util.Log 包,在需要的地方使用 Log.v("aaa","调用了 OnCreate() 函数---")这类语句,执行到相应的语句时,对应的内容将显示在 Logcat 窗口中。这些信息是每一个程序通过虚拟机或者真机所传出的实时信息,可以帮助开发者了解程序和判断程序有无 bug。

Logcat 所表示信息的种类分为 V、D、I、W、E 5种,它们分别代表显示全部信息(Verbose)、显示调试信息(Debug)、显示一般信息(Information)、显示警告信息(Warning)、以及显示错误信息（Error）。开发者可以通过单击 Logcat 上面的选项来改变显示的范围。例如选择了 W，就只有警告信息和错误信息可以显示出来，级别低于选定种类的信息则会被忽略掉。Logcat 窗口如图 2-11 所示。

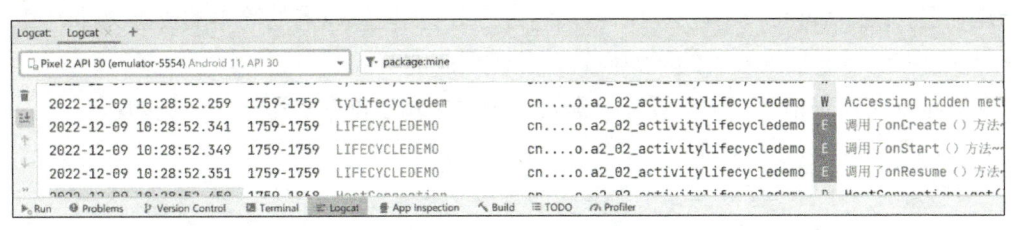

图 2-11　Logcat 窗口

即使用户指定了显示日志的级别，系统仍会产生很多的日志信息。Logcat 提供了过滤器功能，以方便用户进行必要的信息筛选和判断。如图 2-12 所示，用户可以根据应用需求，对显示的日志内容进行适当的过滤。

图 2-12　对日志内容进行过滤

除了 Logcat 调试方法外，也可以把程序运行过程信息的输出当作程序运行的一部分，使用如 Toast、Notification 等将输出信息显示在界面中，帮助开发者判断程序的执行情况。当然，这些只是调试代码，在程序发布时需要去掉。

2.3.4　使用 AndroidJUnit4 调试

androidTest 是整合测试，可以运行在真机或虚拟设备上，属于高级测试内容。由于本书侧重于功能的实现，对 AndroidJUnit4 测试不做过多描述。

2.4　设备兼容性及国际化

现有的 Android 设备有着各种各样的大小和尺寸。为了能在各种 Android 平台上使用，App 需要兼容各种不同的设备类型。语言、屏幕尺寸、Android 的系统版本等一些重要的变量因素需要重点考虑。

本节将介绍如何使用基础的平台功能，利用替代资源和其他功能，使 App 仅用一个 App 程序包（APK），就能向用 Android 兼容设备的用户提供最优的用户体验。

2.4.1　语言适配

把 UI 中的字符串存储在外部文件，然后通过代码提取，这是一种很好的方法。Android 可以通过工程中的资源目录轻松实现这一功能。工程的根目录下的 res/ 目录中包含所有资源类型的子目录，其中包含的工程的默认文件 res/values/strings.xml，就是用于保存字符串值的。

为支持多国语言，可以在 res/ 中创建一个额外的 values 目录，以连字符和 ISO 国家代码结尾命名，比如 values-es/ 是为语言代码为"es"的区域设置的简单的资源文件的目录。Android 会在运行时根据设备的区域设置，加载相应的资源。

若决定支持某种语言，则需要先创建资源子目录和字符串资源文件。例如：

```
MyProject/
    res/
        values/
            strings.xml
        values-es/
            strings.xml
        values-fr/
            strings.xml
```

然后添加不同区域语言的字符串值到相应的文件。Android 系统运行时会根据用户设备当前的区域设置，使用相应的字符串资源。

下面列举了几个不同语言对应的不同的字符串资源文件。

英语（默认的区域语言）：/values/strings.xml。

```xml
<?xml version="1.0" encoding="utf-8"?>
<resources>
    <string name="title">My Application</string>
    <string name="hello_world">Hello World!</string>
</resources>
```

西班牙语：/values-es/strings.xml。

```xml
<?xml version="1.0" encoding="utf-8"?>
<resources>
    <string name="title">Mi Aplicación</string>
    <string name="hello_world">Hola Mundo!</string>
</resources>
```

法语：/values-fr/strings.xml。

```xml
<?xml version="1.0" encoding="utf-8"?>
<resources>
    <string name="title">Mon Application</string>
    <string name="hello_world">Bonjour le monde !</string>
</resources>
```

可以在源代码和其他 XML 文件中通过 <string> 元素的 name 属性来引用自己的字符串资源。

在 Java 源代码中可以通过 R.string.<string_name> 语法格式来引用一个字符串资源。很多方法都可以通过这种方式来取得字符串。例如：

```
// 从 App 资源中获取字符串
String hello = getResources().getString(R.string.hello_world);
// 给一个需要字符串的方法提供字符串
TextView textView = new TextView(this);
textView.setText(R.string.hello_world);
```

在其他 XML 文件中，每当 XML 属性要接收一个字符串值时，都可以通过 @string/<string_name> 语法格式来引用字符串资源。例如：

```
<TextView
    android:layout_width="wrap_content"
    android:layout_height="wrap_content"
    android:text="@string/hello_world"/>
```

上面是对低于 Android 7.0（API 级别为 24）的版本中的资源解析策略进行的说明，Android 7.0（API 级别为 24）及后续版本可提供更稳健的资源解析，并自动查找更好的备用方法。不过，为了加速解析和提升可维护性，应以最常用的母语存储资源。例如，如果之前将西班牙语资源存储在 values-es-rUS 目录中，建议将其移至包含拉丁美洲西班牙语的 values-b+es+419 目录中。同样，如果在名为 values-en-rGB 的目录中存储的资源字符串，建议将此目录重命名为 values-b+en+001（国际英语），因为 en-GB 字符串的最常用母语为 en-001。

2.4.2 屏幕适配

Android 用尺寸和分辨率这两种常规属性对不同的设备屏幕加以分类。App 会被安装在各种屏幕尺寸和分辨率的设备中，因此在设计时应该包含一些可选资源，针对不同的屏幕尺寸和分辨率来优化其外观。

Android 设备不仅有不同的屏幕尺寸（如手机、平板计算机、电视等），而且各屏幕也有不同的像素尺寸。也就是说，有可能一部设备的屏幕为每英寸 160 像素，而另一部设备的屏幕在相同的空间内可以容纳 480 像素。如果不考虑像素密度的差异，系统可能会缩放图片（导致图片变模糊），或者图片可能会以完全错误的尺寸显示。要在密度不同的屏幕上保留界面的可见尺寸，必须使用密度无关像素（dp）作为度量单位来设计界面。dp 是一个虚拟像素单位，1dp 约等于中密度屏幕（160dpi，"基准"密度）上的 1 像素。对于其他密度，Android 会将此值转换为相应的实际像素数。

1. 屏幕兼容性概述

屏幕尺寸是系统为应用界面所提供的可见空间。应用的屏幕尺寸并非设备的实际屏幕尺寸，而是综合考虑屏幕方向、系统装饰（如导航栏）和窗口配置更改（例如，当用户启用多窗口模式时）后的尺寸。在默认情况下，Android 系统会调整应用布局的大小以适应当前屏幕。为确保布局调整能很好地适应屏幕尺寸的微小变化，必须遵循一项核心原则，即避免对界面组件的位置和大小进行硬编码，而应允许拉伸视图尺寸并指定视图相对于父视图或其他同级视图的位置。

为了确保布局能够灵活地适应不同的屏幕尺寸，对大多数视图组件的宽度和高度使用 wrap_content 和 match_parent。wrap_content 表示视图将其尺寸设为适配该视图中相应内容所需的尺寸。match_parent 表示视图在父视图中尽可能地展开。例如：

```
<TextView
        android:layout_width="match_parent"
        android:layout_height="wrap_content"
        android:text="@string/lorem_ipsum" />
```

虽然此视图的实际布局取决于其父视图和任何同级视图中的其他属性，但是此 TextView 将其宽度设为填充所有可用空间（match_parent），并将其高度设为正好是文本长度所需的空间（wrap_content）。这样可以使此视图适应不同的屏幕尺寸和不同的文本长度。

2. 创建备用资源

虽然布局应始终通过拉伸其视图内部和周围的空间来应对不同的屏幕尺寸，但这可能无法针对每种屏幕尺寸提供最佳的用户体验。例如，为手机设计的界面或许无法在平板计算机上提供良好的用户体验。因此，应用还应提供备用布局资源，以针对特定屏幕尺寸优化界面设计。

例如要为一组资源指定适用于特定配置的备用资源，需要执行以下操作。

1）在 res/ 目录中创建以 <resources_name>-<qualifier> 形式命名的新目录。其中，<resources_name> 是相应默认资源的目录名称，见表 2-4；<qualifier> 是指定要使用这些资源的各个配置限定符名称，见表 2-5，也可以追加多个 <qualifier>，并使用短画线进行分隔。

表 2-4　res/ 目录中支持的资源目录

目　　录	资　源　类　型
animator/	用于定义属性动画的 XML 文件
anim/	用于定义补间动画的 XML 文件
color/	用于定义颜色状态列表的 XML 文件
drawable/	位图文件（.png、.9.png、.jpg、.gif）或编译为可绘制资源子类型的 XML 文件
	位图文件
	九宫图（可调整大小的位图）
	状态列表
	形状
	动画可绘制对象
	其他可绘制对象
	可绘制资源
mipmap/	使用到的图标资源
layout/	用于定义界面布局的 XML 文件
menu/	用于定义应用菜单（如选项菜单、上下文菜单或子菜单）的 XML 文件
raw/	需要以原始形式保存的任意文件

（续）

目录	资源类型
values/	包含字符串、整数和颜色等简单值的 XML 文件
	arrays.xml：资源数组（类型数组）
	colors.xml：颜色值
	dimens.xml：尺寸值
	strings.xml：字符串值
	styles.xml：样式
xml/	可在运行时通过调用 Resources.getXML() 读取的任意 XML 文件
font/	带有扩展名的字体文件（例如 .ttf、.otf 或 .ttc），或包含 <font-family> 元素的 XML 文件

表 2-5 配置限定符名称

配 置	限 定 符 值	说 明
屏幕尺寸	small	尺寸类似于低密度 QVGA 屏幕的屏幕，小屏幕的最小布局尺寸约为 320×426dp
	normal	尺寸类似于中等密度 HVGA 屏幕的屏幕，标准屏幕的最小布局尺寸约为 320×470dp
	large	尺寸类似于中等密度 VGA 屏幕的屏幕，大屏幕的最小布局尺寸约为 480×640dp
	xlarge	明显大于传统中等密度 HVGA 屏幕的屏幕，超大屏幕的最小布局尺寸约为 720×960dp
	注意：使用尺寸限定符并不意味着相应资源仅适用于该尺寸的屏幕。如果没有为备用资源提供最符合当前设备配置的限定符，系统则可能会使用其中最匹配的资源。如果所有资源均使用大于当前屏幕的尺寸限定符，则系统不会使用这些资源，并且应用将在运行时崩溃	
屏幕方向	port	设备处于竖屏模式（纵向）
	land	设备处于横屏模式（水平）
夜间模式	night	夜间
	notnight	白天
屏幕像素密度(dpi)	ldpi	低密度屏幕，约为 120 dpi
	mdpi	中密度（传统 HVGA）屏幕，约为 160 dpi
	hdpi	高密度屏幕，约为 240 dpi
	×hdpi	超高密度屏幕，约为 320 dpi
	××hdpi	超超高密度屏幕，约为 480 dpi
	×××hdpi	超超超高密度屏幕使用（仅限启动器图标）
	nodpi	此限定符可用于不希望为匹配设备密度而进行缩放的位图资源
	tvdpi	密度介于 mdpi 和 hdpi 之间的屏幕，约为 213 dpi。它主要用于电视，而大多数应用都不需要它
	anydpi	此限定符适合所有屏幕密度，其优先级高于其他限定符。这对于矢量可绘制对象非常有用。此项为 API 级别 21 中的新增配置
	nnndpi	用于表示非标准密度，其中 nnn 是正整数屏幕密度。在大多数情况下，此限定符并不适用
	注意：使用密度限定符并不意味着资源仅适用于该密度的屏幕。如果没有为备用资源提供最符合当前设备配置的限定符，系统则可能会使用其中最匹配的资源	

2）将相应的备用资源保存在此新目录下，这些资源文件必须与默认资源文件完全同名，例如：

```
res/
    drawable/
        icon.png
        background.png
    drawable-hdpi/
        icon.png
        background.png
```

hdpi 限定符表示该目录中的资源适用于屏幕密度较高的设备，其中，每个可绘制对象目录中的图片均已针对特定的屏幕密度调整了大小，但文件名完全相同。如此一来，用于引用 icon.png 或 background.png 图片的资源 ID 始终相同，但 Android 会通过将设备配置信息与资源目录名称中的限定符进行比较，选择最符合当前设备的各个资源版本。

2.5　实训项目与演练

实训　bug 调试技巧

1. bug 简介

初学者在编写代码的过程中会经常遇到错误：一类是明显的语法错误，编写过程中就可以发现；还有一类是运行后才能发现的错误，本书把这类错误统一归纳为 bug。

2. 通过 Logcat 分析 bug 原因

一般应用发生 bug 后会输出日志，不同的 bug 输出不同的日志，通过分析日志就可以定位 bug 原因。例如运行 Task2_1_DebugExceptionDemo 工程后出现应用闪退的 bug，并输出了下面的日志。

```
1 --------- beginning of crash
2 cn....so.task2_1_debugexceptiondemo  D  Shutting down VM
3 cn....so.task2_1_debugexceptiondemo  E  FATAL EXCEPTION: main
4 Process: cn.edu.siso.task2_1_debugexceptiondemo, PID: 2706
5 java.lang.RuntimeException: Unable to start activity ComponentInfo{cn.edu.siso.task2_1_debugexceptiondemo/cn.edu.siso.task2_1_debugexceptiondemo.MainActivity}: java.lang.ArithmeticException: divide by zero
6 at android.app.ActivityThread.performLaunchActivity(ActivityThread.java:3449)
7 ...
8 Caused by: java.lang.ArithmeticException: divide by zero
9 at cn.edu.siso.task2_1_debugexceptiondemo.MainActivity.onCreate(MainActivity.java:14)
```

```
10 at android.app.Activity.performCreate(Activity.java:8000)
11 ...cn....so.task2_1_debugexceptiondemo  I Sending signal. PID: 2706 SIG: 9
12 --------------------------- PROCESS ENDED (2706) for package cn.edu.siso.task2_1_debugexceptiondemo ---------------------------
```

第 3 行日志关键字 FATAL EXCEPTION 表示这是一个致命的 bug，必须修改。

第 5 行日志表示 bug 产生在包名为 cn.edu.siso.task2_1_debugexceptiondemo，类名为 MainActivity 的类中；引起 bug 的异常是 java.lang.ArithmeticException；异常原因是 divide by zero，即除数为 0。

第 6 行及后面日志基本都是包名含有 "android" 的日志信息，表示上述错误导致了系统错误，这部分日志信息可以不做关注。

第 8～9 行日志进一步分析了 bug 产生的原因，MainActivity 类的 onCreate( ) 方法产生了除数为 0 的异常，具体错误代码出现在 onCreate( ) 方法的第 14 行代码。

到此，已经清楚 bug 的产生原因及错误代码的位置，结合下文代码可以知道错误的原因是 i 的数值为 0。

```
1 public class MainActivity extends AppCompatActivity {
2     @Override
3     protected void onCreate(Bundle savedInstanceState) {
4         super.onCreate(savedInstanceState);
5         setContentView(R.layout.activity_main);
6         for (int i=5;i>=0;i--){
7             int b=1/i;
8         }
9     }
10 }
```

3. Debug 定位代码问题

如果不理解上文第 7 行代码中的 i 值为何变成 0，可以通过断点调试来逐步查看 i 值的变化情况。启动断点调试后，在 Debug 调试窗口逐步单击 "run to cursor" 按钮，右侧 "Variables" 窗口实时显示 i 数值的变化情况，如图 2-13 所示。经过若干次操作后，发现 i 的数值的确变为了 0。

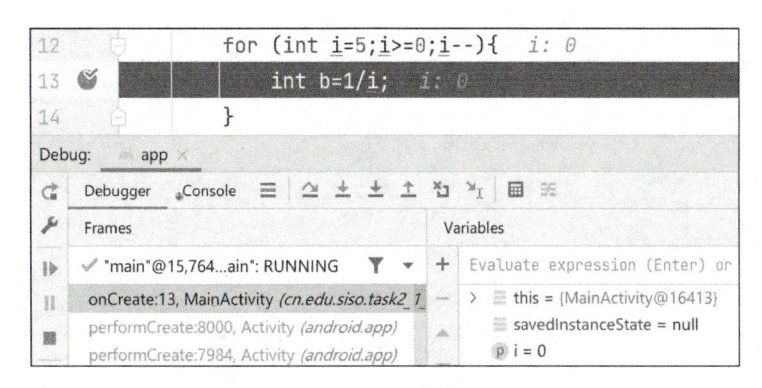

图 2-13 Debug 定位代码问题

单元小结

本单元主要讲解 Android 开发中的生命周期函数。开发者一定要理解 App 运行中不同的场景会由系统自动（而不是由开发者在程序中指定调用）触发不同的回调函数，从而能在合适的回调函数中插入合适的功能代码。同时，本单元还介绍了几种调试方法，调试的作用是帮助开发者准确快速地分析并找到代码中的各种错误，从而开发出高质量的代码。

"授人以鱼，不如授人以渔"——《淮南子·说林训》

调试能力是程序员的基本功。刚开始程序出现错误可以请老师、同学帮助，也可以通过网络搜索，但最好的方法就是自己掌握调试方法。开发者现阶段可能只是大概了解了调试方法，没有关系，我们的目标是在后两个单元的案例学习中去熟悉并掌握它。

习题

1. Activity 的生命周期有哪些？
2. 退出 Activity 时对一些资源及状态的保存操作最适宜在哪个生命周期中进行？

单元 3
布局与基本组件

知识目标

- 了解常见的 UI 组件。
- 掌握 Android 常用的布局方式。
- 理解 Intent 的概念及应用方法。

能力目标

- 能够根据需求选择合适的布局方式，并实现复杂的嵌套布局。
- 能够根据需求选择合适的 UI 组件，并实现不同的响应事件。
- 能够独立开发出具有良好用户体验的 Android 应用界面。

素质目标

- 培养良好的设计思维，能够实现简洁美观的 UI 界面。
- 培养良好的团队协作精神，能够与设计师、产品经理等紧密合作，共同完成项目。
- 善于换位思考，从用户角度出发思考和设计界面。

3.1 Android 用户界面的组件和容器

在设计 Android 应用程序时，用户接口（User Interface，UI）是非常重要的一部分，因为用户对应用程序的第一印象就源于此。同时，UI 设计也是一项相当烦琐和有难度的工作。例如，UI 的大小必须适应各类屏幕分辨率的设备，并且是自动调整的而不是由用户去设定的，又如 UI 的设计和具体功能的实现需要在逻辑上进行分离，从而使 UI 设计者和程序开发者能够相对独立地工作，提高工作效率，也避免在后期维护时功能的修改对 UI 设计的影响。

以上两个问题 Android 系统已经解决了一大部分。例如，第一个是分辨率适应的问题，Android 系统采用相对定位的方式，使 UI 设计者通过相对大小或相对位置来放置所需的组件，从而帮助 UI 在不同屏幕尺寸、不同分辨率的情况下实现动态调整，并正确地显示在屏幕中。第二个是 UI 设计与功能在逻辑上分开实现的问题，Android 系统采用的 UI 设计界面由特殊的 XML 文件进行绘制，而具体的功能则是在 Java 代码中完成，两者之间通过对应的 ID 进行关联，从而实现逻辑和物理上的分离。

Android 体系中 UI 的设计采用视图层次（View Hierarchy）的结构，而视图层次则由 View 和 ViewGroup 组成，如图 3-1 所示。View 是 Android 系统中最基本的组件，同时也是 Android 所有可视组件的父类，它完成了构建按钮、文本框、时钟等诸多控件的基本功能。此外，View 还有一个非常重要的子类 ViewGroup。ViewGroup 能够容纳多个 View 作为 ViewGroup 的子组件，同时 View 也可以包含 ViewGroup 作为其子组件，所以 View 和 ViewGroup 是相互包容的关系。当然，在创建 UI 时，开发人员不会真正去创建 View 或者 ViewGroup，而是直接使用 Android 所提供的具有不同功能的控件，因此通常是看不到 View 或 ViewGroup 的。但了解 View 和 ViewGroup 的意义对设计灵活的界面有着至关重要的作用，后续内容会详细讲述。

图 3-1 UI 设计中的视图层次

3.2 文本控件的功能与使用方法

简单来讲，文本控件就是对 Android 系统中显示或输入的文本进行操作的控件。常见的文本控件有两种：一种是 TextView，用于显示文字或字符的控件；另一种是 EditText，用于用户输入和编辑文字或字符的控件，如图 3-2 所示。这两个控件之间有着非常紧密的联系，在 Android 的体系结构中，TextView 和 EditText 之间是父类和子类的关系，即 EditText 继承于 TextView，因此 EditText 几乎具备 TextView 的所有功能。两者之间最大的不同在于，EditText 能够支持用户输入，而 TextView 不能。

图 3-2 EditText 实例

3.2.1　TextView 的 XML 使用

要在 Android 应用程序中定义并显示一个 TextView 是非常简单的，只要短短几行代码就可以完成。下面就来创建一个 Android 应用程序，并为其添加一个 TextView 控件。

1）创建项目。在 Android Studio 的菜单栏中选择 File → New → New Project 命令，进入 New Project 界面，在左侧选择 Phone and Tablet 设备，然后再选择右侧 Empty Activity 模板，单击 Next 按钮进入下一步配置操作。

2）配置信息。在 Name 文本框中输入 3_01_TextControls 作为应用程序的名称，在 Package Name 文本框中输入 cn.edu.siso.textcontrolsdemo 作为应用程序的包名，在 Save location 文本框中指定一个英文目录来存储当前项目的代码，在 Language 下拉列表框中选择 Java 开发语言，在 Minimum SDK 下拉列表框中使用默认支持的最低版本，或者根据需要设置其他版本，最后单击 Finish 按钮完成创建。

当创建完第一个 Android 项目后，打开 UI 设计页面文件 activity_main.xml。在 UI 设计页面的正中可以看到已经有一串"Hello World！"的字符，如图 3-3 所示，通过右上角 Code、Split、Design 这 3 个按钮，可以切换到纯代码模式、代码和设计共存模式及纯设计模式。

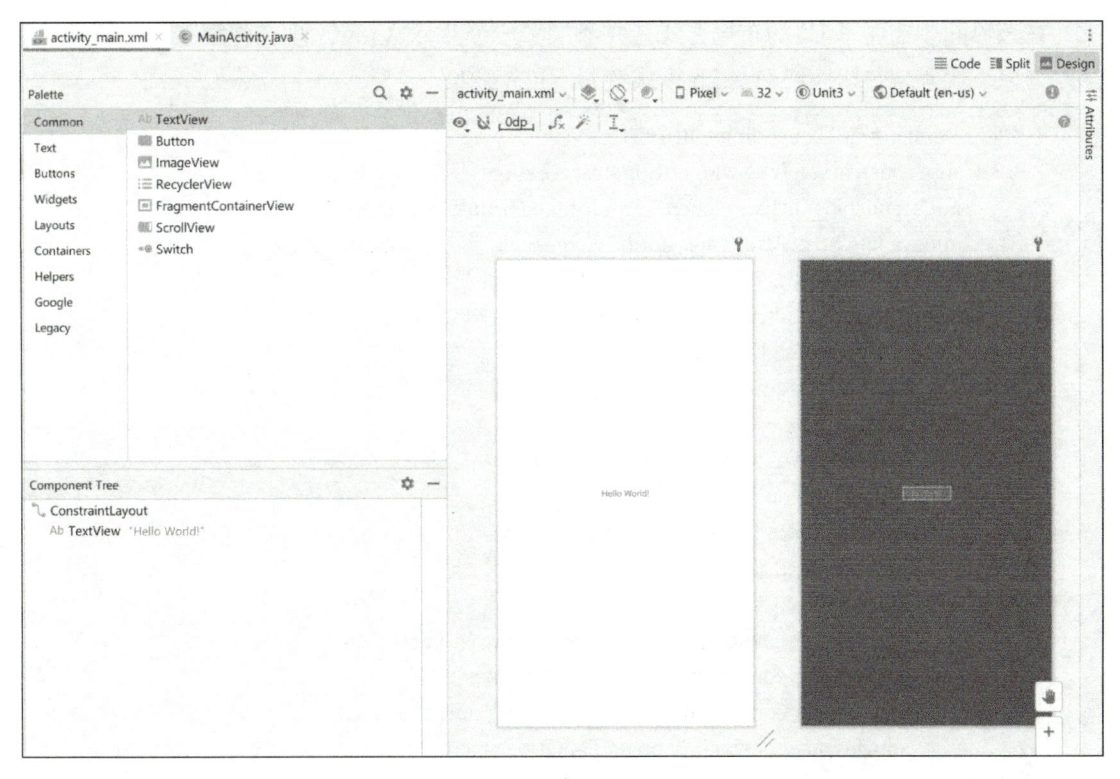

a）

图 3-3　UI 设计页面

a）Design 模式

![activity_main.xml 代码截图]

b)

图 3-3　UI 设计页面（续）

b）Split 模式

在该界面中描述了 UI 的布局方式，并添加了一个 TextView。现在将第 1～18 行代码修改为以下代码，并切换到 Design 模式查看 UI 的变化。

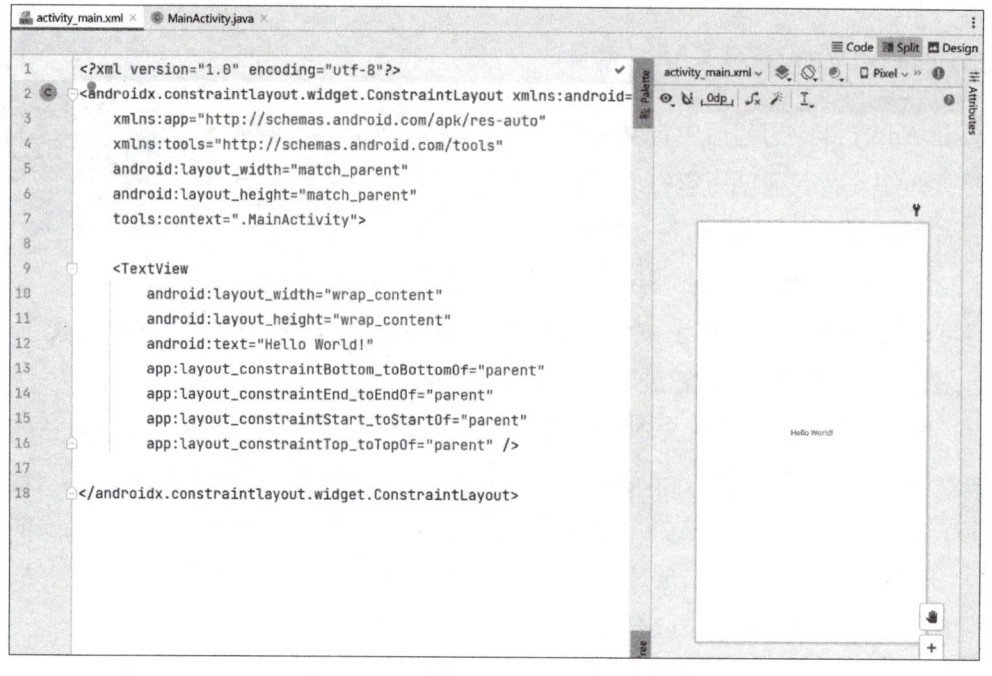

```
1  <?xml version="1.0" encoding="utf-8"?>
2  <androidx.constraintlayout.widget.ConstraintLayout
3      xmlns:android="http://schemas.android.com/apk/res/android"
4      xmlns:app="http://schemas.android.com/apk/res-auto"
5      xmlns:tools="http://schemas.android.com/tools"
6      android:layout_width="match_parent"
7      android:layout_height="match_parent"
8      tools:context=".MainActivity">
9      <TextView
10         android:layout_width="wrap_content"
11         android:layout_height="wrap_content"
12         android:text=" 不忘初心 \n 牢记使命 "
13         android:textSize="20sp"
14         android:textColor="#ff0000"
15         app:layout_constraintBottom_toBottomOf="parent"
16         app:layout_constraintEnd_toEndOf="parent"
17         app:layout_constraintStart_toStartOf="parent"
18         app:layout_constraintTop_toTopOf="parent" />
19  </androidx.constraintlayout.widget.ConstraintLayout>
```

第 1 行代码告诉解析器和浏览器，按照 1.0 版本的 XML 规则进行文件解析，以及此 XML 文件采用 UTF-8 的编码格式。

第 2 ～ 8 行代码表示 UI 的整体布局是约束布局（ConstraintLayout）。到第 19 行的结束标记为止，中间的第 9 ～ 18 行代码都是约束布局的作用范围。

第 9 行代码的 TextView 表示在 UI 中显示一个 TextView。

第 10 ～ 11 行代码的 android:layout_width 和 android:layout_height 用于设定 TextView 的宽度和高度，这两个都是 TextView 的重要属性。wrap_content 表示 TextView 的宽度和高度都根据 TextView 的内容自动调整。

第 12 行代码的 android:text 用于设置 TextView 中显示的文字。这里设置了 " 不忘初心 \n 牢记使命 "，其中的 \n 代表换行。如果想显示其他文字，那么只要修改属性的值即可。

第 13 行代码的 android:textSize 用于设置文字的大小，sp 是文字大小的单位。

第 14 行代码的 android:textColor 用于设置文字的颜色。通常颜色由 RGB 三原色表示，在 Android 中颜色使用 6 位十六进制的数字表示，并在前面加上 "#"。例如 "#ffff00" 前两位表示红色，中间两位表示绿色，最后两位表示蓝色，并且每种颜色的最大值为 ff，即 255。

第 15 ～ 18 行代码通过约束布局实现了文本的居中显示功能，后文再详细解释。

从上面的例子中可以看出，如果需要显示一个 TextView，只要在 XML 中定义一个 TextView 组件即可。但在这里还有两点需要说明：

1）UI 布局的 XML 文件一定放在 res/layout 目录中，因此如要修改 UI，应到该目录下寻找对应的 XML 文件。

2）跟在开始标签后的内容称为标签属性，如在 TextView 中定义的 android:layout_height 就称为 TextView 的属性，而在 < 标签 > 与 </ 标签 > 之间的内容称为标签的值。

3.2.2 TextView 的 Java 使用

XML 文件中的一切都定义完成后，有时需要在 Java 文件中动态地对某些控件进行修改，此时 R 文件就起到了连接 XML 中组件与 Java 代码中对象的作用。要在 R 文件中能够找到 XML 中的组件，那么首先就必须为 XML 中的组件分配一个 ID，分配完 ID 后，系统会自动为每个控件分配一个序列号，请读者自行查阅 R 文件知识。

下面来修改 activity_my.xml 文件，即在 TextView 中添加属性 android:id，代码如下：

```
1 <TextView
2           android:id="@+id/text"
3           android:layout_width="wrap_content"
4           android:layout_height="wrap_content"
5           android:textColor="#ff0000"
6           app:layout_constraintBottom_toBottomOf="parent"
7           app:layout_constraintEnd_toEndOf="parent"
8           app:layout_constraintStart_toStartOf="parent"
9           app:layout_constraintTop_toTopOf="parent" />
```

第 2 行代码的 android:id 是设置或者引用一个资源 ID 号，该属性的值是 @+id/

text，表示为 TextView 分配一个 ID，ID 的值为 text，安装应用或者执行菜单命令 Build → Make Project，就可以在 R 文件中生成对应的索引。

此时在 Android Studio 窗口左边的项目框架区域选中 Project 选项，然后在下面的框架中依次单击 app → build → intermediates → runtime_symbol_list → debug → R.txt，打开 R.txt 文件如图 3-4 所示。此时 Android 系统就为开发者在 Java 中使用这个控件做好了准备。

图 3-4 ID 的映射

在第 2 单元中说过，当 Android 应用程序启动时，第一个运行的就是 onCreate() 函数。因此应修改 onCreate() 函数，使 TextView 的值显示"Change in Java Code"。打开 src/目录下的 MainActivity.java 文件，修改其中的代码。修改后的代码如下：

```
1    public class MainActivity extends Activity{
2        private TextView  textView;
3        public void onCreate(Bundle savedInstanceState){
4            super.onCreate(savedInstanceState);
5            setContentView(R.layout.activity_main);
6            textView=(TextView)findViewById(R.id.text);
7            textView.setText("Change in Java Code");
8            String str=textView.getText().toString();
9        }
10   }
```

第 2 行代码声明了一个 TextView 的成员变量，该变量将会通过 R 文件与 XML 中定义的 TextView 进行关联。

第 6 行代码中的 findViewById() 函数是 Activity 的成员函数，该函数通过寻找 R 文件中的 ID 来返回任意控件的对象。本例 TextView 在 XML 中定义的 ID 为 text，因此 findViewById() 就可以通过 ID 得到所需的控件。但由于 findViewById() 函数返回的值类型为 View，而 View 是所有可视控件的父类，因此可以把 View 强制转化为 TextView，从而最终达到 Java 和 XML 控件关联的目的。

第 7～8 行代码中的 setText( ) 和 getText( ) 函数是 TextView 的成员函数，用于设置和获取 TextView 的内容。在获取 TextView 内容时，getText( ) 函数得到的是 CharSequence 类型。通常开发者都会通过 toString( ) 把 CharSequence 类型转化为 String 类型，以方便后续处理。

代码修改完成后，在 Android Studio 窗口中执行菜单命令 Run → Run 'app' 来运行项目。得到的最终结果如图 3-5 所示。

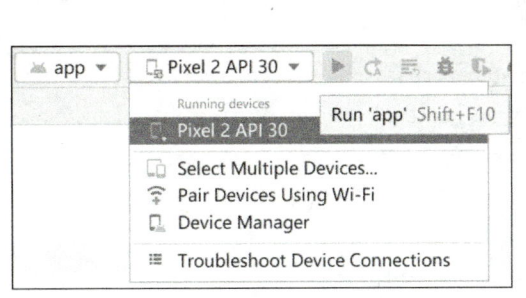

图 3-5 修改 TextView 的运行效果

> XML 中的元素标签都是成对出现的，既有开始标签也有结束标签。构成标签的方式有两种：第一种方式为"＜标签＞…＜/标签＞"，这类标签表示该标签内还可以再嵌套其他标签；第二种方式为"＜标签…/＞"，此类标签表示该标签中不可以再嵌套其他标签。

3.2.3　EditText 的 XML 使用

了解 TextView 以后，学习 EditText 就相对简单了，因为 EditText 只是在 TextView 的基础上进行了扩展和增强。新建 3_02_EditTextControls 项目，切换到 activity_main.xml 的 Code 模式，并在此基础上添加 EditText。注意此处的根标签改为了 LinearLayout，本单元后面会详细讲解，这里只需要知道它实现了控件的垂直排列功能即可。具体代码如下：

```
1  <LinearLayout
2      xmlns:android="http://schemas.android.com/apk/res/android"
3      xmlns:app="http://schemas.android.com/apk/res-auto"
4      xmlns:tools="http://schemas.android.com/tools"
5      android:layout_width="match_parent"
6      android:layout_height="match_parent"
7      android:orientation="vertical"
8      tools:context=".MainActivity">
9      <TextView
10         android:layout_width="match_parent"
```

```
11              android:layout_height="wrap_content"
12              android:text=" 手机号码 "/>
13          <EditText
14              android:id="@+id/phone"
15              android:layout_width="match_parent"
16              android:layout_height="wrap_content"
17              android:hint=" 请输入手机号码 "
18              android:inputType="phone"/>
19          <TextView
20              android:layout_width="match_parent"
21              android:layout_height="wrap_content"
22              android:text=" 密码 "/>
23          <EditText
24              android:layout_width="match_parent"
25              android:layout_height="wrap_content"
26              android:hint=" 请输入密码 "/>
27 </LinearLayout>
```

第 1 ~ 8 行代码表示 UI 的整体布局是线性布局（LinearLayout），到第 27 行的结束标记为止，中间的第 9 ~ 26 行代码都是线性布局的作用范围。

第 9 ~ 12 行代码表示在 UI 中添加一个 TextView 控件。

第 13 行代码表示在 UI 中添加一个 EditText 控件。

第 14 行代码表示为 EditText 添加一个 ID，为以后被 Java 调用做准备。

第 15 ~ 16 行代码表示设置 EditText 的宽度和高度。上一小节提到，wrap_content 表示控件的宽度或高度根据控件的内容自动调整，而这里的宽度设置为 match_parent 表示 EditText 的宽度和父控件的宽度相同。EditText 的父控件就是上一级的 LinearLayout，即与 LinearLayout 同宽。

第 17 行代码用于设置 EditText 在用户没有输入文字时显示的提示信息。

第 18 行代码用于设置键盘的类型，本例把它设为电话键盘。

以上便是在 UI 中添加一个 EditText 的方法。不难发现，EditText 控件的添加和 TextView 控件的添加极为相似，唯一的区别就是 EditText 的属性更加丰富，功能更为强大。但这里依然有两点需要说明：

1）在设置 android:layout_width 或 android:layout_height 时，Android 提供了 3 个属性值供开发者选择 fill_parent、match_parent 和 wrap_content。其中 fill_parent 属性和 match_parent 属性在效果上是一致的，但是 Google 建议使用 match_parent，因此通常都使用 match_parent 和 wrap_content 来设置控件的宽和高。

2）inputType 的类型除了数字类型的键盘外还有许多种，如文本键盘（text）、邮件地址键盘（textEmailAddress）和电话键盘（phone）等，如图 3-6 所示。可以根据文本框中要输入内容的种类做好选择，使之具有更好的用户友好性。

图 3-6　EditText 创建与键盘

3.2.4　EditText 的 Java 使用

如第 3.2.2 小节所述，如果要在 Java 代码中使用控件，就必须为该控件定义一个 ID。因此本例为 EditText 声明了一个 "phone" 的 ID，在编译完成后就会在 R 文件中产生一个对应的序列号。此后就可以通过 findViewById( ) 函数得到所需的控件。因为 EditText 和 TextView 在本质上存在一定的相似性，所以对 EditText 的常用操作，也是与 TextView 一样的，通过 setText( ) 函数和 getText( ) 函数来设置和得到 EditText 中的文字。具体代码如下：

```
1    public void onCreate(Bundle savedInstanceState){
2        editText=(EditText)findViewById(R.id.phone);
3        editText.setText("Change in EditText");
4        String strEditText=editText.getText().toString();
5    }
```

第 2 行代码中通过 findViewById( ) 函数得到 EditText 控件，并返回对应的 View，从而达到 Java 和 XML 控件关联的目的。

第 3～4 行代码是通过 setText( ) 函数和 getText( ) 函数设置并获取 EditText 的内容。

代码修改完成后，在 Android Studio 窗口中执行菜单命令 Run → Run'app' 来运行项目。得到的最终结果如图 3-7 所示。

图 3-7　EditText 的运行效果

3.3 按钮控件的功能与使用方法

常见的按钮控件有 5 种，如图 3-8 所示。第 1 种是按钮（Button），用于响应用户的单击；第 2 种是图片按钮（ImageButton），其功能与 Button 类似，两者的区别在于 Button 显示文字，而 ImageButton 显示图片；第 3 种是多选按钮（CheckBox），用于用户有多个选项时使用；第 4 种是单选按钮（RadioButton），一组 RadioButton 中只有一个能被选中，因此 RadioButton 通常和表示一组选项的 RadioGroup 同时使用，RadioGroup 是 RadioButton 的父容器，只有包含在 RadioGroup 中的 RadioButton 才能实现互斥功能，以此来表示一组单选按钮；第 5 种是状态开关按钮（ToggleButton），通常表示应用程序的某种状态，如网络的开关等。本节将针对这 5 种按钮控件在 XML 中的创建和在 Java 中的使用进行详细的讲解。

图 3-8　5 种常见的按钮控件

3.3.1　Button 与 ImageButton 的 XML 使用

在 Android 的体系结构中，Button 继承于 TextView，而 ImageButton 继承于 ImageView。虽然这两个控件继承于不同的控件，但是 Button 和 ImageButton 都是用于完成用户的单击按钮时的 onClick 事件。

在 Android Studio 中创建 Android 项目"3_03_ButtonControls"，并在窗口左边的项目框架区选中 Android 选项，然后在下面的框架中依次单击 app → res → layout，切换布局文件 activity_main.xml，并修改代码。修改后的代码如下：

```
1   <LinearLayout
2       android:orientation="vertical">
3       <Button
4           android:id="@+id/button"
5           android:layout_width="wrap_content"
6           android:layout_height="wrap_content"
7           android:text=" 普通按钮 "/>
8       <ImageButton
9           android:id="@+id/imagebutton"
10          android:layout_width="wrap_content"
11          android:layout_height="wrap_content"
12          android:src="@mipmap/pause"
13          android:background="#00000000"/>
14  </LinearLayout>
```

第 3 行和第 8 行代码表示在 UI 中添加一个 Button 和一个 ImageButton。

第 7 行代码中的 android:text 是 Button 控件中非常常用的属性，用于为 Button 添加按钮文字。这里添加文字"普通按钮"。

第 12 行代码的 android:src 是 ImageButton 控件中非常常用的属性，用于设定 ImageButton 的图片。

第 13 行代码的 android:background 用来设置 ImageButton 的背景颜色。这里设为黑色，并且为完全透明。

以上代码便是在 Android 中向 UI 添加 Button 和 ImageButton 控件的方法。运行项目得到的结果如图 3-9 所示。在第 3.2.1 小节中提到，设置背景可以使用控件的 background 属性。background 既可以引用图片也可以引用颜色，颜色的格式通常有 4 种，分别为 #rgb、#argb、#rrggbb 和 #aarrggbb，其中 a 表示透明度，取值范围为 0～255，0 表示完全透明，255 表示不透明。所以，在本例中把 ImageButton 的 background 属性值设为 #00000000 就可以使背景完全透明。这里可以试着将第 13 行代码去掉，然后比较前后的运行结果，会有更加深刻的印象。

图 3-9　按钮控件的添加

3.3.2　Button 与 ImageButton 的 Java 使用

Button 和 ImageButton 除了在 XML 中创建的方法非常相似外，在 Java 代码中的使用也非常相似，用户单击的响应函数都为 onClick()。下面介绍 Button 和 ImageButton 在 Java 代码中的使用。

首先在 XML 中添加一个 EditText，并且为其添加 ID 为 edit。具体代码如下：

```
1    <EditText
2        android:id="@+id/edit"
3        android:layout_width="match_parent"
4        android:layout_height="wrap_content"
5        android:hint=" 响应用户点击事件 "/>
```

切换到 java/ 目录下的 Java 文件，在 onCreate( ) 函数中完成 Button、ImageButton 和 EditText 这 3 个控件的关联。具体代码如下：

```
1    public class MainActivity extends Activity{
2        private Button  normalButton;
3        private ImageButton  imageButton;
4        private EditText  editText;
5        public void onCreate(Bundle  savedInstanceState){
6            super.onCreate(savedInstanceState);
7            setContentView(R.layout.activity_main);
8            normalButton=(Button)findViewById(R.id.button);
9            imageButton=(ImageButton)findViewById(R.id.imagebutton);
10           editText=(EditText)findViewById(R.id.edit);
11       }
12   }
```

在上面的代码中，第 2～4 行代码需要特别注意，有些参考书上会把控件的定义放在 onCreate( ) 中，但是在实际应用中，更好的做法是把控件作为一个成员变量来进行定义，这样可以防止控件变量作用域的问题。

当完成关联后,接下来就要在第 10 行代码之后实现 Button 和 ImageButton 的单击事件。本例中,当用户单击 Button 和 ImageButton 时,EditText 中分别显示"普通按钮的响应事件"和"图片按钮的响应事件"字样。要实现这个功能,首先需要为 Button 和 ImageButton 添加用户单击事件的监听器,然后通过监听器中 onClick( ) 函数来完成修改 EditText 中字样的功能。具体代码如下:

```
1   normalButton.setOnClickListener(new OnClickListener(){
2       public void onClick(View v){
3           editText.setText(" 普通按钮的响应事件 ");
4       }
5   });
6   imageButton.setOnClickListener(new OnClickListener(){
7       public void onClick(View v){
8           editText.setText(" 图片按钮的响应事件 ");
9       }
10  });
```

第 1 行代码用于为 Button 设置一个监听注册函数。只有当 Button 设置了监听注册函数,其才能响应用户的单击事件,而随后的 onClickListener( ) 函数就是为监听注册函数注册一个监听器,在这个监听器中是发生用户单击事件时的处理过程。

第 2~4 行代码是 Button 的用户单击事件的处理函数。在本例中,当用户单击 Button 时,在 EditText 中显示"普通按钮的响应事件"。

以上就是对于按钮响应事件编写的完整过程。对于 ImageButton 来说,它的用户单击事件和 Button 的用户单击事件完全相同,这里不再赘述。Button 的用户单击事件是所有 Android 事件中最基础也是最常用到的事件,因此掌握这个事件的写法和原理对以后的学习和工作会有较大的帮助。这里还有两点需要说明,以帮助读者更好地理解这一过程。

1) 请注意第 5 行代码和第 10 行代码末尾的分号,这个分号非常容易被遗漏,应多加注意。此外,以 Button 为例,观察第 1 行代码和第 5 行代码中的小括号和大括号,会发现其实从第 1 行代码中的 new OnClickListener 开始到第 5 行代码的大括号结束都是作为 setOnClickListener( ) 函数的参数存在的,因此也就可以理解为什么在第 5 行代码最后需要加一个分号。

2) 依然以第 1 行代码为例,代码中使用 new OnClickListener( ) 是 Java 编程中的一个技巧,用于产生一个匿名类,即没有明确对象名的对象,但这并不表明没有对象,只是这个对象是由系统进行维护的,而不是由开发人员来维护的。当然,有时会出现多个 Button 有相同的处理函数,那么此时如果为每个 Button 都写一个匿名类就显得有些重复,此时就可以单独生成一个 OnClickListener 的对象,从而简化代码、提高其可读性。具体代码如下:

```
1   OnClickListener buttonClickListener=new OnClickListener(){
2       public void onClick(View v){
3           editText.setText(" 普通按钮的响应事件 ");
4       }
5   };
6   normalButton.setOnClickListener(buttonClickListener);
```

第1～5行代码用于产生一个 OnClickListener 的对象，并实现其用户单击事件。

第6行代码则把产生的对象注册到 Button 中。

3.3.3 CheckBox 的 XML 使用

CheckBox 即多选按钮，允许用户在一组选项中进行单选和多选。CheckBox 在 UI 中的创建方案依然类似前面控件的创建方法。打开项目 3_04_CheckBoxControls 中的 UI 布局文件 activity_main.xml，并在 LinearLayout 标签中添加如下代码：

```
1 <LinearLayout xmlns:android="http://schemas.android.com/apk/res/android"
2     xmlns:app="http://schemas.android.com/apk/res-auto"
3     xmlns:tools="http://schemas.android.com/tools"
4     android:layout_width="match_parent"
5     android:layout_height="match_parent"
6     android:orientation="vertical"
7     tools:context=".MainActivity">
8     <TextView
9         android:id="@+id/title"
10        android:layout_width="match_parent"
11        android:layout_height="wrap_content"
12        android:text=" 五谷中的"黍、菽"代表什么农作物？"
13        android:textSize="20sp"/>
14    <CheckBox
15        android:id="@+id/huangmi"
16        android:layout_width="match_parent"
17        android:layout_height="wrap_content"
18        android:text=" 黄米 "
19        android:onClick="onCheckboxClicked"
20        android:checked="true"/>
21    <CheckBox
22        android:id="@+id/dou"
23        android:layout_width="match_parent"
24        android:layout_height="wrap_content"
25        android:text=" 豆 "
26        android:onClick="onCheckboxClicked"
27        android:checked="true"/>
28 </LinearLayout>
```

第14～20行代码表示在 UI 中添加一个 CheckBox，并设置了该 CheckBox 的 ID 和大小，最后设置 CheckBox 中的文字。

第19行代码是设置单击该 CheckBox 的响应事件。这是除了在 Java 中定义用户单击事件外的另一种设置用户单击事件的方法，具体使用方法在后面的单元中会详细说明。

第20行代码是设置该 CheckBox 为默认选中。

以上便是如何在 Android 的 UI 中添加 CheckBox 的方法。运行该项目，得到的结果如图3-10所示。

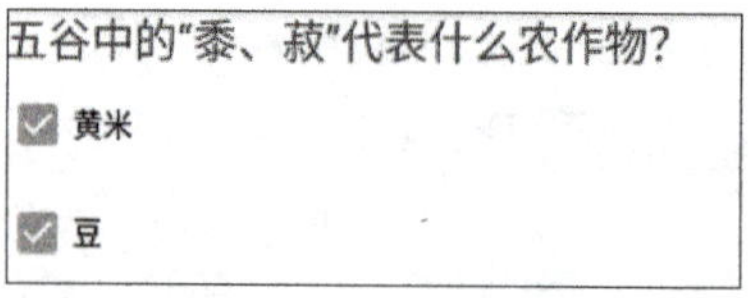

图 3-10　CheckBox 的创建

3.3.4　CheckBox 的 Java 使用

上面说到 XML 代码的第 19 行是设置单击 CheckBox 的响应事件 onCheckboxClicked，而在之前例子中，使用的响应事件都是由系统提供的、具有特定函数名的响应函数。实际上，Android 也提供自定义响应函数名的方法来响应用户事件。

使用自定义响应函数的方法和使用系统响应函数的方法略有不同。系统响应函数目前都是放在 onCreate( ) 中进行定义和实现的，而对于自定义的响应函数则需要把响应函数放在 Activity 中作为一个成员函数来使用，同时这个 Activity 必须包含这个控件。打开 src/ 目录下的 Java 文件，并添加代码，完成单击 CheckBox 时把 CheckBox 的文字显示在标题 TextView 中的功能。具体代码如下：

```
1  public void onCheckboxClicked(View view){
2      boolean checked=((CheckBox)view).isChecked();
3      switch(view.getId()){
4          case R.id.huangmi:
5              if(checked){
6                  textView.setText(text+"/ 黄米 ");
7              }else{
8                  textView.setText(text);
9              }
10             break;
11         case R.id.dou:
12             if(checked){
13                 textView.setText(text+"/ 豆 ");
14             }else{
15                 textView.setText(text);
16             }
17             break;
18     }
19 }
```

第 1 行代码用于添加 CheckBox 的自定义响应函数，该函数声明必须符合 "public void 自定义函数名 (View view){ }" 的形式，其中 view 表示当前单击的控件。

第 2 行代码中首先把 view 强制转换为 CheckBox，然后保存 CheckBox 的状态至 checked。

第 3 行代码中通过 view.getId() 函数就可以得到用户所单击控件的 ID 号。

第 5～9 行代码用于实现单击 CheckBox 在 TextView 中显示文字的功能。当 CheckBox 被选中时，checked 变量则为 true，否则为 false，因此通过 checked 变量就可以在 TextView 中设置对应的文字。

CheckBox 除了可使用自定义响应函数来响应用户事件外，Android 也为 CheckBox 提供了系统响应函数。具体代码如下：

```
1   OnClickListener  checkboxListener = new OnClickListener(){
2       public void onClick(View v){
3           // 此处为单击响应事件代码
4       }
5   };
6   CheckBox  huangmiCheckBox =(CheckBox)findViewById(R.id. huangmi);
7   huangmiCheckBox.setOnClickListener(checkboxListener);
8   CheckBox  douCheckBox=(CheckBox)findViewById(R.id.dou);
9   douCheckBox.setOnClickListener(checkboxListener);
```

第 1 行代码表示定义一个单击事件的变量，并在其中实现 onClick( ) 函数。具体的实现部分和前面自定义的 onCheckboxClicked 相同，这里就不再赘述。

第 6～9 行代码则为每个 CheckBox 设置系统的 OnClickListener( ) 函数来完成对应的功能。

以上便是整个 CheckBox 具体功能的实现，效果如图 3-11 所示。

图 3-11　CheckBox 的功能实现

3.3.5　RadioButton 的 XML 使用

RadioButton 的功能正好与 CheckBox 相反，它用于在一组选项中进行单项选择，因此 RadioButton 经常与表示一组选项的 RadioGroup 一起使用，即用户只能在已经设定的一组 RadioButton 中选择其中的一项。打开项目 3_05_RadioButtonControls 中的 UI 布局文件 activity_main.xml，并在 LinearLayout 标签中添加如下代码：

```
1   <RadioGroup
2       android:id="@+id/radiogroup"
3       android:layout_width="wrap_content"
4       android:layout_height="wrap_content"
5       android:orientation="horizontal">
6   <RadioButton
7       android:id="@+id/radiobutton1"
8       android:layout_width="wrap_content"
9       android:layout_height="wrap_content"
```

```
10          android:checked="true"
11          android:text=" 男 "/>
12    <RadioButton
13          android:id="@+id/radiobutton2"
14          android:layout_width="wrap_content"
15          android:layout_height="wrap_content"
16          android:text=" 女 "/>
17   </RadioGroup>
```

第 1 行代码表示在 UI 中定义一个 RadioGroup 容器，用于包含一组 RadioButton 组件。

第 2 行代码用于设定 RadioGroup 的 ID，使该组件可以在 Java 代码中被使用。

第 5 行代码用于设置在 RadioGroup 中 RadioButton 的排列方式，这里设为横向排列。

第 6~11 行代码表示在 RadioGroup 中定义的 RadioButton 组件，并设定其高度、宽度及显示的文字。

以上就是 RadioButton 在 XML 中定义的方法，运行效果如图 3-12 所示。

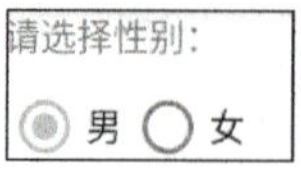

图 3-12　RadioButton 的创建

3.3.6　RadioButton 的 Java 使用

RadioButton 的常用方法有 3 种：第 1 种类似于第 3.3.4 小节讲述的在 XML 中为每个 RadioButton 设置一个 onClick( ) 函数，然后在 Activity 的成员函数中实现；第 2 种方法是为每个 RadioButton 绑定一个 onClickListener 的监听器，然后通过监听器来响应用户的单击事件；第 3 种方法则是，由于一组 RadioButton 属于一个 RadioGroup，因此可以通过 RadioGroup 中的监听事件来判断 RadioButton 是否被单击，从而处理用户的选择事件。本节主要讲述如何实现第 3 种用户响应事件。

在 Android Studio 中打开项目 3_05_RadioButtonControls 的 java/ 目录中的 MainActivity.java 文件，并在其中的 onCreate( ) 函数中添加如下代码：

```
1 RadioGroup radioGroup=(RadioGroup)findViewById(R.id.radiogroup);
2 radioGroup.setOnCheckedChangeListener(new RadioGroup.OnCheckedChangeListener( ){
3       public void onCheckedChanged(RadioGroup group,int checkedId){
4           switch(checkedId){
5               case  R.id.radiobutton1:
6                   textView.setText(" 男 ");
7                   break;
8               case  R.id.radiobutton2:
9                   textView.setText(" 女 ");
10                  break;
11              default:
12                  break;
13          }
14      }
15 });
```

第 1 行代码表示通过 findViewById( ) 得到 XML 中定义的 RadioGroup 控件。

第 2 行代码用于向 RadioGroup 注册一个监听器，并在这个监听器中完成用户选择响应函数的代码。

第 3 行代码是一个用户选择变更的响应函数，其中 onCheckedChanged( ) 函数有 2 个参数：第 1 个参数 group 表示当前选择的是哪个 RadioGroup；第 2 个参数 checkedId 表示用户在当前这个 RadioGroup 中选择的 RadioButton 的 ID。

第 4～12 行代码通过一个 switch 语句来判断用户选择的是哪一个 RadioButton，然后通过所选择的 RadioButton 来修改 EditText 中的文字。

3.4 时间和日期控件的功能与使用方法

在 Android 系统中，时间和日期控件有 2 类：第 1 类是 AnalogClock 和 DigitalClock 控件，这两个控件获取系统时间并展示给用户，两者的不同在于 AnalogClock 是以模拟时钟的形式展示，而 DigitalClock 是以数字时钟的形式展示；第 2 类控件是 DatePicker 和 TimePicker，用户可以通过这两个控件设置日期和时间，两者的不同也是显而易见的，DatePicker 用于选择日期，而 TimePicker 则用于选择时间。本节主要展示这 4 个控件的基本使用方法。

3.4.1 AnalogClock 与 DigitalClock 的 XML 使用

AnalogClock 和 DigitalClock 的使用方法非常简单，由于这两个控件的时间值都是由系统决定的，因此在使用时只需要在布局文件的 XML 中创建即可，无须任何的 Java 代码的添加。

在 Android Studio 中创建项目 3_06_DateTimeControls，打开 layout/ 目录下的 activity_main.xml 文件，并添加如下代码：

```
1    <AnalogClock
2        android:layout_width="wrap_content"
3        android:layout_height="wrap_content"/>
4    <DigitalClock
5        android:layout_width="wrap_content"
6        android:layout_height="wrap_content"
7        android:textSize="14sp"/>
```

第 1～6 行代码分别定义了一个模拟时钟和数字时钟，并设置了各个控件的宽和高。

第 7 行代码定义了数字时钟的文字大小。除此之外，还可以通过定义 textColor 属性来设置文字颜色。

以上就是 AnalogClock 和 DigitalClock 控件的使用，效果如图 3-13 所示。

图 3-13 模拟和数字时钟的创建

3.4.2 DatePicker 与 TimePicker 的 XML 使用

DatePicker 和 TimePicker 是 Android 系统中用于设定时间和日期的控件。DatePicker 控件会在 Android 4.0 中自动产生一个日历。因此如果只需要显示日期选择，就要在布局文件中对 DatePicker 控件进行特别的设定，效果如图 3-14 所示。

图 3-14 DatePicker 和 TimePicker 的定义

在 Android Studio 中打开项目 3_07_DatePickerControls 中的 UI 布局文件 activity_main.xml，修改 activity_main.xml 文件，并添加如下代码：

```
1   <DatePicker
2       android:id="@+id/datePicker"
3       android:layout_width="wrap_content"
4       android:layout_height="wrap_content"
5       android:calendarViewShown="false"/>
6   <TimePicker
7       android:id="@+id/timePicker"
8       android:layout_width="wrap_content"
9       android:layout_height="wrap_content"/>
10  <EditText
11      android:id="@+id/userInfo"
12      android:layout_width="match_parent"
13      android:layout_height="wrap_content"
14      android:textSize="12sp"/>
```

第 1～5 行代码用于在 UI 中定义 DatePicker 控件。其中，第 5 行代码中的 calendarViewShown 属性用于设置 Calendar 是否显示。在本例中该属性值为 false，因此，当 DatePicker 控件显示时，只显示日期信息，而不显示日历。

第 6～9 行代码表示在 UI 中定义一个 TimePicker 控件，并设定了其高度和宽度，且将 TimePicker 设为水平居中。

第 10～14 行代码表示在 UI 中添加一个 ID 为 userInfo 的 EditText 控件，同时设定其字体大小为 12sp。

3.4.3 DatePicker 与 TimePicker 的 Java 使用

在 Java 代码中使用 DatePicker 控件时，应主要掌握 init( ) 函数的使用，在该函数中会有日期改变时的事件响应函数和年、月、日参数的设定。而使用 TimePicker 控件时，则应重点掌握时间改变时的处理事件 onTimeChanged( ) 函数。打开 java/ 目录下的 MainActivity.java 文件，并在其中添加如下代码：

```java
1  public class MainActivity extends AppCompatActivity {
2      private DatePicker datePicker;
3      private TimePicker timePicker;
4      private EditText editText;
5      private int year,month,day,hour,minute;
6      @Override
7      protected void onCreate(Bundle savedInstanceState) {
8          super.onCreate(savedInstanceState);
9          setContentView(R.layout.activity_main);
10         datePicker=findViewById(R.id.datePicker);
11         timePicker=findViewById(R.id.timePicker);
12         editText=findViewById(R.id.userInfo);
13         Calendar calendar=Calendar.getInstance();
14         year=calendar.get(Calendar.YEAR);
15         month=calendar.get(Calendar.MONTH);
16         day=calendar.get(Calendar.DAY_OF_MONTH);
17         datePicker.init(year,month,day,new DatePicker.OnDateChangedListener(){
18             public void onDateChanged(DatePicker view,int year,
19                                      int monthOfYear,int dayOfMonth){
20                 MainActivity.this.year=year;
21                 month=monthOfYear;
22                 day=dayOfMonth;
23                 showDate(year,month,day,hour,minute);
24             }
25         });
26         timePicker.setOnTimeChangedListener(new TimePicker.OnTimeChangedListener(){
27             @Override
28             public void onTimeChanged(TimePicker view,int hourOfDay,
29                                      int minute){
30                 hour=hourOfDay;
31                 MainActivity.this.minute=minute;
32                 showDate(year,month,day,hour,minute);
33             }
34         });
35     }
36     public void showDate(int year,int month,int day,int hour,int minute){
37         editText.setText(year+"-"+month+"-"+day+" "+hour+":"+minute);
38     }
39 }
```

第 5 行代码用于记录当前的年、月、日、小时、分钟。

第 13 行代码用于得到一个 Calendar 对象。需要注意的是，Calendar 对象不是通过 new 关键字得到的，而是通过 Calendar 的静态成员函数 getInstance( ) 得到的。

第 17～25 行代码调用 init( ) 函数来初始化 DatePicker 对象，同时为 DatePicker 对象创建日期的响应函数 onDateChanged( )。该函数有 4 个参数，其作用分别如下。

1）DatePicker view：表示当前 DatePicker 对象。

2）int year：表示当前 DatePicker 中所显示的年。

3）int monthOfYear：表示当前 DatePicker 中所显示的月，取值为 0～11。

4）int dayOfMonth：表示当前 DatePicker 中所显示的日。

第 26～34 行代码用于为 TimePicker 对象设置一个时间变动监听函数，只要时间发生变化就会触发该函数。此段程序中的响应函数 onTimeChanged( ) 有 3 个参数，其作用分别如下。

1）TimePicker view：表示当前 TimePicker 对象。

2）int hourOfDay：表示当前 TimePicker 中所显示的小时。

3）int minute：表示当前 TimePicker 中所显示的分钟。

最后调用自定义成员函数 showDate( ) 来设置 EditText 中的文字，自定义方法见第 36～38 行。

以上就是 TimePicker 和 DatePicker 控件在 Java 中的使用。这里需要重点掌握 onDateChanged( ) 和 onTimeChanged( ) 两个响应函数的使用。

3.5 界面布局管理器的使用

界面布局是 Activity 的用户架构，它定义了各个控件元素在布局中的位置，并最终将所有元素"呈现"在用户面前。Android 体系结构中布局的声明分为以下两种方式。

1）XML 中声明布局。Android 提供了简单的 XML 元素来完成各个元素的组合。

2）Java 中实例化布局。通过创建布局对象和对象组来显示对象，并设置相应的属性。

Android 的体系结构提供了灵活的方法来声明和管理 UI 组件。通过 XML 中 UI 的声明可以更好地分离 UI 描述与应用代码。此外，XML 中所提供的元素名称和属性名称也与元素对象的命名及方法名密切相关，因此通过 XML 元素就能够找到对应的类名。

3.5.1 布局文件的使用

使用 Android 中的 XML 标签，可以帮助开发者快速地设计 UI 布局和所包含的元素。创建布局文件的元素类似于 Web 页面中的 HTML 元素，具有一定的层次性。每一个布局文件都必须包含一个根元素，这个根元素可以是 View，也可以是 ViewGroup。当定义了根元素后，开发者就可以添加任意的布局对象，或者将 UI 组件作为子元素，从而构建出一个具有层次性的布局。例如，下面是一个 XML 文件中利用纵向布局来排列一个 TextView 和一个 Button 控件。

```
1    <LinearLayout
2        android:orientation="vertical">
3    <TextView
4        android:text="Hello, I am a TextView"/>
5    <Button
6        android:text="Hello, I am a Button"/>
7    </LinearLayout>
```

当 XML 文件创建完成后，就可以在 Java 中进行载入。每一个 XML 布局文件都被编译到资源文件中，然后在 onCreate() 函数中通过 setContentView() 实现布局文件的加载，载入的参数形式为 R.layout.layout_file_name。

```
protected void onCreate(Bundle savedInstanceState){
    super.onCreate(savedInstanceState);
    setContentView(R.layout.activity_main);
}
```

在 XML 文件中所定义的 View 或者 ViewGroup 对象都有其各自的 XML 属性，这些属性有的继承于其父类，有的则是其独有的属性。但是每一个 UI 组件都可能具有一个 ID 属性，这个属性用于唯一地标识这个组件。在 XML 中，ID 属性表示为 android:id="@+id/text"。其中，"@" 会 "告诉" XML 解析器去解析 ID 字符串，并把它定义为组件的 ID 资源；"+" 表示这是一个新的资源名字，系统需要创建并将其添加到资源文件 R 文件中。Android 系统中除了自定义 ID 外还提供了一部分内部 ID 资源，当遇到 Android 内部 ID 时，就不需要添加 "+"，而是使用 Android 的包名命名空间——android:id="@android:id/empty"。

3.5.2 线性布局

线性布局是 Android UI 中使用较为频繁的一种，使用类 LinearLayout 进行管理。LinearLayout 属于 ViewGroup，因此在 LinearLayout 中可以包含任意多个子视图，而这些视图在 LinearLayout 管理下所有子元素都是按照垂直或者水平方向一个接一个紧密排列的，如图 3-15 所示。

图 3-15 LinearLayout 的布局

在 Android Studio 中创建项目 3_08_LinearLayoutControls，打开 res/layout 目录下的 activity_main.xml 文件，并按照如下代码进行修改。

```
1    <LinearLayout xmlns:android="http://schemas.android.com/apk/res/android"
2        xmlns:tools="http://schemas.android.com/tools"
3        android:layout_width="match_parent"
4        android:layout_height="match_parent"
5        android:orientation="vertical">
6
7    <!-- 线性布局 1_垂直布局 -->
```

```
8   <LinearLayout
9       android:layout_width="match_parent"
10      android:layout_height="wrap_content"
11      android:orientation="vertical">
12  <Button
13      android:layout_width="wrap_content"
14      android:layout_height="wrap_content"
15      android:text=" 垂直 1"/>
16  <Button
17      android:layout_width="wrap_content"
18      android:layout_height="wrap_content"
19      android:text=" 垂直 2"/>
20  <Button
21      android:layout_width="wrap_content"
22      android:layout_height="wrap_content"
23      android:text=" 垂直 3"/>
24  </LinearLayout>
25  <!-- 线性布局 2_ 水平布局 -->
26  <LinearLayout
27      android:layout_width="match_parent"
28      android:layout_height="wrap_content"
29      android:orientation="horizontal">
30  <Button
31      android:layout_width="wrap_content"
32      android:layout_height="wrap_content"
33      android:text=" 水平 1"/>
34  <Button
35      android:layout_width="wrap_content"
36      android:layout_height="wrap_content"
37      android:text=" 水平 2"/>
38  <Button
39      android:layout_width="wrap_content"
40      android:layout_height="wrap_content"
41      android:text=" 水平 3"/>
42  </LinearLayout>
43  </LinearLayout>
```

第 5 行代码表示该界面的总体布局为垂直布局。

第 11 行和第 29 行代码表示两模块分别采用线性布局中的垂直布局和水平布局，效果如图 3-16 所示。

从以上代码可以看出，LinearLayout 除了自身表示线性布局外，还可以在其中再嵌套线性布局，这就是前面所说的"容器"的作用。其实除了可以嵌套线性布局，还可以嵌套任意布局。

线性布局中有 3 个属性最为常用：第 1 个属性是 orientation，表示线性布局的方向，

即水平方向或垂直方向；第2个属性是weight，表示每个组件所占用空间的比例，如果有3个weight均为1的组件，那么这3个组件所占空间分别为1/3、1/3、1/3，即把空间三等分；第3个属性是gravity，表示布局管理器内部组件的对齐方式，当使用多种对齐时，则使用"|"作为间隔。接下来按照如下代码进行修改。

```
1   <LinearLayout xmlns:android="http://schemas.android.com/apk/res/android"
2     xmlns:tools="http://schemas.android.com/tools"
3     android:layout_width="match_parent"
4     android:layout_height="match_parent"
5     android:orientation="vertical">
6     <!-- 线性布局3_gravity -->
7     <LinearLayout
8       android:layout_width="match_parent"
9       android:layout_height="wrap_content"
10      android:orientation="vertical"
11      android:gravity="right">
12      …
13    </LinearLayout>
14    <!-- 线性布局1_weight -->
15    <LinearLayout
16      android:layout_width="match_parent"
17      android:layout_height="wrap_content"
18      android:orientation="horizontal">
19      <Button
20        android:layout_width="0dp"
21        android:layout_height="wrap_content"
22        android:layout_weight="1"
23        android:text="水平1"/>
24      <Button
25        android:layout_width="0dp"
26        android:layout_height="wrap_content"
27        android:layout_weight="1"
28        android:text="水平2"/>
29      <Button
30        android:layout_width="0dp"
31        android:layout_height="wrap_content"
32        android:layout_weight="1"
33        android:text="水平3"/>
34    </LinearLayout>
35  </LinearLayout>
```

第11行代码设定LinearLayout布局的内部组件的对齐方式为右对齐。

第20、25、30行代码设定组件的宽度为0，这是三等分组件的前提条件。

第22、27、32行代码设定各组件的权重为1，即每个组件都占用1/3，从而完成了三等分。

运行项目，最终的效果如图 3-17 所示。

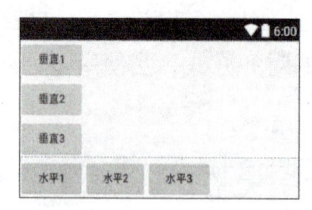

图 3-16 线性布局中的垂直布局和水平布局

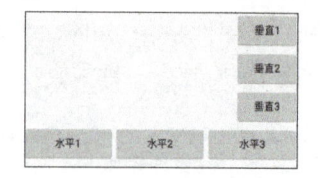

图 3-17 weight 和 gravity 的属性使用

3.5.3 表格布局

表格布局也是 Android 中较为常用的布局方式，使用 TableLayout 进行管理。在应用中用表格布局绘制登录界面最为常见。需要注意的是，在绘制表格时不必声明表格的列数和行数，而是通过 TableRow 来添加表格的行，通过 TableRow 中定义的组件个数来自动计算表格的列数。因此，在绘制表格时如果有 3 行，则应添加 3 个 TableRow。

在 Android Studio 中打开项目 3_09_TableLayoutControls 中 res/layout 目录下的 activity_main.xml 文件，并修改为如下代码。

```
1   <TableLayout
2       android:layout_width="match_parent"
3       android:layout_height="wrap_content">
4       <!-- 添加第一行 -->
5       <TableRow>
6           <TextView
7               android:layout_width="wrap_content"
8               android:layout_height="wrap_content"
9               android:text=" 用户名 :"/>
10          <EditText
11              android:layout_width="match_parent"
12              android:layout_height="wrap_content"
13              android:hint=" 请输入用户名 "/>
14      </TableRow>
15      <!-- 添加第二行 -->
16      <TableRow>
17          <TextView
18              android:layout_width="wrap_content"
19              android:layout_height="wrap_content"
20              android:text=" 密码 :"/>
21          <EditText
22              android:layout_width="match_parent"
23              android:layout_height="wrap_content"
24              android:hint=" 请输入密码 "/>
25      </TableRow>
26  </TableLayout>
```

第 1 行代码用于声明这是一个 TableLayout 表格布局。

第 5 行和第 16 行代码用于为表格添加两行，并在两行中分别添加两列，放置 TextView 和 EditText。

运行的效果如图 3-18 所示。在图 3-18 中，用户输入框并没有占满整个空间，而是在右边留有了一片空白区域。这是由于在表格布局中，默认情况下根据内容来控制单元格的宽度。为了解决这个问题就需要对表格布局做一些特殊的设定。在表格布局中，除了常规的属性外，还有 3 个属性最为常用，见表 3-1。

表 3-1　TableLayout 常用属性及说明

XML 属性名	说　明
android:collapseColumns	设置需要隐藏列的序号，多列时使用逗号分隔
android:shrinkColumns	设置需要收缩列的序号，多列时使用逗号分隔
android:stretchColumns	设置需要拉伸列的序号，多列时使用逗号分隔

需要注意的是，表格中所说的序号起始值为 0，因此如果需要拉伸 EditText，那么属性的值就要设为 1。如果为 TableLayout 添加一个属性 android:stretchColumns="1"，运行后就可以看到图 3-19 所示的效果。

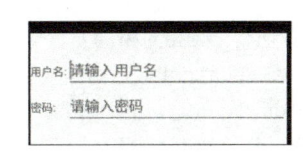

图 3-18　TableLayout 布局效果　　　　图 3-19　添加 stretchColumns 属性的效果

3.5.4　相对布局

相对布局（RelativeLayout）是除线性布局和表格布局之外的另一个常用布局方法。相对布局的特点是通过组件和组件之间的关系来确定组件的位置，即如果组件 A 的位置在组件 B 的左边，那么在使用相对布局时就需要先定义组件 B，然后才能定义组件 A。在使用相对布局前，先要了解组件在该布局中有几个属性，见表 3-2 和表 3-3。

表 3-2　子组件与父组件的位置关系

XML 属性名	说　明
android:layout_centerHorizontal	控制组件是否水平居中
android:layout_centerVertical	控制组件是否垂直居中
android:layout_centerInParent	控制组件是否位于中央
android:layout_alignParentButton	控制组件是否位于底部
android:layout_alignParentLeft	控制组件是否位于左边
android:layout_alignParentRight	控制组件是否位于右边
android:layout_alignParentTop	控制组件是否位于顶部

表 3-3　组件与组件的位置关系

XML 属性名	说　　明
android:layout_toRightOf	控制指定组件位于指定 ID 的右边
android:layout_toLeftOf	控制指定组件位于指定 ID 的左边
android:layout_above	控制指定组件位于指定 ID 的上方
android:layout_below	控制指定组件位于指定 ID 的下方
android:layout_alignTop	控制指定组件位于指定 ID 的上边界对齐
android:layout_alignBottom	控制指定组件位于指定 ID 的下边界对齐
android:layout_alignLeft	控制指定组件位于指定 ID 的左边界对齐
android:layout_alignRight	控制指定组件位于指定 ID 的右边界对齐

从表 3-2 和表 3-3 可见，这些特有的属性分为 2 类：第 1 类是子组件和父组件之间的关系，它们的值只有 true 和 false；第 2 类是组件和组件之间的关系，它们的值是另一个组件 ID 的引用，因此在使用时必须先为每个组件定义一个 ID。下面就利用相对布局绘制一个登录界面来说明使用这些属性的使用方法。项目 3_10_RelativeLayoutControls 的代码如下：

```
1   <!-- 嵌套一个相对布局 -->
2   <RelativeLayout
3       android:layout_width="match_parent"
4       android:layout_height="wrap_content">
5   <TextView
6       android:id="@+id/userName"
7       android:layout_width="wrap_content"
8       android:layout_height="wrap_content"
9       android:text=" 用户名 :"/>
10  <!-- layout_below 定义了 EditText 相对于 TextView 在其下方 -->
11  <EditText
12      android:id="@+id/userEdit"
13      android:layout_width="match_parent"
14      android:layout_height="wrap_content"
15      android:layout_below="@id/userName"
16      android:hint=" 请输入用户名 "/>
17  <TextView
18      android:id="@+id/passwd"
19      android:layout_width="wrap_content"
20      android:layout_height="wrap_content"
21      android:layout_below="@id/userEdit"
22      android:text=" 密码 :"/>
23  <EditText
24      android:id="@+id/passwdEdit"
25      android:layout_width="match_parent"
26      android:layout_height="wrap_content"
```

```
27         android:layout_below="@id/passwd"
28         android:hint=" 请输入密码 "/>
29     <!-- layout_alignParentRight 定义了 Button 在其父组件的右边 -->
30     <Button
31         android:id="@+id/cancel"
32         android:layout_width="wrap_content"
33         android:layout_height="wrap_content"
34         android:layout_below="@id/passwdEdit"
35         android:layout_alignParentRight="true"
36         android:text=" 取消 "/>
37     <!-- layout_toLeftOf 定义了 Button 在其 cancel 组件的左边 -->
38     <Button
39         android:id="@+id/ok"
40         android:layout_width="wrap_content"
41         android:layout_height="wrap_content"
42         android:layout_below="@id/passwdEdit"
43         android:layout_toLeftOf="@id/cancel"
44         android:text=" 登录 "/>
45 </RelativeLayout>
```

第 15 行代码用于将"用户名"输入框设置在"用户名"标签的下方。

第 35 行代码用于将"取消"按钮设置在相对于父页面的右边，即整个页面的右边，同时将其设置在"密码"输入框的下方。

第 43 行代码用于将"登录"按钮设置在"取消"按钮的左边。

需要注意的是，最后的"登录"和"取消"按钮的设置，因为"登录"按钮是在相对于取消按钮的左边，所以必须先定义"取消"按钮。最终的效果如图 3-20 所示。

图 3-20 相对布局的效果

3.5.5 约束布局

约束布局（ConstraintLayout）是官方的默认布局。它的出现主要是为了解决布局嵌套过多的问题，以灵活的方式定位和调整小部件。它比 RelativeLayout 更灵活，性能更出色，同时可以按照比例约束控件的位置和尺寸；不足之处是每个控件都需要声明上下左右约束条件。表 3-4 ～表 3-6 列举了约束布局的常见属性。

表 3-4 子组件与父组件的位置关系

XML 属性名	说明
app:layout_constraintTop_toTopOf="parent"	控制组件位于顶部
app:layout_constraintBottom_toBottomOf="parent"	控制组件位于底部
app:layout_constraintLeft_toLeftOf="parent"	控制组件位于左边
app:layout_constraintRight_toRightOf="parent"	控制组件位于右边
app:layout_constraintHorizontal_bias	控制组件水平偏移量
app:layout_constraintVertical_bias	控制组件垂直偏移量

表 3-5 组件与组件的位置关系

XML 属性名	说　明
app:layout_constraintLeft_toRightOf	控制指定组件位于指定 ID 的右边
app:layout_constraintRight_toLeftOf	控制指定组件位于指定 ID 的左边
app:layout_constraintTop_toBottomOf	控制指定组件位于指定 ID 的下方
app:layout_constraintBottom_toTopOf	控制指定组件位于指定 ID 的上方
app:layout_constraintTop_toTopOf	控制指定组件位于指定 ID 的上边界对齐
app:layout_constraintBottom_toBottomOf	控制指定组件位于指定 ID 的下边界对齐
app:layout_constraintLeft_toLeftOf	控制指定组件位于指定 ID 的左边界对齐
app:layout_constraintRight_toRightOf	控制指定组件位于指定 ID 的右边界对齐

表 3-6 约束链和权重

XML 属性名	说　明
app:layout_constraintHorizontal_chainStyle	控制指定组件按照水平约束链显示
app:layout_constraintVertical_chainStyle	控制指定组件按照垂直约束链显示
app:layout_constraintHorizontal_weight	控制指定组件的宽度权重值
app:layout_constraintVertical_weight	控制指定组件的高度权重值

表 3-4 中水平偏移量和垂直偏移量属性值是 0～1 的小数值。表 3-5 中属性值是另一个组件 ID 的引用，因此在使用时必须先为每个组件定义一个 ID。表 3-6 中水平约束链和垂直约束链有 packed、spread 和 spread_inside 3 种属性值，分别表示组件紧挨在一起、平均分布组件，以及平均分布控件但是两边组件贴边。下面就利用约束布局绘制一个三等分界面来说明使用这些属性的方法。项目 3_11_ConstraintLayoutControls 的代码如下：

```
1  <androidx.constraintlayout.widget.ConstraintLayout
2      android:layout_width="match_parent"
3      android:layout_height="match_parent">
4      <!-- 约束布局中每一个组件都需要声明上下左右四个约束条件 -->
5      <TextView
6          android:id="@+id/text1"
7          android:layout_width="0dp"
8          app:layout_constraintHorizontal_weight="1"
9          android:layout_height="wrap_content"
10         android:text=" 水平左 "
11         app:layout_constraintTop_toTopOf="parent"
12         app:layout_constraintBottom_toBottomOf="parent"
13         app:layout_constraintLeft_toLeftOf="parent"
14         app:layout_constraintRight_toLeftOf="@id/text2" />
15     <TextView
16         android:id="@+id/text2"
17         android:layout_width="0dp"
18         app:layout_constraintHorizontal_weight="1"
19         android:layout_height="wrap_content"
20         android:text=" 水平中 "
```

```
21              app:layout_constraintTop_toTopOf="parent"
22              app:layout_constraintBottom_toBottomOf="parent"
23              app:layout_constraintLeft_toRightOf="@id/text1"
24              app:layout_constraintRight_toLeftOf="@id/text3"/>
25      <TextView
26              android:id="@+id/text3"
27              android:layout_width="0dp"
28              app:layout_constraintHorizontal_weight="1"
29              android:layout_height="wrap_content"
30              android:text=" 水平右 "
31              app:layout_constraintTop_toTopOf="parent"
32              app:layout_constraintBottom_toBottomOf="parent"
33              app:layout_constraintLeft_toRightOf="@id/text2"
34              app:layout_constraintRight_toRightOf="parent"/>
35  </androidx.constraintlayout.widget.ConstraintLayout>
```

第 7～8 行代码用于设置组件的宽度值，由权重属性决定。

第 11～14 行代码用于设置当前组件的上下左右位置约束。由于当前组件高度不足以和父布局上下同时对齐，最终按照居中位置显示。

需要注意的是，当前组件若不参照其他组件添加上下左右约束，就需要参照父布局添加约束条件。最终的效果如图 3-21 所示。

图 3-21 约束布局的效果

3.6 Intent 的概念及使用

在 Android 中，Activity 是所有程序的根本，所有程序的流程都运行在 Activity 中。掌握 Activity 的关键是对生命周期的把握，其次就是 Activity 之间通过 Intent 的跳转和数据传输。

Android 中提供了一种 Intent 机制来协助应用程序间、组件间的交互与通信。Intent 负责对应用中一次操作的动作、动作涉及的数据、附加数据进行描述，Android 则根据此 Intent 的描述，负责找到对应的组件，将 Intent 传递给调用的组件，并完成组件的调用。Intent 不仅可用于应用程序之间，也可用于应用程序内部的组件（如 Activity、Service）之间的交互。Android 中的四大组件是独立的，它们之间就是通过 Intent 互相调用、协调工作，最终组成一个真正的 Android 应用。

Intent 的中文意思就是意图、目的。与此概念相吻合，Intent 在 Android 中起着一个"媒体中介"的作用，指出希望跳转到的目的组件的相关信息，并实现调用者与被调用者之间的数据传递。SDK 给出了 Intent 作用的表现形式为：

1）通过 startActivity() 或 startActivityForResult() 启动一个 Activity。

2）通过 startService() 启动一个服务（Service），或者通过 bindService() 和后台服务进行交互。

3）通过 sendBroadcast( )、sendOrderedBroadcast( ) 或 sendStickyBroadcast( ) 函数在 Android 系统中发布广播消息。

理解 Intent 的关键之一是理解清楚 Intent 的两种基本用法：一种是显式的 Intent，即在构造 Intent 对象时就指定接收者；另一种是隐式的 Intent，即 Intent 的发送者在构造 Intent 对象时，并不知道接收者是谁，这有利于降低发送者和接收者之间的耦合。这两种用法将会在 3.7 节中具体阐述。

对于显式 Intent，Android 不需要去做解析，因为目标组件已经很明确了。Android 需要解析的是那些隐式 Intent，通过解析，将 Intent 映射给可以处理此 Intent 的组件，如 Activity、BroadReceiver 或 Service。

对于隐式 Intent，Android 是怎样寻找到这个最合适的组件的呢？Intent 解析机制主要通过查找已注册在 AndroidManifest.xml 中的所有 Intent Filter（意图过滤器）及其中定义的 Intent 来实现。意图过滤器其实就是用来匹配隐式 Intent 的，当一个意图对象被一个意图过滤器进行匹配测试时，只有 3 个方面会被参考到：动作、类别和数据（URI 及数据类型）。

1）动作（Action）。一个意图对象只能指定一个动作名称，而一个过滤器可能列举多个动作名称。Intent 常见动作见表 3-7。

表 3-7 Intent 常见动作列表

动 作	说 明
ACTION_ANSWER	打开接听电话的 Activity，默认为 Android 内置的电话盘界面
ACTION_CALL	打开电话盘界面并拨打电话，使用 URI 中的数字部分作为电话号码
ACTION_DELETE	打开一个 Activity，对所提供的数据进行删除操作
ACTION_DIAL	打开内置电话盘界面，显示 URI 中提供的电话号码
ACTION_EDIT	打开一个 Activity，对所提供的数据进行编辑操作
ACTION_INSERT	打开一个 Activity，在提供数据的当前位置插入新项
ACTION_PICK	启动一个子 Activity，从提供的数据列表中选取一项
ACTION_SEARCH	启动一个 Activity，执行搜索动作
ACTION_SENDTO	启动一个 Activity，向数据提供的联系人发送信息
ACTION_SEND	启动一个可以发送数据的 Activity
ACTION_VIEW	此为最常用的动作，对以 URI 方式传送的数据，根据 URI 协议部分以最佳方式启动相应的 Activity 进行处理。对于 http:address 将打开浏览器查看；对于 tel:address 将打开电话盘呼叫指定的电话号码
ACTION_WEB_SEARCH	打开一个 Activity，对提供的数据进行 Web 搜索

如果意图对象或过滤器没有指定任何动作，将出现以下结果：

一方面，如果过滤器没有指定任何动作，那么将阻塞所有意图，因此所有意图都会测试失败。没有意图能够通过这个过滤器，这种情况就不适用隐式跳转。

另一方面，只要过滤器包含至少一个动作，一个没有指定动作的意图对象也能自动通过这个测试。

表 3-8 中列举的动作分别通过 3 个 Intent 用法示例来说明。其余动作请读者自行体会和探究。

表 3-8　Intent 用法示例

实现功能	代 码 段
跳转并显示网页	Uri uri = Uri.parse("http://www.siso.edu.cn"); Intent it = new Intent(Intent.ACTION_VIEW, uri); startActivity(it);
跳转并进入拨号页面	Uri uri = Uri.parse("tel:10086"); Intent it = new Intent(Intent.ACTION_DIAL, uri); startActivity(it);
跳转并直接拨打电话	Uri uri = Uri.parse("tel:10086"); Intent it = new Intent(Intent.ACTION_CALL, uri); startActivity(it);

2）类别（Category）。对于一个能够通过类别匹配测试的意图，意图对象中的类别必须匹配过滤器中的类别。这个过滤器可以列举另外的类别，但它不能遗漏这个意图中的任何类别。

原则上一个没有类别的意图对象应该总能够通过匹配测试，而不管过滤器里有什么。但有一个例外，Android 把所有传给 startActivity() 的隐式意图当作它们包含至少一个类别 android.intent.category.DEFAULT（CATEGORY_DEFAULT 常量）。因此，想要接收隐式意图的活动必须在它们的意图过滤器中包含 android.intent.category.DEFAULT（带 android.intent.action.MAIN 和 android.intent.category.LAUNCHER 设置的过滤器是例外）。

3）数据（Data）。当一个意图对象中的 URI 被用来和一个过滤器中的 URI 比较时，比较的是 URI 的各个组成部分。例如，如果过滤器仅指定了一个 scheme，则所有该 scheme 的 URIs 都能够和这个过滤器相匹配；如果过滤器指定了一个 scheme、主机名却没有路径部分，则所有具有相同 scheme 和主机名的 URIs 都可以和这个过滤器相匹配，而不管它们的路径；如果过滤器指定了一个 scheme、主机名和路径，则只有具有相同 scheme、主机名和路径的 URIs 才可以和这个过滤器相匹配。当然，一个过滤器中的路径可以包含通配符，这样只需要部分匹配即可。

3.7　Activity 的启动和跳转

在 Android 系统中，应用程序一般都有多个 Activity，Intent 可以帮助实现不同 Activity 之间的切换和数据传递。Activity 的跳转启动方式主要有两种：显式启动和隐式启动。

显式启动，必须在 Intent 中指明启动的 Activity 所在的类；隐式启动，Android 系统根据 Intent 的动作和数据来决定启动哪一个 Activity，也就是说，在隐式启动时，Intent 中只包含需要执行的动作及其包含的数据，而无须指明具体启动哪一个 Activity，选择权由 Android 系统和最终用户来决定。

3.7.1　两种启动和跳转方式

使用 Intent 来显式启动 Activity 时，首先要创建一个 Intent 对象，并为它指定当前的应用程序上下文及要启动的 Activity 这两个参数，然后把这个 Intent 对象作为参数传递给 startActivity 这个方法。尽量通过快捷方式新建 Activity：选中 Activity 所在的包名，执行右键快捷菜单命令 New → Activity，然后进一步选择系统提供的 Activity 模板即可完成新建操作。

```
1    Intent intent = new Intent(IntentDemo.this, ActivityToStart.class);
2    startActivity(intent);
```

使用 Intent 来隐式启动 Activity 时，首先也要创建一个 Intent 对象，不需要指明需要启动哪一个 Activity（匹配的 Activity 可以是应用程序本身的，也可以是 Android 系统内置的，还可以是第三方应用程序提供的），而由 Android 系统来决定，这样有利于使用第三方组件，然后把这个 Intent 对象作为参数传递给 startActivity 这个方法。

```
1    Uri uri = Uri.parse("http://www.siso.edu.cn");
2    Intent intent = new Intent(Intent.ACTION_VIEW, uri);
3    startActivity(intent);
```

下面通过示例项目 3_13_ActivityStartDemo 来进行说明。

1）新建一个 Android 项目，这里命名为 3_13_ActivityStartDemo。

2）修改程序代码，使之包含 3 个 Activity，这里有 3 个按钮，项目默认启动的是 MainActivity，显式跳转到的是 SecondActivity，隐式跳转到的是 ThirdActivity 和网页浏览器。

3）设置这 3 个 Activity 对应的布局文件。MainActivity 对应的界面有 3 个按钮和 1 个 TextView 控件，其他显式跳转和隐式跳转的界面布局就只有 1 个 TextView 控件，用来显示文字。

4）在 AndroidManifest.xml 文件中注册这 3 个 Activity，并添加网络访问许可，其中隐式跳转启动的 Activity 对应的 intent-filter 要特别注意匹配。

5）在模拟器中启动项目进行跳转实验，显示界面如图 3-22 所示。

图 3-22　两种启动方式的演示效果

a）项目启动主界面　b）单击第 1 个按钮显式跳转后的界面

　　　　　　　c)　　　　　　　　　　　　　　　　d)

图 3-22　两种启动方式的演示效果（续）

c）单击第 2 个按钮隐式跳转后的界面　　d）单击第 3 个按钮后访问网站的界面

　　下面对 MainActivity.java 和 AndroidManifest.xml 文件中的重点代码进行说明和解析。
首先看 MainActivity 的代码片段。这段代码只有 4 个控件对象及 1 个重写的 onCreate( )
函数。4 个控件分别通过 findViewById( ) 函数和 layout 中主界面中对应的 4 个控件一一对
应。然后对 3 个按钮分别设置了监听事件 setOnClickListener( )，监听事件中各自重写了
onClick( ) 函数，利用 Intent 对象实现不同的跳转功能。

```
1  public class MainActivity extends Activity {
2      private Button button1;
3      private Button button2;
4      private Button button3;
5      private TextView tv1;
6
7      @Override
8      public void onCreate(Bundle savedInstanceState) {
9          super.onCreate(savedInstanceState);
10         setContentView(R.layout.activity_main);
11         button1 = (Button)findViewById(R.id.button1);
12         button2 = (Button)findViewById(R.id.button2);
13         button3 = (Button)findViewById(R.id.button3);
14         tv1 = (TextView)findViewById(R.id.maintext);
15
16         // button1 实现显式跳转功能，跳转到 Activity2
17         button1.setOnClickListener(new OnClickListener(){
18             @Override
19             public void onClick(View v) {
```

```
20              Intent intent = new Intent(MainActivity.this,SecondActivity.class);
21              startActivity(intent);
22          }
23      });
24   // button2 实现隐式跳转功能,跳转到 Activity3。此时,必须在 Manifest 文件的 intent-
     //filter 中进行对应的配置
25      button2.setOnClickListener(new OnClickListener(){
26          @Override
27          public void onClick(View v) {
28              Intent intent2 = new Intent("cn.siso.hidestart.START");
29              startActivity(intent2);
30          }
31      });
32   // button3 实现隐式跳转功能,启动系统的浏览器,进入 siso 网站
33      button3.setOnClickListener(new OnClickListener(){
34          @Override // Internet 网络访问须进行网络访问许可设置
35          public void onClick(View v) {
36              Uri uri = Uri.parse("https://www.siso.edu.cn/");
37              Intent intent3 = new Intent(Intent.ACTION_VIEW,uri);
38              startActivity(intent3);
39          }
40      });
41   }
42 }
```

再来看一下 AndroidManifest.xml 文件,具体代码如下:

```
1  <manifest xmlns:android="http://schemas.android.com/apk/res/android"
2      xmlns:tools="http://schemas.android.com/tools">
3      <!-- 这里是 Internet 网络访问许可设置 -->
4      <uses-permission android:name="android.permission.INTERNET" />
5      <application
6          ...
7          android:icon="@mipmap/ic_launcher"
8          android:label="@string/app_name"
9          android:theme="@style/Theme.3_12_ActivityStartDemo"
10         tools:targetApi="31">
11         <!-- 这里是对隐式跳转后的界面进行声明,注意 intent-filter 的设置 -->
12         <activity
13             android:name=".ThirdActivity"
14             android:exported="false">
15             <intent-filter>
16                 <action android:name="cn.siso.hidestart.START" />
17                 <category android:name="android.intent.category.DEFAULT" />
18             </intent-filter>
19         </activity>
```

```
20              <!-- 这里是对显式跳转后的界面进行声明 -->
21              <activity
22                  android:name=".SecondActivity"
23                  android:exported="false"></activity>
24              <!-- 这里是对启动后显示的主界面 Activity 进行声明 -->
25              <activity
26                  android:name=".MainActivity"
27                  android:exported="true">
28                  <intent-filter>
29                      <action android:name="android.intent.action.MAIN" />
30                      <category android:name="android.intent.category.LAUNCHER" />
31                  </intent-filter>
32              </activity>
33          </application>
34  </manifest>
```

如上面的代码所示，其中"<!-- -->"注释的语句分别对 3 个 Activity 进行了声明，并且对网络访问进行了许可，尤其是对第 3 个 Activity 的 intent-filter 进行了设置。第 16 行代码一定要与 MainActivity.java 第 28 行代码一致，才能保证隐式跳转解析成功，从而实现跳转。

另外，显式跳转到的 SecondActivity 和隐式跳转到的 ThirdActivity 这两个 Activity 的代码使用默认代码，使用 SetContentView() 指定与之关联的 XML 布局文件即可。

> 在 Android 应用中需要增加新建 Activity 时，不建议分别增加 Java 文件和对应的 XML 布局文件，这样还需在 AndroidMenifest.xml 中增加新 Activity 的注册，缺少任何一个步骤都可能导致程序出错。建议直接在菜单"新建"中选择 Android Activity，根据引导步骤完成，这样 Android 系统会自动添加 XML 布局文件并在 AndroidManifest.xml 中对本次新建的 Activity 信息进行注册。

3.7.2 带值跳转方式

3.7.1 小节中介绍了 Activity 启动和跳转的两种方式，这两种方式都是不带值进行跳转，即没有把第 1 个 Activity 中的某个值带到第 2 个 Activity 中。下面介绍常用的两种带值跳转方式。

第 1 种方式是在第 1 个 Activity 中把一个个的键值对 put 到 Intent 中。这种写法比较方便，而且可以节省代码，是常用的方法。例如在项目 3_13_ActivityValueStartDemo 中有：

```
1   Intent intent = new Intent();
2   intent.setClass(第一个 Activity.this, 要跳转的 Activity.class);
3   intent.putExtra("name", "lihua");
4   startActivity(intent);
```

在跳转后待接收的 Activity 中使用以下代码进行值的获取，这样开发者就可以使用这个变量对象了。

```
1    Intent intent = getIntent();   // 获取返回 Intent 对象
2    String value = intent.getStringExtra("name");   // 传递的键值对中的值
```

第 2 种方式是采用 Bundle 对象，先把数据放入 Bundle 对象中，然后再批量地加入 Intent 中代码如下：

```
1    Bundle _Bundle = new Bundle();
2    _Bundle.putInt("age", 20);
3    _Bundle.putString("name","lihua");
4    intent.putExtras(_Bundle);
```

在跳转后待接收的 Activity 中使用以下代码进行值的获取，这样开发者就可以使用这个变量对象了。

```
1    Bundle bundle=data.getExtras();   // 获取返回对象
2    String value = bundle.getString ("name");   // 获取传递的键值对应的值参数
```

这种使用 Bundle 的方法在有些场合中更方便，因为 Bundle 的中文原意就是"捆、扎"。例如，现在要从 A 界面跳转到 B 界面或者 C 界面，这种情形就要写 2 个 Intent。如果还要涉及传递多个值的话，Intent 就要写 2 遍添加多个值的方法。那么，这时可以使用 1 个 Bundle，直接把值先存入其中，然后再存到 Intent 中。

3.7.3 跳转并带值返回父界面的方式

在 3.7.2 小节的示例中，使用 startActivity(intent) 函数启动 Activity 后，启动后的两个 Activity 之间相互独立，没有任何的关联。现在来进一步分析跳转后带值返回的情况。一种常用的情况就是在发短信的状态下，跳转进入地址簿，从地址簿中选择合适的联系人后，带值返回到发短信的父界面中。

按照 Activity 启动的先后顺序，先启动的 Activity 称为父 Activity，后启动的称为子 Activity，如果要将子 Activity 的部分信息返回给父 Activity，则可以使用 Sub-Activity 的方式启动子 Activity。

获取子 Activity 的返回值，一般可以分为以下 3 个步骤：

1）以 Sub-Activity 的方式启动子 Activity。

2）设置子 Activity 的返回值。

3）在父 Activity 中获取返回值。

下面详细介绍每一个步骤的过程和代码实现。

1）以 Sub-Activity 的方式启动子 Activity。以 Sub-Activity 的方式启动子 Activity 时，开发者需要调用 startActivityForResult(intent,requestCode) 函数（注意和前面单程调用的 startActivity(intent) 函数进行区分）。其中，参数 Intent 用于决定启动哪个 Activity；

参数 requestCode 是唯一标识子 Activity 的请求码。因为一个父 Activity 可以有多个子 Activity，在所有子 Activity 返回时，父 Activity 都会调用同一个处理方法，因此父 Activity 使用 requestCode 来确定数据究竟是哪一个子 Activity 返回的。

显式启动子 Activity 的代码如下（注意启动 Intent 的方法）：

```
1    int SUBACTIVITY1 = 1;
2    Intent intent = new Intent(this,SubActivity1.class);
3    startActivityForResult(intent,SUBACTIVITY1);
```

隐式启动子 Activity 的代码如下：

```
1    int SUBACTIVITY2 = 2;
2    Uri uri = Uri.parse("content://contacts/people");
3    Intent intent = new Intent(Intent.ACTION_PICK,Uri);
4    startActivityForResult(intent,SUBACTIVITY2);
```

2）设置子 Activity 的返回值。在子 Activity 调用 finish( ) 函数关闭前，调用 setResult( ) 函数将所需数据返回给父 Activity。setResult( ) 函数有两个参数：一个是结果码；另一个是返回值。结果码表明了子 Activity 的返回状态是正确返回还是取消选择返回，通常为 Activity.RESULT_OK 或者 Activity.RESULT_CANCELED，或自定义的结果码。结果码均为整数类型。返回值封装在 Intent 中，子 Activity 通过 Intent 将需要返回的数据传递给父 Activity。数据主要是 Uri 形式，可以附加一些额外信息，这些额外信息用 Extra 的集合表示。

下面代码说明了如何在子 Activity 中设置返回值。

```
1    String uriString = editText.getText( ).toString( );
2    Uri data = Uri.parse(uriString);
3    Intent result = new Intent(null,data);
4    setResult(RESULT_OK,result);
5    finish( );
```

3）在父 Activity 中获取返回值。当子 Activity 关闭时，其父 Activity 的 onActivityResult( ) 函数将被调用（回调函数由系统自动触发）。如果需要在父 Activity 中处理子 Activity 的返回值，则重写此函数即可。

public void onActivityResult(int requestCode, int resultCode, Intent)

以下代码说明了如何在父 Activity 中处理子 Activity 的返回值。

```
1    private static final int SUBACTIVITY1 = 1;
2    private static final int SUBACTIVITY2 = 2;
3    @Override  // 在父 Activity 中进行处理函数的重写
4    public void onActivityResult(int requestCode,int resultCode,Intent data){
5    super.onActivityResult(requestCode,resultCode,data);
6    switch(requestCode){
7      case SUBACTIVITY1:  // 如果是第一个子 Activity 返回的情况
8        if (resultCode == Activity.RESULT_OK){
```

```
9            Uri uriData = data.getData();
10        }else if (resultCode == Activity.RESULT_CANCEL){   }
11        break;
12    case SUBACTIVITY2:   // 如果是第二个子 Activity 返回的情况
13        if (resultCode == Activity.RESULT_OK){
14            Uri uriData = data.getData(); }
15        break;
16  } }
```

onActivityResult( ) 函数有 3 个参数：第 1 个参数 requestCode 用来表示是哪一个子 Activity 的返回值（在以 Sub-Activity 的方式启动子 Activity 中说明）；第 2 个参数 resultCode 用于表示子 Activity 的返回状态（在设置子 Activity 的返回值中说明）；第 3 个参数 data 是子 Activity 的返回数据，返回数据类型是 Intent。返回数据的用途不同，Uri 数据的协议则不同。也可以使用 Extra 方法返回一些原始类型的数据。

下面对上述代码进行说明。

第 1 行代码和第 2 行代码是两个子 Activity 的请求码。

第 6 行代码对请求码进行匹配。

第 7 行和第 10 行代码对结果码进行判断：如果返回的结果码是 Activity.RESULT_OK，则在代码的第 9 行使用 getData( ) 函数获取 Intent 中的 Uri 数据；如果返回的结果码是 Activity.RESULT_CANCEL，则不进行任何操作。

在 Android 应用开发过程中，多个 Activity 之间的跳转、带值跳转及带值返回都是经常使用的技术，请读者务必掌握。下面通过实训中的三个项目加以巩固。

3.8　实训项目与演练

实训一　新闻客户端的登录界面设计

下面通过"新闻客户端的登录界面设计"实训案例来帮助读者进一步理解简单组件和布局类的使用，以及掌握界面绘制的一般步骤。先来看一下本实训的最终效果图（见图 3-23）。然后来分析一下要完成这样一个界面设计需要经过哪些步骤。步骤应具有一般性和普遍性，以便以后的开发者遇到相似的界面都可以按照这些步骤来完成。对于 Android 系统的 UI 设计来说，第 1 步需从整体上考虑，如整个界面是线性布局还是相对布局，又或是约束布局，确定布局之后整个界面的框架搭建和模块分类就完成了；第 2 步对各个模块再进行拆解和分析，搭建起各个模块内的布局结构，如果模块内还有模块，那么就

图 3-23　实训一的最终效果图

继续重复第 2 步，直到所有模块都能够有对应的位置和布局，此时就完成了整个界面所有布局；第 3 步进行模块细化，收集各种图片、文字和动画资源，然后像填空一样填入界面就最终完成了整个页面的创建。接下来按照以上 3 个步骤一步步地完成新闻客户端的登录界面设计。

1. 整体布局

由图 3-23 可知，该页面分为 3 个部分，第一部分是上面的标题模块，第二部分是下面的背景颜色模块，第三部分是中间的登录模块，并且这 3 个部分的布局方式是相对定位，所以可以得出图 3-24 所示的布局结构为 RelativeLayout 或者 ConstraintLayout。完成整体布局规划后就在 Android Studio 中创建一个新闻客户端登录页面的项目，并修改它的布局文件 activity_main.xml。具体代码如下：

图 3-24　整体布局结构图

```xml
1 <?xml version="1.0" encoding="utf-8"?>
2 <RelativeLayout
3     xmlns:android="http://schemas.android.com/apk/res/android"
4     xmlns:app="http://schemas.android.com/apk/res-auto"
5     xmlns:tools="http://schemas.android.com/tools"
6     android:layout_width="match_parent"
7     android:layout_height="match_parent"
8     tools:context=".MainActivity">
9     <!-- 上面标题模块 -->
10    <TextView
11        android:id="@+id/top"
12        android:layout_width="match_parent"
13        android:layout_height="300dp"
14        android:background="#839CFE"
15        android:gravity="center"
16        android:text=" 新闻 "
17        android:textColor="#fff"
18        android:textSize="50sp" />
19    <!-- 下面背景颜色模块 -->
20    <RelativeLayout
21        android:id="@+id/bottom"
22        android:layout_width="match_parent"
23        android:layout_height="match_parent"
24        android:layout_below="@id/top"
25        android:background="#F0F2FF"/>
26    <!-- 中间登录模块 -->
27    <LinearLayout
```

```
28          android:layout_width="340dp"
29          android:layout_height="360dp"
30          android:layout_centerHorizontal="true"
31          android:layout_marginTop="240dp"
32          android:background="@drawable/login"
33          android:gravity="center"
34          android:orientation="vertical"
35          android:padding="30dp">
36
37      </LinearLayout>
38 </RelativeLayout>
```

2. 模块布局

前面完成了整体布局，下面将完成所有子模块的布局。继续观察效果图可以发现，上下部分模块不再包含其他子模块，而中间的登录模块从上到下包含 4 个子模块，因而登录模块采用的布局方式是一个垂直的 LinearLayout，从上到下依次嵌套 2 个 EditText、1 个 TextView 和 1 个 Button。得出的各个模块的布局如图 3-25 所示。

图 3-25　模块布局图

3. 模块细化

在所有框架搭建完毕后就需要寻找各类资源，或者做一些细微的调整。对于本实训来说需要对如下几个方面进行调整。

1）通过 android:layout_margin×× 属性和 android:padding 属性来调整各组件之间的间距和模块之间的间距。

2）通过 android:background 属性来设置上下模块的背景颜色。

3）通过自定义 shape 图形设置登录模块圆角矩形背景和按钮对应的胶囊图形背景。

具体代码如下：

```
1  <RelativeLayout
2      xmlns:android="http://schemas.android.com/apk/res/android"
3      xmlns:app="http://schemas.android.com/apk/res-auto"
4      xmlns:tools="http://schemas.android.com/tools"
5      android:layout_width="match_parent"
6      android:layout_height="match_parent"
7      tools:context=".MainActivity">
8      <!-- 上面标题模块 -->
9      <TextView
10         android:id="@+id/top"
11         android:layout_width="match_parent"
12         android:layout_height="300dp"
```

```
13          android:background="#839CFE"
14          android:gravity="center"
15          android:text=" 新闻 "
16          android:textColor="#fff"
17          android:textSize="50sp" />
18      <!-- 下面背景颜色模块 -->
19      <RelativeLayout
20          android:id="@+id/bottom"
21          android:layout_width="match_parent"
22          android:layout_height="match_parent"
23          android:layout_below="@id/top"
24          android:background="#F0F2FF"/>
25      <!-- 中间登录模块 -->
26      <LinearLayout
27          android:layout_width="340dp"
28          android:layout_height="360dp"
29          android:layout_centerHorizontal="true"
30          android:layout_marginTop="240dp"
31          android:background="@drawable/login"
32          android:gravity="center"
33          android:orientation="vertical"
34          android:padding="30dp">
35          <EditText
36              android:layout_width="match_parent"
37              android:layout_height="wrap_content"
38              android:drawableLeft="@mipmap/username"
39              android:drawablePadding="15dp"
40              android:hint=" 请输入用户名 / 手机号 "
41              android:textSize="20sp" />
42          <EditText
43              android:layout_width="match_parent"
44              android:layout_height="wrap_content"
45              android:layout_marginTop="20dp"
46              android:drawableLeft="@mipmap/password"
47              android:drawablePadding="15dp"
48              android:hint=" 请输入 6-16 位密码 "
49              android:textSize="20sp" />
50          <TextView
51              android:layout_width="wrap_content"
52              android:layout_height="wrap_content"
53              android:layout_gravity="right"
54              android:layout_marginTop="10dp"
55              android:text=" 忘记密码 "
```

```
56                  android:textSize="18sp" />
57          <Button
58                  android:layout_width="match_parent"
59                  android:layout_height="wrap_content"
60                  android:layout_marginTop="20dp"
61                  android:background="@drawable/button"
62                  android:text=" 登录 "
63                  android:textSize="24sp" />
64      </LinearLayout>
65 </RelativeLayout>
```

第 31 行和第 61 行代码表示组件背景采用自定义 shape 文件 login.xml 和 button.xml。shape 文件是 XML 定义的一种几何图形，位于 drawable 文件夹下。shape 文件可以绘制包括矩形、椭圆、环和线等图形，通过设置图形的填充颜色、圆角角度、内边距、大小、边线及渐变颜色等内容，实现了各种样式的图形文件。下面以 login.xml 文件代码为例加以说明。

```
1 <?xml version="1.0" encoding="utf-8"?>
2 <!--shape 根标签说明这是自定义几何图形，shape 属性 rectangle 指明了图形为矩形 -->
3 <shape
4     xmlns:android="http://schemas.android.com/apk/res/android"
5     android:shape="rectangle">
6     <!-- 设置矩形圆角角度 -->
7     <corners android:radius="15dp"/>
8     <!-- 设置矩形填充颜色 -->
9     <solid android:color="#fff"/>
10 </shape>
```

4. 总结

本实训主要讲述在构建一般界面时的常用步骤，读者在开发应用程序时需要注意的是：界面的构建一定要从顶层开始，特别是复杂的界面，一定要先厘清各模块之间的关系再进行布局，否则容易被错综复杂的布局扰乱思路；其次，步骤是固定的，但应用的场景千变万化，因此只要掌握由顶至下的构建思路，剩下的就容易开发了。

实训二　新闻客户端的首页设计

本实训通过设计新闻客户端的首页，复习和掌握 Android 界面绘制的 3 个步骤，效果如图 3-26 所示。

实训 2- 新闻客户端的首页设计实训 - 代码演示

1. 整体布局

由图 3-26 可知，该页面分为 3 个部分，第 1 部分是上面的内容区域模块，第 2 部分是中间的水平分割线模块，第 3 部分是下面的导航栏模块。虽然用 LinearLayout 比较容易实现垂直布局界面，但是各个部分的高度值不容易选取。本实训采用了 RelativeLayout，底部导航栏高度自适应并处于父布局下面，水平分割线高度固定为 2dp 并处于底部导航栏上面，剩余的空间都给上部的内容区域，最终实现了图 3-27 所示的布局结构。

图 3-26　实训二的效果图　　　　图 3-27　整体布局结构图

完成整体布局规划后在 Android Studio 中创建一个新闻客户端首页的项目，并修改它的布局文件 activity_main.xml。具体代码如下：

```
1  <RelativeLayout xmlns:android="http://schemas.android.com/apk/res/android"
2      xmlns:app="http://schemas.android.com/apk/res-auto"
3      xmlns:tools="http://schemas.android.com/tools"
4      android:layout_width="match_parent"
5      android:layout_height="match_parent"
6      tools:context=".MainActivity">
7      <!-- 底部导航栏模块 -->
8      <RadioGroup
9          android:id="@+id/group"
10         android:layout_width="match_parent"
11         android:layout_height="wrap_content"
12         android:layout_alignParentBottom="true"
13         android:orientation="horizontal"
14         android:padding="5dp">
15
16     </RadioGroup>
17     <!-- 中间水平分割线模块 -->
18     <View
19         android:id="@+id/line"
20         android:layout_width="match_parent"
21         android:layout_height="2dp"
22         android:background="#BFBDBD"
23         android:layout_above="@id/group"/>
24     <!-- 顶部内容区域模块 -->
25     <FrameLayout
```

```
26        android:id="@+id/frame"
27        android:layout_width="match_parent"
28        android:layout_height="match_parent"
29        android:layout_above="@id/line"
30        android:background="#ddd" />
31</RelativeLayout>
```

2. 模块布局

前面完成了整体布局，下面将完成所有子模块的布局。继续观察效果图可以发现，上面和中间部分模块不再包含其他子模块，而底部的导航栏模块包含 3 个子模块，直观上看是水平的 LinearLayout 嵌套了 3 个垂直的 LinearLayout，然而考虑到底部导航监听事件处理及子选项的互斥性，这里采用了 RadioButton 实现底部导航栏功能。得出的各个模块的布局如图 3-28 所示。

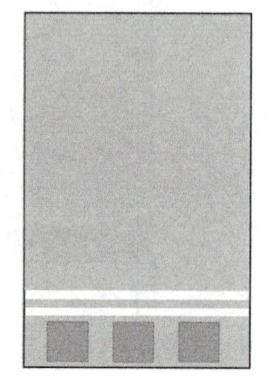

图 3-28　模块布局图

3. 模块细化

在所有框架搭建完毕后就需要寻找各类资源，或者做一些细微的调整。对于本实训来说需要对如下几个方面进行调整。

1）通过 android:padding 属性来调整底部导航栏的内间距。

2）通过 android:background 属性来设置中间水平线条的背景颜色。

3）通过 android:button 属性取消 RadioButton 前面的圆形按钮，并通过 android:drawableTop 属性添加文本上面的图标。

4）自定义 selector.xml 文件实现图标和颜色自动切换功能。

具体代码如下：

```
1  <RelativeLayout xmlns:android="http://schemas.android.com/apk/res/android"
2      xmlns:app="http://schemas.android.com/apk/res-auto"
3      xmlns:tools="http://schemas.android.com/tools"
4      android:layout_width="match_parent"
5      android:layout_height="match_parent"
6      tools:context=".MainActivity">
7      <!-- 底部导航栏模块 -->
8      <RadioGroup
9          android:id="@+id/group"
10         android:layout_width="match_parent"
11         android:layout_height="wrap_content"
12         android:layout_alignParentBottom="true"
13         android:orientation="horizontal"
14         android:padding="5dp">
15         <RadioButton
16             android:id="@+id/home"
```

```
17          android:layout_width="0dp"
18          android:layout_height="wrap_content"
19          android:layout_weight="1"
20          android:button="@null"
21          android:checked="true"
22          android:drawableTop="@drawable/home"
23          android:text=" 首页 "
24          android:textColor="@drawable/textcolor"
25          android:textAlignment="center"/>
26      <RadioButton
27          android:id="@+id/video"
28          android:layout_width="0dp"
29          android:layout_height="wrap_content"
30          android:layout_weight="1"
31          android:button="@null"
32          android:drawableTop="@drawable/video"
33          android:text=" 视频 "
34          android:textColor="@drawable/textcolor"
35          android:textAlignment="center"/>
36      <RadioButton
37          android:id="@+id/me"
38          android:layout_width="0dp"
39          android:layout_height="wrap_content"
40          android:layout_weight="1"
41          android:button="@null"
42          android:drawableTop="@drawable/user"
43          android:text=" 我的 "
44          android:textColor="@drawable/textcolor"
45          android:textAlignment="center"/>
46  </RadioGroup>
47  <!-- 中间水平分割线模块 -->
48  <View
49      android:id="@+id/line"
50      android:layout_width="match_parent"
51      android:layout_height="2dp"
52      android:background="#BFBDBD"
53      android:layout_above="@id/group"/>
54  <!-- 顶部内容区域模块 -->
55  <FrameLayout
56      android:id="@+id/frame"
57      android:layout_width="match_parent"
58      android:layout_height="match_parent"
59      android:layout_above="@id/line"
60      android:background="#ddd" />
61 </RelativeLayout>
```

第 22 行、第 32 行和第 42 行代码表示文本上方添加自定义 selector 文件 home.xml、video.xml 和 user.xml。selector 文件是 XML 定义的一种具备状态数据的文件，位于 drawable 文件夹下。下面以 home.xml 文件为例进行说明，它会根据当前元素是否处于选中状态自动切换图标。

```
1 <?xml version="1.0" encoding="utf-8"?>
2 <selector xmlns:android="http://schemas.android.com/apk/res/android">
3     <!-- 当前元素处于选中状态时，显示 mipmap 文件夹下的 home 图标 -->
4     <item android:drawable="@mipmap/home" android:state_checked="true" />
5     <!-- 当前元素未选中时，显示 mipmap 文件夹下的 home_normal 图标 -->
6     <item android:drawable="@mipmap/home_normal" android:state_checked="false" />
7 </selector>
```

第 24 行、第 34 行和第 44 行代码表示文本颜色由 drawable 文件夹下的 textcolor.xml 文件控制。textcolor.xml 也是 selector 文件，它根据当前元素是否处于选中状态自动切换颜色值。

```
1 <?xml version="1.0" encoding="utf-8"?>
2 <selector xmlns:android="http://schemas.android.com/apk/res/android">
3     <!-- 当前元素处于选中状态时，颜色显示 #839CFE-->
4     <item android:color="#839CFE" android:state_checked="true" />
5     <!-- 当前元素未选中时，颜色显示 #000-->
6     <item android:color="#000" android:state_checked="false" />
7 </selector>
```

实训三　使用断点 Debug 跟踪 Activity 带值返回实训

1. 设计思路和使用技术

本实训实现 Activity 跳转并带值返回的功能：在第 1 个父界面中有 2 个按钮，它们分别实现跳转到 2 个子 Activity 中，在第 1 个子 Activity 中有 1 个输入框和 1 个按钮，先在输入框中输入信息，然后实现带值返回到父界面中 [此时也附加传递开发者附加的信息，如本实训中的 name（苏州）和年龄（2500）]，并把信息显示到父界面中的 TextView 控制中。第 2 个子 Activity 中只有 1 个关闭按钮，简单地实现了返回父界面的功能。

本实训涉及的技术有 Activity 之间父 Activity 启动子 Activity 的方法、子 Activity 中带值返回父界面技术、在父界面中进行区分处理并显示返回值的技术、Toast 显示技术，以及使用 Debug 断点调试的方法。

2. 项目演示效果及实现过程

项目运行效果如图 3-29 所示。

项目 Task3_3_Valuejumptest 实现过程如下：

1）在 Android Studio 中新建项目，将其命名为 Task3_3_Valuejumptest。

2）实现本实训项目的 3 个 Activity 和对应的布局文件，分别是主界面 Activity Communication.java（对应布局文件为 main.xml）、第 2 个界面 Subactivity1.java（对

应布局文件是 subactivity1.xml）和第 3 个界面 Subactivity2.java（对应布局文件是 subactivity2.xml）。

3）修改 AndroidManifest.xml 文件，增加后两个 Activity 的声明。

4）在需要观察的语句处增加断点，并进行 Debug 断点观察。

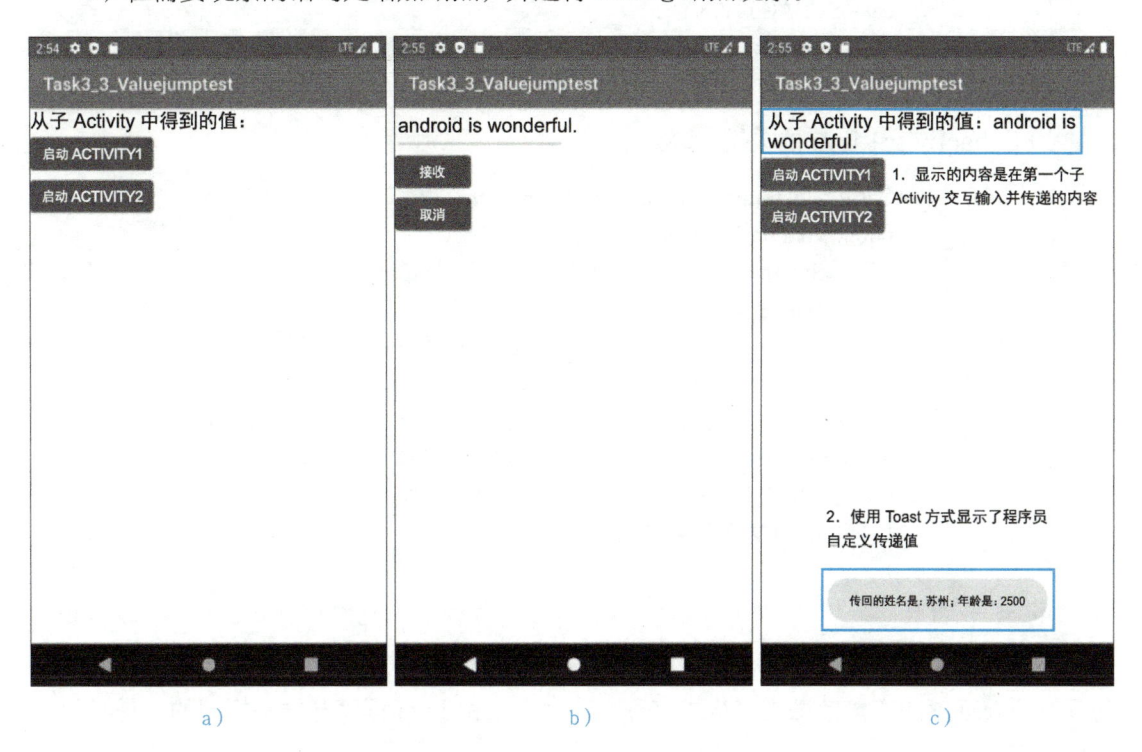

　　　　a)　　　　　　　　　　b)　　　　　　　　　　c)

图 3-29　Activity 带值返回并显示

a) 项目启动主界面　b) 第 1 个子 Activity 界面　c) 带值返回后的主界面

3. 关键代码

这里只给出关键代码，完整代码请到配套电子课件中查看。

1）ActivityCommunication.java 的关键代码如下：

```
1    @Override
2      protected void onActivityResult(int requestCode, int resultCode, Intent data) {
3        super.onActivityResult(requestCode, resultCode, data);
4        switch(requestCode){
5          case SUBACTIVITY1:
6        if (resultCode == RESULT_OK){
7          Uri uriData = data.getData();  // 取得子 Activity 中输入并传递的值
8          textView.setText(" 从子 Activity 中得到的值: "+uriData.toString( ));
9          // 除交互中获取的值可以传递外，还可以将附加程序需要自定义的值进行传递和显示
10         Bundle extras=data.getExtras();
11         // 取得程序设定的另外传回的值
12           String messageage = extras.getString("age");
13           String messagename = extras.getString("name") ;
```

```
14              Toast.makeText(this, " 传回的姓名是 :"+messagename+"; 年龄是："+messageage,
Toast.LENGTH_LONG) .show();
15              }
16          break;
17      case SUBACTIVITY2:
18          break;
19      }   }
```

2）Subactivity1.java 的关键代码如下：

```
1   btnOK.setOnClickListener(new OnClickListener(){
2       public void onClick(View view){
3           String uriString = editText.getText().toString();
4           Uri data = Uri.parse(uriString);
5           // 这个 Intent 对应已经放入的需要传递的值
6           Intent result = new Intent(null, data);
7           result.putExtra("name", " 苏州 ");  // 发送程序设定的另外需要传回的值
8           result.putExtra("age", "2500");  // 发送程序设定的另外需要传回的值
9           setResult(RESULT_OK, result);  // 返回跳转指令
10          finish();  // 关闭子 Activity 的指令
11      }
12  });
```

关于断点调试的方法，在需要观察的语句前设置断点，然后进入 Debug 状态，逐步运行观察所要观察的变量信息或表达式信息。这个方法和 Java 程序开发是相同的，是必须掌握的技巧。

4. 要求

通过关键代码的提示和对 Android 项目的理解及掌握，一般可以通过 2 节课左右的时间自主完成每个项目的开发。通过各种调试方法，结合实际开发过程中的错误，切实掌握最常用的两种调试方法和技巧。

单元小结

本单元主要介绍了在 Android 应用程序的界面开发中比较基础的，但非常重要的内容。读者需要深刻理解 View 和 View Group 的关系，并且能够在实际应用中灵活使用。另外，本单元中提到的 TextView、Button 等 UI 组件及 4 种最为常用的布局，都是必须掌握的。读者在掌握这些知识的基础上还要了解其中基本属性的使用，以便为进一步的学习奠定较为扎实的基础。本单元另外的一个重点是 Intent，要理解 Intent 的内涵和本质。Intent 实际上就是为了到达一个目的地所需要建立的对象，通过它可以启动新的 Activity、Service 及 Broadcast 等组件，并可以通过它实现带值传递。这也是 Android 应用开发中的一个很重要的基本功能。

"冠必正，纽必结。袜与履，俱紧切。"——《弟子规·谨》

界面关乎 App 呈现给用户的第一印象，如同人的衣着，既需要注意整体搭配，也要关注从帽子到鞋袜的细节处理。在开发 App 界面时，需要换位思考，从客户角度出发，积极主动和设计师、产品经理沟通，确保整体布局界面和组件细节部分都能够提供良好的用户体验。开发人员应通过不断积累经验提升互联网思维。

习 题

1. 列举 TextView 的常见属性。
2. 在 Java 代码中，如何初始化一个控件?
3. Button 和 ImageButton 的主要区别是什么?
4. 阐述线性布局的 weight 属性的含义。
5. 什么是显式意图和隐式意图?

单元 4
高级组件开发

知识目标

- 了解常见的 UI 高级组件。
- 了解常见的适配器。
- 理解 Fragment 的概念和生命周期方法。

能力目标

- 能够根据应用需求选择合适的高级 UI 组件,并设计出美观界面。
- 能够使用 Fragment 等组件完成首页设计,并实现底部导航栏功能。

素质目标

- 培养积极探索、勇于创新的科研精神,能够不断学习最新的 Android 界面技术。
- 培养由简单到复杂的认知思维,能够根据事物的发展规律提升自我。

4.1 进度条组件的开发和使用

4.1.1 进度条的开发与使用

进度条(ProgressBar)在 Android 应用程序中的使用率非常高,如软件的信息载入、网络的数据读取等相对耗时的操作都会用到进度条组件。通过使用进度条组件可以动态地显示当前进度状态,使得应用程序在执行这些耗时操作时不会让用户产生"死机"的感觉,从而提高了用户界面的友好性。

Android 系统的进度条通过 XML 中的 style 属性可以支持如下 6 种样式。

1)android:style/Widget.ProgressBar.Horizontal:水平进度条。
2)android:style/Widget.ProgressBar.Inverse:普通大小的进度条。
3)android:style/Widget.ProgressBar.Large:大进度条。

4）android:style/Widget.ProgressBar.Large.Inverse：反向大进度条。

5）android:style/Widget.ProgressBar.Small：小进度条。

6）android:style/Widget.ProgressBar.Small.Inverse：反向小进度条。

此外，对于 ProgressBar 组件还经常使用以下几种属性和方法进行设定。

1）android:max：设置进度条的最大值。

2）android:progress：设置进度条已完成的进度。

3）android:progressDrawable：设置该进度条的轨道绘制样式。

4）setProgress(int)：设置进度的百分比。

5）incrementProgressBy(int)：当该方法中的参数为正值时，表示进度条增加；当该方法中的参数为负值时，表示进度条减少。

下面通过一个实例来说明 ProgressBar 的使用方法。在本例中会创建一个线程，在线程中每隔 50ms，进度条的进度就会增加 1。首先创建项目 4_01_ProgressBar，并打开布局文件进行修改。具体代码如下：

```
1  <!-- 添加 ProgressBar 组件 -->
2  <ProgressBar
3      android:id="@+id/progress"
4      android:layout_width="match_parent"
5      android:layout_height="wrap_content"
6      android:max="100"
7      style="@android:style/Widget.ProgressBar.Horizontal"/>
```

第 2～7 行代码表示添加一个 ProgressBar 组件，并设置该进度条组件的最大值为 100，其样式为水平进度条。

接下来打开 java/ 目录下的 MainActivity.java 文件，并添加以下代码。

```
1   private ProgressBar progressBar;  // 定义 ProgressBar 组件
2   private Handler handler;  // 定义一个接收线程消息的 Handler
3   private int progressStatus;  // 定义进度条状态
4
5   protected void onCreate(Bundle savedInstanceState) {
6       super.onCreate(savedInstanceState);
7       setContentView(R.layout.activity_main);
8       progressBar = (ProgressBar) findViewById(R.id.progress);
9       handler = new Handler(){
10          public void handleMessage(Message msg) {
11              if (msg.what == 0x01) {
12                  // 接收到线程消息后设置进度条进度
13                  progressBar.setProgress(progressStatus);
14              }
15          }
16      };
17      // 启动进度条修改线程
18      new Thread(){
```

```
19          public void run() {
20              while (progressStatus < 100) {
21                  // 修改 ProgressBar 的进度条
22                  modifyProgress();
23                  // 子线程发送消息给 UI 线程
24                  Message msg = new Message();
25                  msg.what = 0x01;
26                  handler.sendMessage(msg);
27              }
28          }
29
30      }.start();
31  }
32  // 修改进度条进度
33  protected void modifyProgress() {
34      progressStatus++; // 进度条状态 +1
35      try {
36          // 当前线程休眠 50ms
37          Thread.sleep(50);
38      } catch (InterruptedException e) {
39          e.printStackTrace();
40      }
41  }
```

第 9～16 行代码用于创建一个 Handler，该 Handler 可以接收线程发送来的消息，并在 handlerMessage() 中进行处理。当发送的消息为 0x01 时，表示可以更新进度条，此时获取进度条状态值来更新进度条。

第 18～30 行代码用于创建一个进度条修改线程。在该线程中，当 progressStatus 小于 100 时，表示可以通过调用 modifyProgress() 函数来修改进度条状态值，并通过 Message 对象把更新消息发送给 UI 线程。

第 33～41 行代码表示把进度条状态 +1，并且使当前线程休眠 50ms。

本例最终的效果如图 4-1 所示。

图 4-1　ProgressBar 效果图

4.1.2　滑动条的开发与使用

在 Android 系统中，通过移动滑动条（SeekBar）上的滑块来修改某些值或者属性。例如，修改 Android 手机的声音大小、修改手机的屏幕亮度等。SeekBar 和 ProgressBar 的使用方法极为相似，除了一些与 ProgressBar 类似的属性外，SeekBar 还提供了通过载入 drawable 值来修改滑块外观的属性 android:thumb。

继续修改项目 4_01_ProgressBar 的布局文件，在其中添加如下代码。

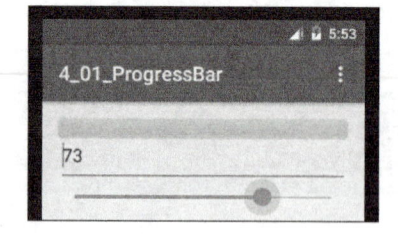

```
1    <!-- 添加 SeekBar 组件 -->
2    <SeekBar
3        android:id="@+id/seek"
4        android:layout_width="match_parent"
5        android:layout_height="wrap_content"
6        android:max="100"/>
```

第 2～6 行代码表示定义一个 SeekBar 组件，该组件的最大值为 100。

下面通过一个示例来说明 SeekBar 的使用。在该示例中，当用户拖动 SeekBar 时，SeekBar 上方 EditText 的值会发生改变。具体代码如下：

```
1    // 关联 UI XML 文件
2    seekBar = (SeekBar) findViewById(R.id.seek);
3    seekValue = (EditText) findViewById(R.id.seekValue);
4    // 滑动 SeekBar 时的响应事件
5    seekBar.setOnSeekBarChangeListener(new SeekBar.OnSeekBarChangeListener() {
6        public void onStopTrackingTouch(SeekBar seekBar) { }
7        public void onStartTrackingTouch(SeekBar seekBar) { }
8        public void onProgressChanged(SeekBar seekBar, int progress,
9                boolean fromUser) {
10           //TODO Auto-generated method stub
11           // 当 SeekBar 改变时，滑动块所在的值会传递到 progress 中
12           seekValue.setText(String.valueOf(progress));
13       }
14   });
```

第 5 行代码用于监听 SeekBar 滑动时的 OnSeekBarChangeListener() 事件。

第 12 行代码表示修改 EditText 中的值为 SeekBar 滑动块的当前值。

本例最终的效果如图 4-2 所示。

图 4-2　SeekBar 效果图

4.2　列表与 Adapter 的开发和使用

列表组件在 Android 系统中使用得非常广泛，如天气预报中的城市选择界面、Android 系统的设定界面都是由列表项组成的。列表组件有两种使用方式：一种是弹出式的列表组件

Spinner；另一种是在界面中直接显示列表项的 ListView 组件。这两种使用方式的核心内容完全相同，只是在一些 UI 属性上稍有差别，因此只要把其中一个学会了，另一个也就很容易掌握了。

4.2.1　Spinner 和 ListView 的简单使用

　　Spinner 和 ListView 的创建和使用非常方便，只需要在布局文件中载入 Spinner 和 ListView，并通过公有的 android:entries 属性载入一个 string.xml 中创建好的字符串数组即可，该字符串中保存了 Spinner 和 ListView 中需要显示的所有信息。下面通过一个实例来说明 Spinner 和 ListView 的使用方法。创建项目 4_02_SpinnerList，并修改布局文件。具体代码如下：

```
1    <!-- 定义一个显示 Spinner 值的 EditText -->
2    <EditText
3        android:id="@+id/spinnerValue"
4        android:layout_width="match_parent"
5        android:layout_height="wrap_content"/>
6    <!-- 在 entries 属性中载入数组 -->
7    <Spinner
8        android:id="@+id/mobileSpinner"
9        android:layout_width="match_parent"
10       android:layout_height="wrap_content"
11       android:entries="@array/mobileOS"/>
12   <!-- 定义一个显示 List 值的 EditText -->
13   <EditText
14       android:id="@+id/listValue"
15       android:layout_width="match_parent"
16       android:layout_height="wrap_content"/>
17   <!-- 在 entries 属性中载入数组 -->
18   <ListView
19       android:id="@+id/mobileList"
20       android:layout_width="match_parent"
21       android:layout_height="wrap_content"
22       android:entries="@array/mobileOS" />
```

　　第 8 行和第 19 行代码表示 entries 属性通过 ID 来载入 strings.xml 文件中所定义的数组，该数组中存放了需要在 Spinner 和 ListView 中显示的所有字符串。字符串数组的定义代码如下：

```
1    <?xml version="1.0" encoding="utf-8"?>
2    <resources>
3        <string name="app_name">4_02_SpinnerList</string>
4        <string name="action_settings">Settings</string>
5        <string name="hello_world">Hello world!</string>
6        <!-- 定义字符串数组 -->
7        <string-array name="mobileOS">
8            <item>Android</item>
```

```
9           <item>IOS</item>
10          <item>BlackBerry</item>
11          <item>Windows Phone</item>
12          </string-array>
13 </resources>
```

在本例中,用户选择 Spinner 项及 ListView 项时,会修改对应 EditText 中显示的文字。具体代码如下:

```
1  protected void onCreate(Bundle savedInstanceState) {
2      super.onCreate(savedInstanceState);
3      setContentView(R.layout.activity_main);
4  
5      spinnerValue = (EditText) findViewById(R.id.spinnerValue);
6      mobileSpinner = (Spinner) findViewById(R.id.mobileSpinner);
7      listValue = (EditText) findViewById(R.id.listValue);
8      mobileList = (ListView) findViewById(R.id.mobileList);
9      // 在 strings.xml 中的数组
10     mobileOS = getResources().getStringArray(R.array.mobileOS);
11 
12     // 选择 Spinner 项时响应事件
13     mobileSpinner.setOnItemSelectedListener(new AdapterView.OnItemSelectedListener() {
14         public void onItemSelected(AdapterView<?> parent, View view,
15                 int position, long id) {
16             // TODO Auto-generated method stub
17             spinnerValue.setText("Spinner 选择:" + mobileOS[position]);
18         }
19         public void onNothingSelected(AdapterView<?> parent) { }
20     });
21     // 选择 ListView 项时响应事件
22     mobileList.setOnItemClickListener(new AdapterView.OnItemClickListener() {
23         public void onItemClick(AdapterView<?> parent, View view,
24                 int position, long id) {
25             // TODO Auto-generated method stub
26             listValue.setText("ListView 选择:" + mobileOS[position]);
27         }
28     });
29 }
```

第 5～8 行代码用于与界面的 XML 文件进行组件关联。

第 10 行代码表示通过 getResources() 函数获取资源文件中的数组变量。

第 12～20 行代码表示当用户修改 Spinner 选项时对应的 EditText 的值会发生改变。其中,onItemSelected() 函数中的 position 变量表示用户单击的 Spinner 选项索引,该索引从 0 开始。

第 22～28 行代码表示当用户选择 ListView 选项时 EditText 中的变量会发生改变。其中,onItemClick() 函数中的 position 变量表示用户单击的 ListView 选项索引。

本例的最终效果如图 4-3 所示。

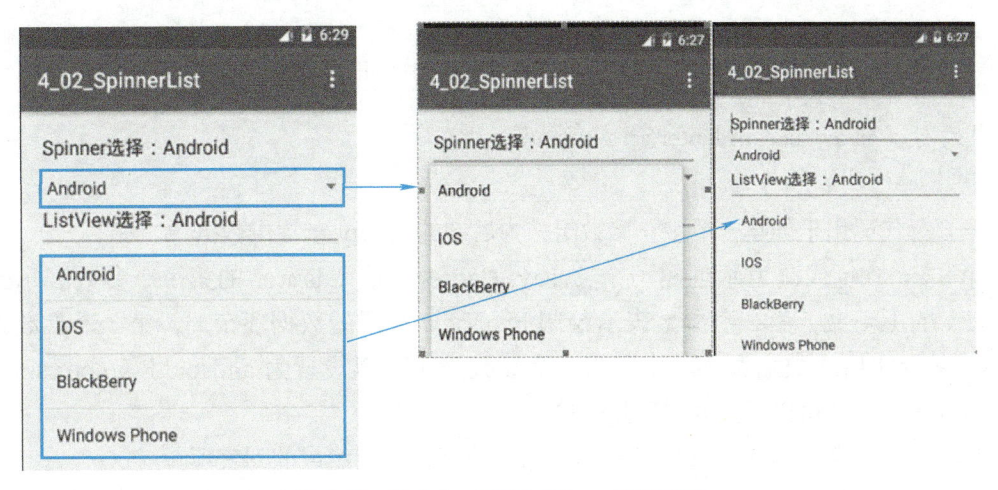

图 4-3　Spinner 和 ListView 的效果图

4.2.2　Adapter 的开发与使用

4.2.1 小节中讲述了 Spinner 和 ListView 的使用方法，读者可能已经发现使用其中所述方法产生的 Spinner 和 ListView 样式都相对比较单一。实际中，Android 应用程序中列表组件的样式非常多，而要绘制这些样式就要使用 Android 界面绘制中非常重要的一个类——Adapter。

常用的 Adapter 有 3 种，分别为 ArrayAdapter、SimpleAdapter 和 BaseAdapter。其中，ArrayAdapter 所创建的 Spinner 和 ListView 是以数组作为数据源，按照特定的形式进行创建；而 SimpleAdapter 和 BaseAdapter 则是可以让开发者随意绘制其中每一项的样式。

1. ArrayAdapter

下面通过示例来说明 ArrayAdapter 的使用方法。创建项目 4_03_AdapterView。在本例中，通过在 Adapter 中载入一个字符串数组使得 ListView 可以显示对应的列表项。界面布局的代码如下：

```
1    <ListView
2        android:id="@+id/arrayList"
3        android:layout_width="match_parent"
4        android:layout_height="wrap_content" />
```

上面的代码只是在 UI 中载入一个 ListView 组件，下面是 Java 代码的具体实现。

```
1    protected void onCreate(Bundle savedInstanceState) {
2        super.onCreate(savedInstanceState);
3        setContentView(R.layout.activity_main);
4        arrayList = (ListView) findViewById(R.id.arrayList);
5        // 定义一个字符串数组
6        String[] mobileOS = {"Android", "IOS", "BlackBerry", "Windows Phone" };
7        // 把数组载入 ArrayAdapter
```

```
8          ArrayAdapter<String> arrayAdapter = new ArrayAdapter<String>(
9                  MainActivity.this,
10                 android.R.layout.simple_list_item_1, mobileOS);
11         // 为 ListView 设置 Adapter
12         arrayList.setAdapter(arrayAdapter);
13     }
```

第 6 行代码用于创建一个字符串数组，为后续的 Adapter 提供数据源。

第 8～10 行代码表示创建一个 ArrayAdapter。该 Adapter 的第 1 个参数表示当前 Activity 的上下文，第 2 个参数表示绘制 ListView 采用的数据项布局，第 3 个参数表示 ListView 所使用的数据源。其中，第 2 个参数除了可以设置为 android.R.layout.simple_list_item_1 外，还可以设置为以下几个参数。

1）android.R.layout.simple_list_item_1：表示由文字组成的列表项。

2）android.R.layout.simple_list_item_2：表示由稍大的文字组成的列表项。

3）android.R.layout.simple_list_item_checked：表示由 CheckBox 组成的列表项。

4）android.R.layout.simple_list_item_multiple_choice：表示由复选框组成的列表项。

5）android.R.layout.simple_list_item_single_choice：表示由单选按钮组成的列表项。

本例的最终效果如图 4-4 所示。

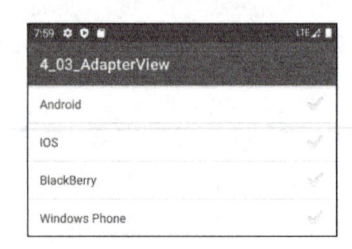

图 4-4　ArrayAdapter 的效果图

2. SimpleAdapter

SimpleAdapter 的使用方法和 ArrayAdapter 完全不同，而且更为复杂，使用时需要用户自己绘制数据项布局，并且通过数据源和界面 ID 之间的匹配来达到预期的效果。SimpleAdapter 的使用通常可以分为如下 4 步。

1）在 XML 创建一个 ListView，以及列表项的布局。

2）创建资源集合变量。

3）创建资源序列。

4）SimpleAdapter 绑定数据。

下面通过一个示例来说明 SimpleAdapter 在 ListView 中的使用方法。修改项目 4_03_AdapterView 中的布局文件，在布局文件中添加一个 ID 为 simpleList 的 ListView。具体代码如下：

```
1    <ListView
2        android:id="@+id/arrayList"
```

```
3          android:layout_width="match_parent"
4          android:layout_height="wrap_content" />
5   <ListView
6          android:id="@+id/simpleList"
7          android:layout_width="match_parent"
8   android:layout_height="wrap_content" />
```

上面的代码是在 UI 中添加一个 ListView 组件，接下来就要创建一个 ListView 数据项的布局文件 simple_item.xml。布局文件的具体代码如下：

```
1   <ImageView
2          android:id="@+id/image"
3          android:layout_width="wrap_content"
4          android:layout_height="wrap_content"
5          android:layout_gravity="center_vertical"/>
6   <TextView
7          android:id="@+id/desc"
8          android:layout_width="wrap_content"
9          android:layout_height="wrap_content"
10         android:layout_gravity="center_vertical"
11         android:textSize="30sp"/>
```

第 1～5 行代码表示为每个数据项添加一个 ImageView 组件，该组件用于存放数据项的图标，并且组件布局为垂直居中。

第 6～11 行代码表示为每个数据项添加一个 TextView 组件，该组件用于存放数据项的说明文字，并且组件布局为垂直布局。

在完成所有布局文件的编写后，接下来的工作就是在 Java 代码中把数据项布局和所有数据项进行关联，并显示在界面中。具体代码如下：

```
1   protected void onCreate(Bundle savedInstanceState) {
2
3       // ArrayAdapter 的使用
4       ...
5
6       // 定义一个图片数组
7       int[] image =
8           {
9                   R.drawable.calculator, R.drawable.mail,
10                  R.drawable.radio
11          };
12      // 定义一个文字数组
13      String[] desc = {" 计算器 ", " 邮件 ", " 收音机 "};
14      // 创建一个资源序列
15      List<Map<String, Object>> simpleItems =
16              new ArrayList<Map<String,Object>>();
17      for (int i = 0; i < desc.length; i++) {
18          Map<String,Object> simpleItem = new HashMap<String,Object>();
19          simpleItem.put("image", image[i]);
```

```
20              simpleItem.put("desc", desc[i]);
21              simpleItems.add(simpleItem);
22          }
23          // 为 SimpleAdapter 绑定数据
24          SimpleAdapter simpleAdapter = new SimpleAdapter(
25                  MainActivity.this,
26                  simpleItems,
27                  R.layout.simple_item,
28                  new String[]{"image","desc"},
29                  new int[]{R.id.image, R.id.desc});
30          simpleList.setAdapter(simpleAdapter);
31      }
```

第 7~13 行代码表示创建资源合集，该资源合集包括每个数据项对应的图片和文字。

第 15~16 行代码表示创建一个资源序列，该资源序列用于组织 ListView 组件中的图片资源和文字资源。

第 18~21 行代码表示创建一个数据项，该数据项在添加时通过自定义的 image 和 desc 关键字添加文字和图片，最后这个数据项被添加至 List 中。

第 24~30 行通过 SimpleAdapter 的构造函数创建一个对象，并把该对象通过 ListView 的 setAdapter() 函数设置到 ListView 中。

本例的最终效果如图 4-5 所示。这里需要注意的是，SimpleAdapter 的使用关键就是其构造函数的传值。其构造函数一共有 5 个参数，功能如下：

图 4-5　SimpleAdapter 的效果图

1）context：传递该 SimpleAdapter 所处的 Activity。

2）data：ListView 所需要的数据，即上面代码中第 15 行所示的 simpleItems。该数据需要和 ListView 数据项的绘制一一对应，如果数据项中需要传递 3 个值，那么就要为每个 simpleItems 传递 3 个值。

3）resource：数据项布局 ID，该布局中必须包含需要在列表项中显示的所有组件。

4）from：传递一个字符串数组，该数组就是在构建资源序列时的 Key 值。

5）to：传递一个整型数组，该数组中的数据项就是数据项列表中需要使用的 ID 号。

注意： 传递 from 数组和 to 数组时必须一一对应，如果 from 中的第 1 个元素传递的是图片关键字，那么 to 中的第 1 个元素也必须是图片 ID。

3. BaseAdapter

BaseAdapter 的开发流程和 SimpleAdapter 类似，但是比 SimpleAdapter 更加强大，使用频率也更高。BaseAdapter 的使用通常可以分为如下 4 个步骤。

1）在 XML 创建一个 ListView，以及列表项的布局。

2）创建数据资源集合。

3）实现适配器 BaseAdapter 子类。

4）BaseAdapter 绑定数据。

下面使用 BaseAdapter 实现上述 SimpleAdapter 案例。

1）新建项目 4_04_BaseAdapter，采用项目 4_03_AdapterView 中的布局文件和资源。例如，在布局文件 activity_main.xml 中添加一个 ID 为 baseList 的 ListView。具体代码如下：

```
1    <ListView
2        android:id="@+id/baseList"
3        android:layout_width="match_parent"
4        android:layout_height="wrap_content" />
```

ListView 数据项的布局文件 base_item.xml 的具体代码如下：

```
1    <LinearLayout xmlns:android="http://schemas.android.com/apk/res/android"
2        android:layout_width="match_parent"
3        android:layout_height="wrap_content"
4        android:orientation="horizontal">
5        <ImageView
6            android:id="@+id/image"
7            android:layout_width="wrap_content"
8            android:layout_height="wrap_content"
9            android:layout_gravity="center_vertical" />
10       <TextView
11           android:id="@+id/desc"
12           android:layout_width="wrap_content"
13           android:layout_height="wrap_content"
14           android:layout_gravity="center_vertical"
15           android:textSize="30sp" />
16   </LinearLayout>
```

2）创建数据资源集合。一般使用集合 List 存储 ListView 数据项内容，并且每一个数据项内容对应一个 JavaBean 对象。例如上述数据项布局文件包含图片和文本组件，则使用以下 JavaBean 封装数据项内容。

```
1    public class BaseBean implements Serializable {
2        private int image;// 图片地址
3        private String text;// 文本内容
4        public BaseBean(int image, String text) {
5            this.image = image;
6            this.text = text;
7        }
8        public int getImage() {
9            return image;
10       }
11       public void setImage(int image) {
12           this.image = image;
13       }
14       public String getText() {
15           return text;
16       }
```

```
17      public void setText(String text) {
18          this.text = text;
19      }
20  }
```

第2~3行代码表示创建的JavaBean类包含图片地址和文本内容两个属性。

第4~7行代码表示创建JavaBean类构造方法,用于创建具体的JavaBean对象。

第8~19行代码表示创建JavaBean类get、set方法,以便对JavaBean对象属性内容进行修改和获取。

每个JavaBean对象对应一条ListView数据项内容,多个数据项内容需要存储在集合中,代码如下:

```
1   // 创建资源集合变量
2   List<BaseBean> list = new ArrayList<>();
3   BaseBean b1 = new BaseBean(R.drawable.calculator," 计算器 ");
4   BaseBean b2 = new BaseBean(R.drawable.mail," 邮件 ");
5   BaseBean b3 = new BaseBean(R.drawable.radio," 收音机 ");
6   list.add(b1);list.add(b2);list.add(b3);
```

3)实现适配器BaseAdapter子类,这也是最复杂的一个步骤。BaseAdapter是一个抽象类,子类必须实现getCount、getItem、getItemId和getView 4个方法。具体代码如下:

```
1   public class MyAdapter extends BaseAdapter {
2       Context context;//Context 提供了应用环境全局信息
3       LayoutInflater mInflater;//LayoutInflater 用于查找并且实例化 layout 下 XML 布局文件
4       List<BaseBean> list;//List<BaseBean> 提供了数据资源
5       public MyAdapter(Context context, List<BaseBean> list) {
6           this.context = context;
7           this.list = list;
8           mInflater=LayoutInflater.from(context);
9       }
10      @Override
11      public int getCount(){
12          // 返回集合中的元素数目
13          return list.size();
14      }
15      @Override
16      public Object getItem(int i) {
17          // 返回集合第 i 个元素, i 从 0 开始
18          return list.get(i);
19      }
20      @Override
21      public long getItemId(int i) {
22          // 返回集合第 i 个元素索引
23          return i;
```

```
24        }
25        @Override
26        public View getView(int i, View view, ViewGroup viewGroup) {
27            // 返回第 i 行数据项对应界面并绑定数据
28            view=mInflater.inflate(R.layout.base_item,null);
29            ImageView imageView = view.findViewById(R.id.image);
30            TextView textView = view.findViewById(R.id.desc);
31            BaseBean baseBean = list.get(i);
32            imageView.setImageResource(baseBean.getImage( ));
33            textView.setText(baseBean.getText( ));
34            return view;
35        }
36  }
```

第 2~4 行代码声明了 BaseAdapter 子类需要使用到的 3 个属性。

第 5~9 行代码通过构造方法完成上述 3 个属性的初始化工作。

第 10~14 行代码表示获取集合中的元素数目，这也是 ListView 包含的数据项总数。

第 15~19 行代码表示获取集合中第 i 个元素，对应 ListView 中第 i 个数据项内容，i 从 0 开始统计。

第 20~24 行代码表示获取集合第 i 个元素索引，对应 ListView 中第 i 个数据项行号。

第 25~35 行代码表示完成 ListView 中第 i 个数据项界面初始化工作，并显示对应数据。

4）BaseAdapter 绑定数据。此步操作比较简单，代码如下：

```
1   MyAdapter myAdapter=new MyAdapter(this,list);
2   listView.setAdapter(myAdapter);
```

以上便是 ArrayAdapter、SimpleAdapter 和 BaseAdapter 的使用方法。这些方法除了适用于 ListView，还可以适用于 Spinner，并且使用方法完全相同，读者可以自行尝试。

4.3 图片浏览组件的开发和使用

图片浏览器是智能设备中使用非常广泛的组件。Android 系统中提供了两种方式的图片浏览：一种是最为普通的 ImageView 浏览；另一种是使用 GridView 实现网格式的图片浏览。本节主要阐述这两种方式中涉及的组件在 Android 系统中的应用。

4.3.1 ImageView 的开发和使用

ImageView 是 Android 系统中最为基本的图片浏览器，它除了能显示图片，还能显示任何 Drawable 对象。ImageView 对象的常用属性有 4 个。

1）android:maxHeight：用于设置图片的最大高度。

2）android:maxWidth：用于设置图片的最大宽度。

3）android:src：用于设置 ImageView 的图像资源 ID。

4）android:scaleType：用于设置所显示的图片缩放方式以适应 ImageView 的大小。

其中，前 3 个属性的意思非常明确，此处不再赘述。第 4 个属性非常重要，它决定了图片在 ImageView 中的缩放方式，该属性的属性值有 8 个。

1）center（ImageView.ScaleType.CENTER）：把图片置于 ImageView 的中间，并且不进行缩放。

2）centerCrop（ImageView.ScaleType.CENTER_CROP）：保持图片比例，并且覆盖全部 ImageView。

3）centerInside（ImageView.ScaleType.CENTER_INSIDE）：保持图片比例，并且在 ImageView 中完全显示。

4）fitCenter（ImageView.ScaleType.FIT_CENTER）：保持图片比例，并且在 ImageView 的中央位置完全显示。

5）fitEnd（ImageView.ScaleType.FIT_END）：保持图片比例，并且在 ImageView 的右下角位置完全显示。

6）fitStart（ImageView.ScaleType.FIT_START）：保持图片比例，并且在 ImageView 的左上角位置完全显示。

7）fitXY（ImageView.ScaleType.FIT_XY）：改变图片比例，使之能完全在 ImageView 中显示。

8）matrix（ImageView.ScaleType.MATRIX）：图片使用矩阵缩放方式进行绘制。

下面通过一个示例来说明 ImageView 组件在 Android 系统中的使用方法。在本例中一共有 3 个组件，分别是 2 个 Button 和 1 个 ImageView。其中，2 个 Button 分别实现"上一张图片"和"下一张图片"；而 ImageView 则负责显示响应的图片。界面布局代码如下：

```
1   <!-- 添加两个按钮，用于显示上一张和下一张图片 -->
2   <LinearLayout
3       android:layout_width="match_parent"
4       android:layout_height="wrap_content"
5       android:orientation="horizontal">
6       <Button
7           android:id="@+id/prev"
8           android:layout_width="0dp"
9           android:layout_height="wrap_content"
10          android:layout_weight="1"
11          android:text=" 上一张 "/>
12      <Button
13          android:id="@+id/next"
14          android:layout_width="0dp"
15          android:layout_height="wrap_content"
16          android:layout_weight="1"
17          android:text=" 下一张 "/>
18  </LinearLayout>
19  <!-- 显示图片 -->
```

```
20    <ImageView
21        android:id="@+id/image"
22        android:layout_width="match_parent"
23        android:layout_height="wrap_content"
24        android:scaleType="fitCenter"
25        android:src="@drawable/qibaishi"/>
```

第 24 行代码表示该 ImageView 组件的图片缩放方式采用的是 fitCenter，即保持图片比例，并且在 ImageView 的中央位置完全显示。

完成界面布局后，接下来完成 Java 代码。具体代码如下：

```
1    protected void onCreate(Bundle savedInstanceState) {
2        super.onCreate(savedInstanceState);
3        setContentView(R.layout.activity_main);
4
5        prevButton = (Button) findViewById(R.id.prev);
6        nextButton = (Button) findViewById(R.id.next);
7        imageView = (ImageView) findViewById(R.id.image);
8        prevButton.setOnClickListener(new OnClickListener() {
9            public void onClick(View v) {
10               imageView.setImageResource(images[currentIndex]);
11               // 当前图片为第一张图片时，则把索引变为最后一张
12               if (currentIndex <= 0) {
13                   currentIndex = images.length-1;
14               } else {
15                   currentIndex--;
16               }
17           }
18       });
19       nextButton.setOnClickListener(new OnClickListener() {
20           public void onClick(View v) {
21               imageView.setImageResource(images[currentIndex]);
22               // 当前图片为最后一张图片时，则把索引变为第一张
23               if (currentIndex >= images.length-1) {
24                   currentIndex = 0;
25               } else {
26                   currentIndex++;
27               }
28           }
29       });
30   }
```

第 10 行和第 21 行代码表示通过资源的 ID 载入图片到 ImageView 中。

第 12～16 行和第 23～27 行代码使得图片可以滚动播放。

以上便是整个 ImageView 的使用方法。本例的最终效果如图 4-6 所示。

图 4-6　ImageView 的效果

4.3.2　GridView 的开发和使用

GridView 的表现方式和 ImageView 完全不同，GridView 以一种栅格的形式来显示图片，如图 4-7 所示。结合前面所学的知识，读者可以把 ListView 看成是特殊的 GridView，即只有一列的 GridView，因此 GridView 在使用时也要与 Adapter 相结合。GridView 有 3 个非常重要的属性。

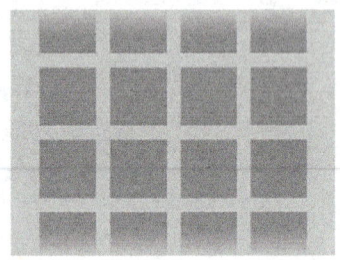

图 4-7　GridView 的效果

1）android:horizontalSpacing：设置各元素之间的水平间距。

2）android:verticalSpacing：设置各元素之间的垂直间距。

3）android:numColumns：设置 GridView 显示的列数。如果设置为 auto_fit，则表示由 GridView 自动计算应该显示多少列。

下面就通过一个示例来说明 GridView 的具体使用方法。在本示例中将显示一个 2 行 4 列的图标矩阵，并且在图标下方显示图标的说明文字。具体布局代码如下：

```
1   <GridView
2       android:id="@+id/imageGrid"
3       android:layout_width="match_parent"
4       android:layout_height="wrap_content"
5       android:horizontalSpacing="5dp"
6       android:verticalSpacing="5dp"
7       android:numColumns="4"/>
```

第 5～6 行代码表示 GridView 中每个元素之间的水平间距和垂直间距均为 5dp（像素）。

第 7 行代码表示 GridView 以 4 列方式进行显示。

本例中图标的下方需要显示图标的说明文字，因此需要创建一个自定义的图标布局，该布局中放入图标和文字两个组件。具体代码如下：

```
1   <ImageView
2       android:id="@+id/image"
3       android:layout_width="wrap_content"
4       android:layout_height="wrap_content"
5       android:layout_gravity="center_horizontal"
6       android:scaleType="fitCenter"
7       android:src="@drawable/cloudy"/>
8   <TextView
9       android:id="@+id/icon_name"
10      android:layout_width="wrap_content"
11      android:layout_height="wrap_content"
12      android:layout_gravity="center"
13      android:text=" 多云 "/>
```

完成两个布局文件后，接下来完成 Java 代码，具体代码如下：

```
1   private GridView imageGrid;
2   private String[] icon_name;
3   private int[] image =
4       {
5           R.drawable.cloudy, R.drawable.fog,
6           R.drawable.moon, R.drawable.rain,
7           R.drawable.sandstorm, R.drawable.snow,
8           R.drawable.sun, R.drawable.thunderstorm
9       };
10  protected void onCreate(Bundle savedInstanceState) {
11      super.onCreate(savedInstanceState);
12      setContentView(R.layout.activity_main);
13      imageGrid = (GridView) findViewById(R.id.imageGrid);
14      // 载入 ICON 文字信息
15      icon_name = getResources().getStringArray(R.array.icon_name);
16      List<Map<String, Object>> gridItems =
17              new ArrayList<Map<String,Object>>();
18      // 创建数据资源合集
19      for (int i = 0; i < icon_name.length; i++) {
20          Map<String, Object> gridItem = new HashMap<String, Object>();
21          gridItem.put("image", image[i]);
22          gridItem.put("icon_name", icon_name[i]);
23          gridItems.add(gridItem);
24      }
25      // 创建 GridView 的 SimpleAdapter
26      SimpleAdapter simpleAdapter = new SimpleAdapter(
27              MainActivity.this,
28              gridItems,
29              R.layout.item_icon,
30              new String[]{"image", "icon_name"},
31              new int[]{R.id.image, R.id.icon_name});
```

```
32          // 为 GridView 设置 Adapter
33          imageGrid.setAdapter(simpleAdapter);
34      }
```

第 3～9 行代码表示创建一个图片 ID 的数组。第 15 行代码表示通过 getResource( ) 载入 strings.xml 中的字符数组。第 16～24 行代码表示创建一个资源合集，并载入对应的 Key 和 Value。第 26～33 行代码创建 SimpleAdapter 对象，并把该对象传递到 GridView 中。

本例的最终效果如图 4-8 所示。

图 4-8　GridView 的效果

4.4　消息组件的开发和使用

用户在使用 Android 手机时，如果收到一条短信，那么在 Android 系统的界面顶部会弹出一个短信图标，提示用户接收到一条短消息；或者当手机连接到无线网络时，屏幕的下方会弹出一个连接成功的信息提示框。这些提示消息不仅内容精炼、形式直观，而且可为用户提供及时的事务处理提醒。由此可见，消息组件在 Android 系统中起着重要的作用。

Android 系统中常用的消息组件有两种：一种是 Toast 消息，即在手机屏幕上显示的提示消息；另一种是 Notification，即在 Android 系统的状态栏中显示的信息，如新收到短信和未接来电等。

4.4.1　Toast 的开发和使用

Toast 是 Android 系统中非常有用的消息提示组件。首先，该提示信息的特点是可以在其中加入简单的文字，从而起到提醒的作用；其次，Toast 组件不会获得焦点，即用户无法单击 Toast 组件；最后，Toast 组件在固定的一段时间后就会自动消失，无须人工干预。

Toast 组件的使用非常简单，只需以下 4 个步骤就可以实现。

1）调用 Toast.makeText() 方法来创建一个 Toast 对象。

2）设置调用 Toast 对象的成员函数来设置 Toast 的显示位置和显示内容。

3）如果需要自定义 Toast 样式，只需创建对应的 View 组件，并通过 Toast 中的 setView() 函数来显示用户自定义的视图布局。

4）调用 Toast 的 show() 函数来显示 Toast 信息。

下面通过示例来说明 Toast 的使用方法。首先创建项目 4_07_ToastNotification。在本例中将提供 2 个 Button：一个用于显示普通的文本 Toast；另一个显示用户自定义的视图。具体布局代码如下：

```
1   <Button
2       android:id="@+id/normalToast"
3       android:layout_width="wrap_content"
4       android:layout_height="wrap_content"
5       android:text=" 普通 Toast"/>
6   <Button
7       android:id="@+id/imageToast"
8       android:layout_width="wrap_content"
9       android:layout_height="wrap_content"
10      android:text=" 带图片 Toast"/>
```

完成布局文件后，接下来完成 Java 代码，具体代码如下：

```
1   @Override
2   protected void onCreate(Bundle savedInstanceState) {
3       super.onCreate(savedInstanceState);
4       setContentView(R.layout.activity_main);
5       normalToast=findViewById(R.id.normalToast);
6       imageToast=findViewById(R.id.imageToast);
7       // 显示普通文本 Toast
8       normalToast.setOnClickListener(new View.OnClickListener() {
9           public void onClick(View v) {
10              // TODO Auto-generated method stub
11              Toast.makeText(MainActivity.this,
12                  " 普通的 Toast 信息 ", Toast.LENGTH_SHORT).show();
13          }
14      });
15      // 显示自定义视图 Toast
16      imageToast.setOnClickListener(new View.OnClickListener() {
17          public void onClick(View v) {
18              // TODO Auto-generated method stub
19              // 创建 Toast 对象
20              Toast toast = Toast.makeText(MainActivity.this,
21                  " 带图片的 Toast 信息 ",Toast.LENGTH_SHORT);
22              // 创建图片对象
```

```
23          ImageView imageView = new ImageView(MainActivity.this);
24          // 为图片对象载入图片
25          imageView.setImageResource(R.mipmap.ic_launcher);
26          // 创建文本对象
27          TextView textView = new TextView(MainActivity.this);
28          // 为图片对象载入图片
29          textView.setText(" 带图片的 Toast 信息 ");
30          // 创建线性布局
31          LinearLayout linearLayout = new LinearLayout(MainActivity.this);
32          // 设置为线性水平布局，内容居中
33          linearLayout.setOrientation(LinearLayout.HORIZONTAL);
34          linearLayout.setGravity(Gravity.CENTER);
35          // 为布局添加图片和 Toast 文字
36          linearLayout.addView(imageView);
37          linearLayout.addView(textView);
38          // 把新的 View 加入到 Toast 中
39          toast.setView(linearLayout);
40          // 显示 Toast
41          toast.show();
42       }
43    });
44 }
```

第 11～12 行代码用于显示一个普通的文本 Toast。在 Toast.makeText( ) 函数中一共需要设置 3 个参数：第 1 个参数是 Context；第 2 个参数表示 Toast 显示的字符串；第 3 个参数用于设置 Toast 显示时间的时长。当设置完成后调用 show( ) 函数就会在页面中显示 Toast。

第 20～41 行代码用于显示带图片的自定义视图 Toast，这里的自定义视图为包含图片和文本的水平线性布局。

以上便是 Toast 的使用方法。本例的最终效果如图 4-9 所示。

图 4-9　Toast 组件的使用

4.4.2 Notification 的开发和使用

Notification 也是 Android 系统中非常有用的消息组件。当收到消息时，一个小图标和一段文字会显示在界面上方的状态栏中，并伴随有声音和振动。例如手机收到短消息时，一个短信图标会显示在状态栏中，来电时一个电话图标也会显示在状态栏中，这些都是 Notification 组件的应用。Notification 的发送和取消通常由 NotificationManager 来管理。

Notification 的使用比 Toast 复杂，但是它也可以按照一定的步骤来完成。

1）通过 Notification.Builder( ) 函数创建一个 Builder 对象，通过这个对象可以控制 Notification 的图标、文字、开始时间等各类属性。

2）利用创建好的 Builder 对象获取 Notification 对象。

3）通过调用 getSystemService(NOTIFICATION_SERVICE) 函数获取系统的 NotificationManager 对象。

4）自定义一个 Notification 的消息 ID。

5）通过 NotificationManager 的 notify( ) 函数发送 Notification。

6）如果要取消 Notification，可以调用 NotificationManager 中的 cancel( ) 函数。

下面通过示例来说明 Notification 的使用方法。在本例中将提供 2 个 Button：一个用于发送 Notification；另一个用于取消 Notification。修改后的项目 4_08_ToastNotification 的布局代码如下：

```
1   /**     Toast 按键布局 */
2   <Button
3         android:id="@+id/createNotify"
4         android:layout_width="wrap_content"
5         android:layout_height="wrap_content"
6         android:text=" 创建消息 "/>
7   <Button
8         android:id="@+id/deleteNotify"
9         android:layout_width="wrap_content"
10        android:layout_height="wrap_content"
11        android:text=" 删除消息 "/>
```

完成布局文件后，接下来完成 Java 代码，具体代码如下：

```
1     // 获取系统的 Notification 服务
2   notificationManager =
3   (NotificationManager)getSystemService(NOTIFICATION_SERVICE);
4   createNotify.setOnClickListener(new View.OnClickListener( ){
5       public void onClick(View v) {
6       // TODO Auto-generated method stub
7       // 创建 Notification 的构建对象
8       if (android.os.Build.VERSION.SDK_INT >= android.os.Build.VERSION_CODES.O) {
9           //VERSION_CODES.O 即 API26
10          NotificationChannel channel = new NotificationChannel(NOTIFICATION_ID+"", "me", NotificationManager.IMPORTANCE_DEFAULT);
11          notificationManager.createNotificationChannel(channel);
```

```
12          builder = new Notification.Builder(MainActivity.this, NOTIFICATION_ID+"");
13      } else {
14          builder = new Notification.Builder(MainActivity.this);
15      }
16      // 设置 Notification 在状态栏中的图标
17      builder.setSmallIcon(R.mipmap.sms);
18      // 设置 Notification 的提示信息
19      builder.setTicker("Notification 的提示测试 ");
20      // 设置 Notification 在状态栏中的标题
21      builder.setContentTitle("Notification 的标题测试 ");
22      // 设置 Notification 在状态栏中的内容
23      builder.setContentText("Notification 的内容测试 ");
24      // 设置 Notification 启动时间
25      builder.setWhen(System.currentTimeMillis());
26      // 创建 Notification
27      Notification notification = builder.build();
28      // 设置 Notification 的声音为默认声音
29      notification.defaults = Notification.DEFAULT_SOUND;
30      // 发送 Notification 消息
31      notificationManager.notify(NOTIFICATION_ID, notification);
32  }
33 });
34 deleteNotify.setOnClickListener(new View.OnClickListener() {
35      public void onClick(View v) {
36      // 取消通知
37      notificationManager.cancel(NOTIFICATION_ID);
38      }
39 });
```

第 25 行代码用于设定 Notification 的发送时间。System.currentTimeMillis( ) 表示当前时间，即用户单击 createNotify 按钮时，系统立刻发送 Notification 消息。

第 31 行代码用于发送一个 Notification，其中第 1 个参数是 Notification 的自定义 ID。

第 37 行代码通过定义的 Notification ID 来删除一个 Notification。

本例的最终效果如图 4-10 所示。

图 4-10 Notification 组件的使用

4.5 菜单与标签页组件的开发和使用

菜单和标签页组件在 Android 系统中有非常重要的作用，它能够在有限的屏幕空间中为用户提供更多的功能。Android 系统中的菜单共有 3 种，分别为选项菜单（Operation Menu）、子菜单（SubMenu）和上下文菜单（ContextMenu）。另外，标签页组件也可分为两种：一种是标签操作栏（ActionBar）；另一种是标签导航栏（Tab）。

4.5.1 Menu 的开发和使用

Android 中菜单项的生成有两种方式。一种是编写菜单项 XML 文件，并通过在 onCreateOptionsMenu( ) 方法中调用 getMenuInflater( ).inflate( ) 函数来生成一个菜单。使用该方式可以将菜单内容和代码进行分离，有利于后续菜单的调整。但是使用这种方式生成的菜单是固定的，不利于扩展。另一种是在 Java 代码中编写菜单生成代码。这种方式虽然在菜单的生成方式上较前一种稍显复杂，但是可以生成形式更为丰富的菜单项。

1. 运用 XML 文件创建菜单

下面采用上述第 1 种方法来创建一个简单的菜单。首先创建项目 4_09_AndroidMenu1，并打开该项目 res/menu 目录中的 menu_main.xml 文件。该文件用于绘制菜单项的 XML 文件。添加如下代码：

```xml
1   <menu xmlns:android="http://schemas.android.com/apk/res/android" >
2       <!-- 添加一个 Operation 菜单 -->
3       <item
4           android:id="@+id/menu_app"
5           android:title=" 应用程序 ">
6           <!-- 添加一个子菜单 -->
7           <menu>
8               <item
9                   android:id="@+id/calendar"
10                  android:title=" 日历 "/>
11              <item
12                  android:id="@+id/paint"
13                  android:title=" 画图 "/>
14              <item
15                  android:id="@+id/pictures"
16                  android:title=" 图片 "/>
17          </menu>
18      </item>
19      <!-- 添加一个 Operation 菜单 -->
20      <item
21          android:id="@+id/menu_settings"
22          android:title=" 程序设置 ">
23      </item>
24  </menu>
```

以上代码的含义清晰明了，此处不再赘述。需要注意的是，如果要在一个菜单中添加子菜单，则应添加一个 <menu>…</menu> 标签，然后再在该标签下添加菜单项。此外，需要重写 onCreateOptionsMenu( ) 方法，绑定菜单文件。代码如下：

```
1  @Override
2  public boolean onCreateOptionsMenu(Menu menu) {
3      getMenuInflater().inflate(R.menu.menu_main, menu);
4      return super.onCreateOptionsMenu(menu);
5  }
```

当用户单击菜单项时，系统会调用 onOptionsItemSelected() 函数，并通过检测 MenuItem 对象的 ID 来获取用户单击的是哪个菜单，从而进行相应的动作。具体代码如下：

```
1  public boolean onOptionsItemSelected(MenuItem item) {
2      switch (item.getItemId()) {
3          // 应用程序菜单单击事件
4          case R.id.menu_app:
5              Toast.makeText(MainActivity.this,
6                      "单击了应用程序菜单", Toast.LENGTH_SHORT).show();
7              break;
8          ...
9      }
10     return super.onOptionsItemSelected(item);
11 }
```

第 1 行代码中的 MenuItem 对象表示用户单击的菜单项对象。

第 2～9 行代码通过 MenuItem 对象的 getItemId() 函数获取菜单项的 ID，然后利用 switch 语句进行 ID 匹配，并执行不同的菜单动作。

本例的最终效果如图 4-11 所示。

图 4-11　XML 菜单的创建和使用

2. 在 Java 代码中创建菜单

下面举例说明在 Java 代码中创建菜单的方法。创建项目 4_10_AndroidMenu2，打开 MainActivity.java 文件并修改 onCreateOptionsMenu( ) 函数中的代码。修改后的代码如下：

```
1   public boolean onCreateOptionsMenu(Menu menu) {
2       // Inflate the menu; this adds items to the action bar if it is present.
3       SubMenu menu_0 = menu.addSubMenu(0, MENU_0,0," 应用程序 ");
4       menu_0.setHeaderIcon(R. mipmap.app);   // 设置菜单图标
5       // 添加应用程序菜单的 3 个子菜单
6       menu_0.add(0, MENU_0_1,0," 日历 ");
7       menu_0.add(0, MENU_0_2,0," 画图 ");
8       menu_0.add(0, MENU_0_3,0," 图片 ");
9
10      SubMenu menu_1 = menu.addSubMenu(0,MENU_1,0," 程序设置 ");
11      menu_1.setHeaderIcon(R.mipmap.setting);   // 设置菜单图标
12      // 添加程序设置菜单的 1 个子菜单
13      menu_1.add(0, MENU_1_1,0,"Gmail 设置 ");
14          return true;     }
```

第 3 行代码表示通过调用 menu 对象的 addSubMenu( ) 函数来添加一个具有子菜单的菜单项。addSubMenu( ) 函数有 4 个参数：第 1 个参数表示菜单所属组的 ID；第 2 个参数表示菜单的 ID，该标识由用户自定义，但必须是唯一的标识，即通过这个 ID 只可以找到 1 个菜单项；第 3 个参数定义菜单的排列顺序；第 4 个参数是菜单项显示的标题。

第 4 行代码表示通过调用 setHeaderIcon( ) 函数为菜单添加一个图标。这里需要注意的是，在新版本中已经不支持菜单图标显示。

第 6～8 行代码表示为菜单 menu_0 添加 3 个子菜单。

创建完菜单后，需要添加菜单的单击事件，其方法与使用 XML 方法添加单击事件完全相同，具体代码如下。

```
1   public boolean onOptionsItemSelected(MenuItem item) {
2       switch (item.getItemId( )) {
3           case MENU_0:
4               Toast.makeText(MainActivity.this,
5                   " 单击应用程序菜单 ", Toast.LENGTH_SHORT).show( );
6               break;
7           case MENU_1:
8               Toast.makeText(MainActivity.this,
9                   " 单击程序设置菜单 ", Toast.LENGTH_SHORT).show( );
10              break;
11          case MENU_0_1:
12              Toast.makeText(MainActivity.this,
13                  " 单击日历菜单 ", Toast.LENGTH_SHORT).show( );
14              break;
```

```
15          default:
16              break;
17      }
18      return true;
19 }
```

本例的最终效果如图 4-12 所示。

图 4-12 Java 菜单的创建和使用

4.5.2 ContextMenu 的开发和使用

Android 中的 ContextMenu（上下文菜单）类似于 Windows 中的右键快捷菜单，两者的区别在于 Android 中是用长按来显示 ContextMenu 的。ContextMenu 继承于 Menu，所以在创建方法上和 Menu 极为类似，不同的是，Menu 是在 onCreateOptionsMenu( ) 函数中创建菜单，而 ContextMenu 则是在 onCreateContextMenu( ) 中创建上下文菜单。创建一个 ContextMenu 后，就需要让 ContextMenu 的组件向 ContextMenu 注册，从而使该组件具有 ContextMenu 的功能。这里读者可能会问，如果多个组件需要不同的 ContextMenu 那该如何？此时就要用到 onCreateContextMenu( ) 函数中的参数。onCreateContextMenu( ) 一共有 3 个参数。

1）ContextMenu menu：当前组件的 ContextMenu 对象。
2）View v：当前用户单击的组件。
3）ContextMenuInfo menuInfo：ContextMenu 的更多信息。

当用户单击某个组件时，该组件会把自己传递到第 2 个参数中，此时就可以通过 View 对象中的 getId( ) 函数来得到用户单击组件的 ID，从而创建不同的上下文菜单。下面通过示例来说明 ContextMenu 的使用方法。

创建项目 4_11_ContextMenu，打开 MainActivity.java 文件，首先完成组件的创建和 ContextMenu 的注册。具体代码如下：

```
1   private Button buttonContext1;
2   private Button buttonContext2;
3   // 定义 ContextMenu 中各个选项的 ID
4   private final int CONTEXT_MENU_0 = Menu.FIRST;
5   private final int CONTEXT_MENU_1 = Menu.FIRST + 1;
6   private final int CONTEXT_MENU_2 = Menu.FIRST + 2;
7
8   protected void onCreate(Bundle savedInstanceState) {
9       super.onCreate(savedInstanceState);
10      setContentView(R.layout.activity_main);
11      buttonContext1 = (Button) findViewById(R.id.buttonContext1);
12      buttonContext2 = (Button) findViewById(R.id.buttonContext2);
13      // 为 Button 注册一个 ContextMenu
14      registerForContextMenu(buttonContext1);
15      // 为 Button 注册一个 ContextMenu
16      registerForContextMenu(buttonContext2);
17  }
```

第 4～6 行代码用于创建 ContextMenu 的菜单项 ID。

第 14 行和第 16 行代码用于为两个 Button 分别注册对应的 ContextMenu。

完成组件的创建和注册后，接下来创建 ContextMenu。具体代码如下：

```
1   public void onCreateContextMenu(ContextMenu menu, View v,
2              ContextMenuInfo menuInfo) {
3       switch (v.getId()) {
4       case R.id.buttonContext1:  // 为特定组件设定不同的上下文菜单
5           menu.setHeaderTitle("Context1 的 ContextMenu");
6           menu.add(0, CONTEXT_MENU_0, 0, "上下文菜单 0");
7           menu.add(0, CONTEXT_MENU_1, 0, "上下文菜单 1");
8           menu.add(0, CONTEXT_MENU_2, 0, "上下文菜单 2");
9           break;
10      case R.id.buttonContext2:
11          menu.setHeaderTitle("Context2 的 ContextMenu");
12          menu.add(0, CONTEXT_MENU_0, 0, "上下文菜单 0");
13          menu.add(0, CONTEXT_MENU_1, 0, "上下文菜单 1");
14          break;
15      default:
16          break;
17      }
18  }
```

第 3 行代码表示通过调用 View 对象的 getId() 函数来获取用户单击组件的 ID。

第 4 行和第 10 行代码表示如果组件 ID 为 buttonContext1，那么就创建第 5～8 行中设定的菜单；如果组件 ID 为 buttonContext2，那么就创建第 11 ～ 13 行中设定的菜单。

完成 ContextMenu 的创建后，接下来完成单击事件的响应。ContextMenu 的单击事件类似于 Menu，不同的是，Menu 要重载 onOptionsItemSelected( ) 函数，而 ContextMenu 则要重载 onContextItemSelected( ) 函数。具体代码如下：

```
1   public boolean onContextItemSelected(MenuItem item) {
2       switch (item.getItemId()) {
3           case CONTEXT_MENU_0:
4               Toast.makeText(MainActivity.this,
5                       "单击上下文菜单 0", Toast.LENGTH_SHORT).show();
6               break;
7           case CONTEXT_MENU_1:
8               Toast.makeText(MainActivity.this,
9                       "单击上下文菜单 1", Toast.LENGTH_SHORT).show();
10              break;
11          case CONTEXT_MENU_2:
12              Toast.makeText(MainActivity.this,
13                      "单击上下文菜单 2", Toast.LENGTH_SHORT).show();
14              break;
15          default:
16              break;
17      }
18      return super.onContextItemSelected(item);
19  }
```

上面的代码其实与 Menu 中的代码完全相同，即通过 MenuItem 中的 ID 来判断用户的选择项来显示不同的信息。

本例的最终效果如图 4-13 所示。

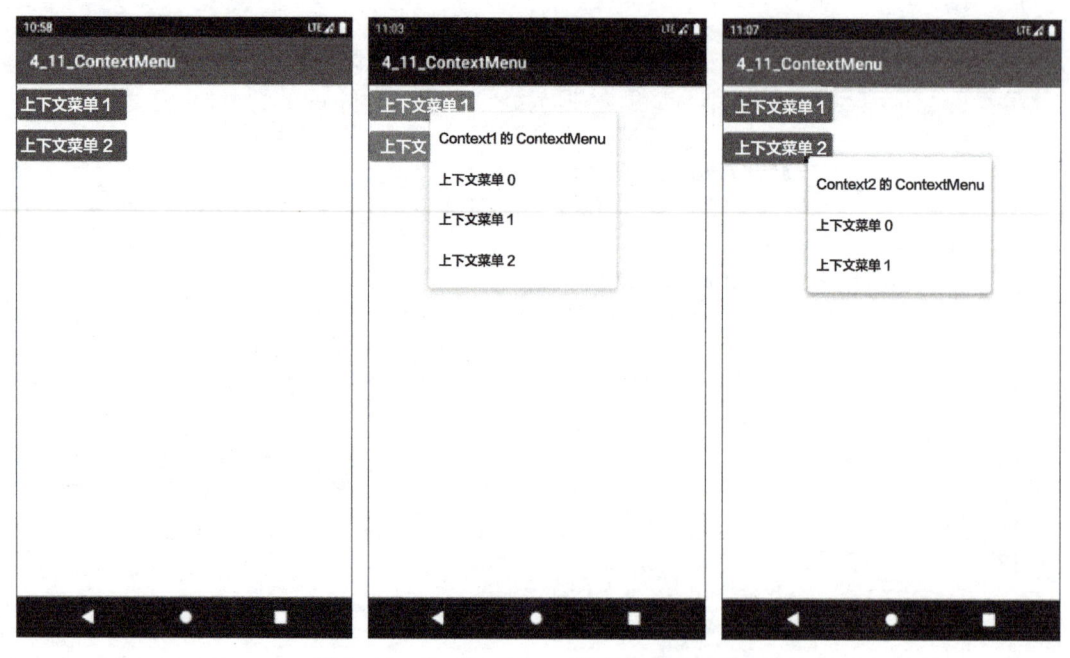

图 4-13　ContextMenu 菜单的创建和使用

4.5.3　Toolbar 的开发和使用

　　Toolbar 是从 Android 5.0 版本开始推出的一个 Material Design 风格的导航控件。Google 非常推荐使用 Toolbar 来作为 Android 客户端的导航栏，以此来取代之前的 Actionbar。与 Actionbar 相比，Toolbar 明显要灵活得多。它不像 Actionbar 一样，一定要固定在 Activity 的顶部，而是可以放到界面的任意位置。除此之外，在设计 Toolbar 的时候，Google 也留给了开发者很多可定制修改的余地，这些可定制修改的属性在 API 文档中都有详细介绍（见图 4-14），例如：

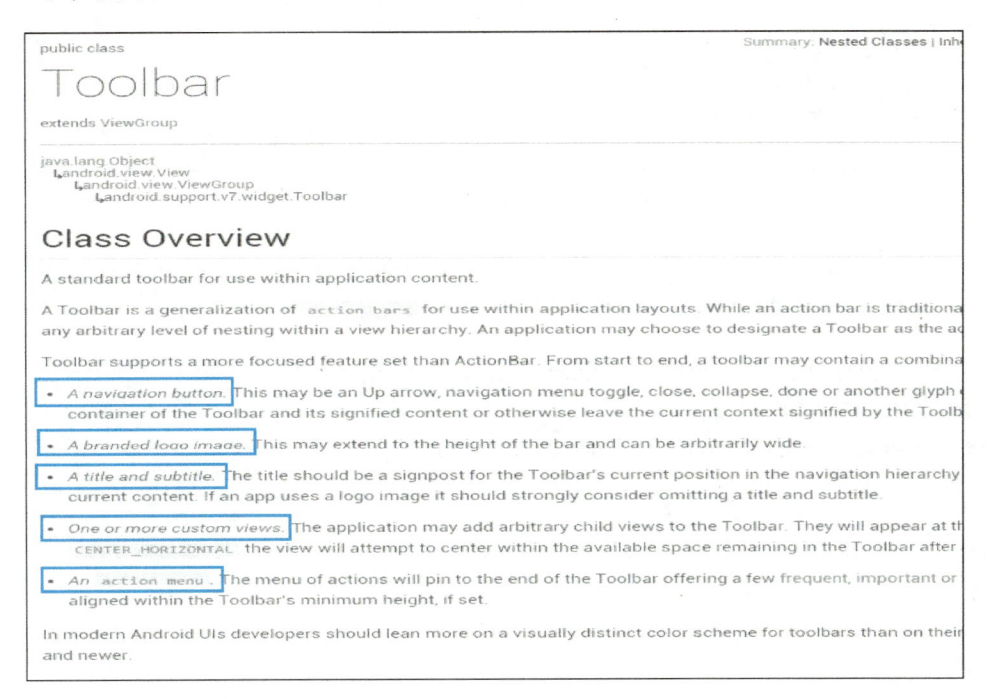

图 4-14　Toolbar 支持的特性

　　1）设置导航栏图标。

　　2）设置 App 的 logo。

　　3）支持设置标题和子标题。

　　4）支持添加一个或多个的自定义控件。

　　5）支持 Action Menu。

　　自行添加元件的 Toolbar 有几个常用的元素，如图 4-15 所示。

　　说明如下：

　　1）setNavigationIcon：设定 up button 的图标。因为 Material 的界面，在 Toolbar 这里的 up button 样式也就有别于过去的 Actionbar。

　　2）setLogo：App 的图标的设置。

　　3）setTitle：App 主标题的设置。

　　4）setSubtitle：App 副标题的设置。

　　5）setOnMenuItemClickListener：设定菜单各按钮的动作。

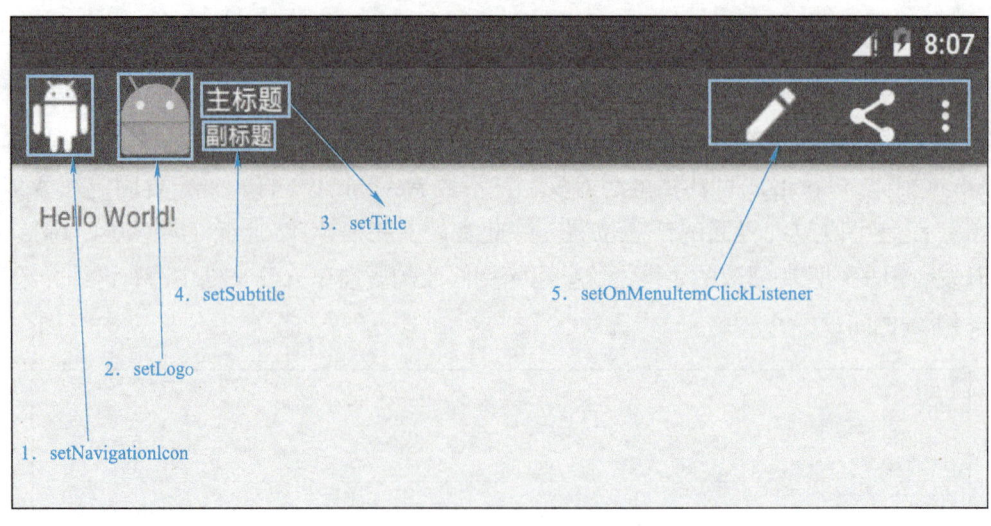

图 4-15　Toolbar 控件常用元素

下面通过示例来说明 Toolbar 的使用方法。首先创建项目 4_12_ToolBar，打开 java/MainActivity.java 并修改代码。修改后的代码如下：

```
1   Toolbar toolbar = (Toolbar) findViewById(R.id.toolbar);
2   // App 的图标
3   toolbar.setLogo(R.mipmap.ic_launcher);
4   // 主标题
5   toolbar.setTitle(" 主标题 ");
6   // 副标题
7   toolbar.setSubtitle(" 副标题 ");
8   setSupportActionBar(toolbar);
9   // Navigation Icon 要设定在 setSupoortActionBar 才有作用
10  // 否则会出现 back button
11  toolbar.setNavigationIcon(R.mipmap.back);
12  // 关联 toolbar 和 menu
13  toolbar.inflateMenu(R.menu.menu_main);
14  toolbar.setOnMenuItemClickListener(onMenuItemClick);
```

Toolbar 在显示选项时会根据控件和屏幕的特性自动调整不同的显示样式。如果屏幕空间不够，那么就把多余的部分放在 Menu 中显示；如果空间足够，那么就全部显示在标题栏中。Toolbar 选项的定义和菜单项非常类似，需要注意的是主题风格需要修改为非 Actionbar 类型。例如：

```
1   <style name="Theme.4_12_ToolBar" parent=
2       "Theme.MaterialComponents.DayNight.NoActionBar">
```

下面打开 res/menu/menu_main.xml 并修改代码。修改后的代码如下：

```
1   <menu xmlns:android=http://schemas.android.com/apk/res/android
2       xmlns:app=http://schemas.android.com/apk/res-auto
3       xmlns:tools=http://schemas.android.com/tools
```

```
4          tools:context=".MainActivity">
5   <item android:id="@+id/action_edit"
6          android:title="@string/action_edit"
7          android:orderInCategory="80"
8          android:icon="@drawable/ab_edit"
9          app:showAsAction="ifRoom|withText" />
10  ...
11  </menu>
```

上面代码中组件的添加和 Menu 的绘制方法类似，唯一的区别就是 android:showAsAction 值的不同，而该属性正是 Toolbar 的关键所在。android:showAsAction 属性共有 4 个值。

1）always：这个值会使菜单项一直显示在 Toolbar 上。

2）ifRoom：如果有足够的空间，这个值会使菜单项显示在 Toolbar 上。

3）never：这个值会使菜单项永远都不出现在 Toolbar 上。

4）withText：这个值会使菜单项和它的图标、菜单文本一起显示。

android:showAsAction 属性值为 ifRoom|withText，表示只要屏幕空间足够，菜单项图标及其文字描述都会显示在工具栏上，如果屏幕空间仅够显示菜单项图标，文字描述就不会显示，如果屏幕空间不够显示图标和文字描述，菜单项就会隐藏到溢出菜单中。而当 android:showAsAction 属性值为 never 时，该项作用为 Menu 不显示在菜单组件中。

在 java/MainActivity.java 中加入 OnMenuItemClickListener 的监听来完成菜单项的单击事件。单击事件的具体代码如下：

```
1   private Toolbar.OnMenuItemClickListener onMenuItemClick = new Toolbar.OnMenuItemClickListener() {
2       @Override
3       public boolean onMenuItemClick(MenuItem menuItem) {
4           String msg = "";
5           switch (menuItem.getItemId()) {
6               case R.id.action_edit:
7                   msg += " 编辑 ";
8                   break;
9               case R.id.action_set:
10                  msg += " 设置 ";
11                  break;
12              ...
13          }
14          if(!msg.equals("")) {
15              Toast.makeText(MainActivity.this, msg, Toast.LENGTH_SHORT).show();
16          }
17          return true;
18      }
19  };
```

本例的最终效果如图 4-16 所示。

图 4-16　Toolbar 的效果图

4.5.4　Fragment 的开发和使用

　　Fragment 的主要功能是在较大的屏幕或平板计算机上划分出多个独立的功能模块，使之能够放置更多的组件，并且使这些组件可以进行交互。Fragment 在实际应用中是一个独立的模块，并且可以被不断重用，因此它有自己的布局，通过自己的生命周期来管理自己的行为。

　　要创建一个 Fragment 就必须创建一个 Fragment 的子类。Fragment 具有与 Activity 类似的回调函数，如图 4-17 所示。因此 Activity 向 Fragment 的转化尤为简单，只需把对应回调函数中的内容复制到 Fragment 中即可。Fragment 中有 3 个回调函数最为重要。

　　1）onCreate()。它类似于 Activity 的 onCreate() 函数，用于初始化 Fragment 中必要的各类组件，当 Fragment 暂停或者停止时，系统可以从这里恢复。

　　2）onCreateView()。Fragment 第一次绘制用户界面时，系统会调用此函数。因此为了绘制用户界面，此函数必须返回一个 View 对象，如果 Fragment 不提供 UI，那么就返回 null。

　　3）onPause()。当用户离开当前 Fragment 时，系统会首先调用这个函数。

　　对于大多数应用来说，Fragment 应该包含这 3 个函数，但是如果该应用只需显示页面，那么只包含 onCreateView() 函数也可以。而有些 Fragment 应用需要更多功能，所以需要处理除以上 3 个回调函数外的其他回调函数。使用 Fragment 时，系统需要为每个 Fragment 分配一个唯一的标识，当 Activity 重启时，通过该唯一的标识恢复特定的 Fragment。Fragment 提供如下 3 种标识方法。

　　1）通过 android:id 属性来提供一个唯一的 ID。

2）通过 android:tag 属性提供一个唯一的字符串。

3）通过系统提供的 View ID 来标识。

下面使用 Fragment 实现第 3.8 节实训二新闻客户端首页实训项目，分模块处理底部导航栏菜单对应子模块，并在屏幕中间显示子模块名称。本例的最终效果如图 4-18 所示。

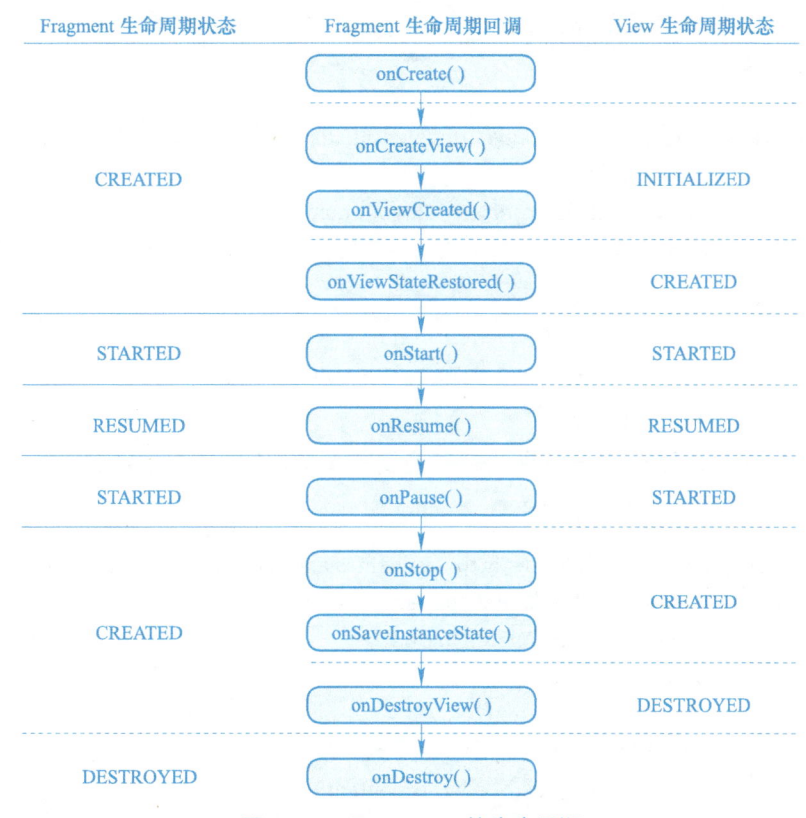

Fragment 生命周期状态	Fragment 生命周期回调	View 生命周期状态
CREATED	onCreate( )	INITIALIZED
	onCreateView( )	
	onViewCreated( )	
	onViewStateRestored( )	CREATED
STARTED	onStart( )	STARTED
RESUMED	onResume( )	RESUMED
STARTED	onPause( )	STARTED
CREATED	onStop( )	CREATED
	onSaveInstanceState( )	
	onDestroyView( )	DESTROYED
DESTROYED	onDestroy( )	

图 4-17　Fragment 的生命周期

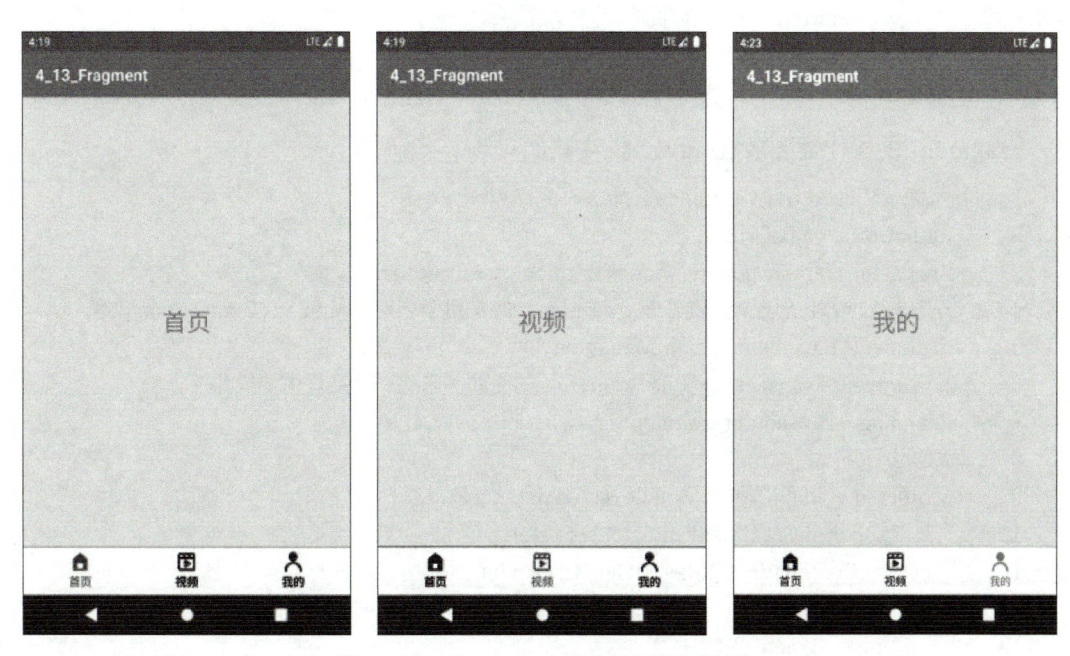

图 4-18　Fragment 组件的开发和使用

底部导航栏菜单对应 3 个子模块，它们由 3 个 Fragment 实现具体功能，分别是 HomeFragment、VideoFragment 和 MeFragment。下面以首页子模块为例说明 Fragment 如何实现其具体功能，其他模块可模仿首页模块处理。首先创建项目 4_13_Fragment，首页模块 Fragment 的代码如下：

```
1   public class HomeFragment extends Fragment {
2       @Nullable
3       @Override
4       public View onCreateView(LayoutInflater inflater,@Nullable ViewGroup container,Bundle savedInstanceState) {
5           View view = inflater.inflate(R.layout.home, null);
6           return view;
7       }
8   }
```

第 1 行代码表示 HomeFragment 是继承 androidx.fragment.app.Fragment 的子类，并负责首页子模块业务逻辑处理。

第 4～7 行代码表示底部导航栏菜单切换到首页模块时，界面显示 layout 文件夹下的 home.xml 文件。具体代码如下：

```
1   <RelativeLayout xmlns:android="http://schemas.android.com/apk/res/android"
2       android:layout_width="match_parent"
3       android:layout_height="match_parent">
4       <TextView
5           android:id="@+id/text"
6           android:layout_width="wrap_content"
7           android:layout_height="wrap_content"
8           android:textSize="30sp"
9           android:text=" 首页 "
10          android:layout_centerInParent="true"/>
11  </RelativeLayout>
```

Fragment 的操作需要放在 Activity 中进行处理，代码如下：

```
1   public class MainActivity extends AppCompatActivity {
2       RadioGroup radioGroup;
3       Fragment homeFragment,videoFragment,meFragment;
4       //FragmentManager 负责管理 fragment, 经常用于创建 FragmentTransaction 实例
5       FragmentManager fragmentManager;
6       //FragmentTransaction 负责 Fragment 的增加、删除、替换等主要操作
7       FragmentTransaction fragmentTransaction;
8       @Override
9       protected void onCreate(Bundle savedInstanceState) {
10          super.onCreate(savedInstanceState);
11          setContentView(R.layout.activity_main);
12          initRadioGroup();
13          initFragment();
```

```
14      }
15      private void initFragment() {
16          // 创建 Fragment 对象
17          homeFragment=new HomeFragment();
18          videoFragment=new VideoFragment();
19          meFragment=new MeFragment();
20          // 创建 FragmentManager 对象
21          fragmentManager=getSupportFragmentManager();
22          //FragmentTransaction
23          fragmentTransaction=fragmentManager.beginTransaction();
24          // 应用首页默认添加 HomeFragment 实例
25          fragmentTransaction.add(R.id.frame,homeFragment);
26          fragmentTransaction.commit();
27      }
28      private void initRadioGroup() {
29          radioGroup=findViewById(R.id.group);
30          // 单选按钮监听事件，根据底部导航栏菜单切换 Fragment
31          radioGroup.setOnCheckedChangeListener(new RadioGroup.OnCheckedChangeListener() {
32              @Override
33              public void onCheckedChanged(RadioGroup radioGroup, int checkedId) {
34                  fragmentTransaction=fragmentManager.beginTransaction();
35                  switch (checkedId){
36                      case R.id.home:
37                          fragmentTransaction.replace(R.id.frame,homeFragment);
38                          break;
39                      case R.id.video:
40                          fragmentTransaction.replace(R.id.frame,videoFragment);
41                          break;
42                      case R.id.me:
43                          fragmentTransaction.replace(R.id.frame,meFragment);
44                          break;
45                  }
46                  fragmentTransaction.commit();
47              }
48          });
49      }
50  }
```

第 17～19 行代码完成了 Fragment 的初始化工作，Fragment 需要借助 FragmentManager 和 FragmentTransaction 实现相关功能。

第 23～26 行代码表示首次打开应用时默认显示首页 Fragment，每次 Fragment 发生变化时，都需要调用 FragmentTransaction 的 commit() 方法。

第 28～49 行代码表示根据底部导航栏菜单内容替换对应的 Fragment。

该 Fragment 子类非常简单，只实现了 onCreateView() 函数，并在其中载入了一个 Fragment 的布局文件。

4.6 实训项目与演练

实训 用Fragment实现新闻客户端首页

本实训通过开发一个新闻客户端首页来帮助读者巩固和复习 ListView、BaseAdapter 和 Fragment 的使用,实现首页模块新闻列表显示和新闻详情展示,最终效果如图4-19所示。

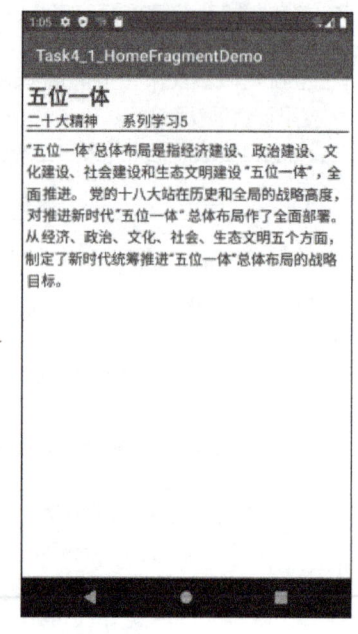

图 4-19 新闻客户端页面

首先基于项目 4_13_Fragment 继续创建项目 Task4_1_HomeFragmentDemo,修改布局文件 home.xml。代码如下:

```
1  <RelativeLayout xmlns:android="http://schemas.android.com/apk/res/android"
2      android:layout_width="match_parent"
3      android:layout_height="match_parent">
4      <ListView
5          android:id="@+id/listview"
6          android:layout_width="match_parent"
7          android:layout_height="match_parent" />
8  </RelativeLayout>
```

然后,要实现新闻列表界面,需要添加布局文件 newsitem.xml、适配器 MyAdapter.java 等文件。根据图 4-19 所示,新闻列表界面包括新闻标题、新闻大类和系列学习小类等信息。最终 newsitem.xml 代码如下:

```
1  <?xml version="1.0" encoding="utf-8"?>
2  <LinearLayout xmlns:android="http://schemas.android.com/apk/res/android"
3      android:orientation="vertical"
4      android:layout_width="match_parent"
```

```xml
5       android:layout_height="wrap_content"
6       android:padding="5dp">
7       <TextView
8           android:id="@+id/title"
9           android:layout_width="match_parent"
10          android:layout_height="wrap_content"
11          android:textSize="26sp"
12          android:text=" 标题 "
13          android:textStyle="bold"
14          android:maxLines="1"
15          android:ellipsize="end"/>
16      <LinearLayout
17          android:layout_width="match_parent"
18          android:layout_height="wrap_content"
19          android:orientation="horizontal">
20          <TextView
21              android:id="@+id/name"
22              android:layout_width="wrap_content"
23              android:layout_height="wrap_content"
24              android:textSize="18sp"
25              android:text=" 二十大精神 "/>
26          <TextView
27              android:id="@+id/type"
28              android:layout_width="wrap_content"
29              android:layout_height="wrap_content"
30              android:textSize="18sp"
31              android:text=" 系列学习 "
32              android:layout_marginLeft="30dp"/>
33      </LinearLayout>
34 </LinearLayout>
```

MyAdapter.java 代码如下：

```java
1 public class MyAdapter extends BaseAdapter {
2     Context context;
3     List<NewsBean> list;// 新闻数据集合
4     LayoutInflater mInflater;
5     public MyAdapter(Context context, List<NewsBean> list) {
6         this.context = context;
7         this.list = list;
8         mInflater=LayoutInflater.from(context);
9     }
10    @Override
11    public int getCount() {
12        return list.size();
```

```
13      }
14      @Override
15      public Object getItem(int i) {
16          return list.get(i);
17      }
18      @Override
19      public long getItemId(int i) {
20          return i;
21      }
22      @Override
23      public View getView(int i, View view, ViewGroup viewGroup) {
24          view = mInflater.inflate(R.layout.newsitem,null);
25          TextView titleTextView=view.findViewById(R.id.title);
26          TextView userTextView=view.findViewById(R.id.name);
27          TextView timeTextView=view.findViewById(R.id.type);
28          NewsBean bean = list.get(i);
29          titleTextView.setText(bean.getTitle());
30          userTextView.setText(bean.getName());
31          timeTextView.setText(bean.getType());
32          return view;
33      }
34  }
```

第 3 行代码表示每一条新闻数据封装成一个 NewsBean 对象。

NewsBean.java 核心代码如下:

```
1 public class NewsBean implements Serializable {
2     private int id;// 主键 id
3     private String title;// 新闻标题
4     private String text;// 新闻内容
5     private String name;// 新闻大类名称
6     private String type;// 系列学习
7     ...
8 }
```

第 2 行代码表示每一条新闻的主键,用于区别不同的新闻。

HomeFragment.java 需要根据图 4-19 做较大改动。具体代码如下:

```
1 public class HomeFragment extends Fragment {
2     Context context;
3     List<NewsBean> list=new ArrayList<>();
4     MyAdapter adapter;
5     ListView listView;
6     @Override
7     public void onAttach(@NonNull Context context) {
8         super.onAttach(context);
```

```
9              this.context=context;
10             initData();
11        }
12
13        private void initData() {
14            // 模拟新闻数据
15            Resources resources = getResources();
16            NewsBean bean1 = new NewsBean(1,resources.getString(R.string.title1),resources.
              getString(R.string.text1),resources.getString(R.string.name),resources.getString(R.
              string.type1));
17            ...
18            list.clear();
19            list.add(bean1);
20            ...
21            // 创建 MyAdapter 对象
22            adapter=new MyAdapter(context,list);
23        }
24
25        @Nullable
26        @Override
27        public View onCreateView(LayoutInflater inflater, @Nullable ViewGroup container,
          Bundle savedInstanceState) {
28            View view = inflater.inflate(R.layout.home,null);
29            listView=view.findViewById(R.id.listview);
30            listView.setAdapter(adapter);
31            listView.setOnItemClickListener(new AdapterView.OnItemClickListener() {
32                @Override
33                public void onItemClick(AdapterView<?> adapterView, View view, int i, long l) {
34                    Intent intent = new Intent(context,NewsActivity.class);
35                    intent.putExtra("news",list.get(i));
36                    startActivity(intent);
37                }
38            });
39            return view;
40        }
41 }
```

第 7～11 行代码通过重写 onAttach 生命周期方法，获得应用环境全局信息 Context，并完成新闻数据初始化工作。

第 31～38 行代码表示新闻列表接收到用户单击事件信息后，跳转到新闻详情模块 NewsActivity.java，并把当前新闻数据以 Serializable 数据形式传递过去。

NewsActivity.java 实现了新闻标题、内容等数据的显示。具体代码如下：

```
1 public class NewsActivity extends AppCompatActivity {
2       NewsBean bean;
```

```
3       TextView titleTextView,nameTextView,typeTextView,textTextView;
4       String title,name, type,text;
5       @Override
6       protected void onCreate(Bundle savedInstanceState) {
7           super.onCreate(savedInstanceState);
8           setContentView(R.layout.activity_news);
9           initViews();
10          initData();
11          setData();
12      }
13      private void initViews() {
14          // 初始化布局中的组件
15          titleTextView=findViewById(R.id.title);
16          nameTextView=findViewById(R.id.name);
17          typeTextView=findViewById(R.id.type);
18          textTextView=findViewById(R.id.text);
19      }
20      private void initData() {
21          // 获取传递过来的新闻数据
22          Intent intent =getIntent();
23          bean = (NewsBean) intent.getSerializableExtra("news");
24          title=bean.getTitle();
25          name=bean.getName();
26          type =bean.getType();
27          text=bean.getText();
28      }
29      private void setData() {
30          // 显示传递过来的数据信息
31          titleTextView.setText(title);
32          nameTextView.setText(name);
33          typeTextView.setText(type);
34          textTextView.setText(text);
35      }
36  }
```

本综合实训项目通过网络访问新闻数据，更符合应用开发实际情形。以本地数据模拟新闻列表的展示和详情阅读功能，巩固并复习了 Fragment、ListView 及适配器等知识。

单元小结

本单元主要介绍了 Android 应用程序的界面开发中较为高级的组件，其中需要读者深刻理解的是 Adapter 的使用，以及 Toolbar 的操作和 Fragment 的生命周期。Adapter 是 Android 学习的一个难点，如果读者能够熟练掌握 Adapter，那么其他界面组件使用起来就会容易得多。Fragment 是在 Android 3.0 之后加入的新特性，可通过 Fragment 组合成许多形式多样的界面和模块，这也符合模块化开发思维。

"合抱之木，生于毫末；九层之台，起于累土；千里之行，始于足下。"——《道德经》

只要学好前一单元的基础组件和本单元的高级组件知识，即使在后续开发中遇到未知的新组件，也可以遵循组件开发规律，完成新组件知识的学习和应用开发，实现完整的 App 界面设计。

习 题

1. 列举几个常见的适配器。
2. 说明 ImageView 中 scaleType 属性的作用。
3. GridView 通过哪个属性设置每行显示几列？
4. Android 中的菜单有几种？分别是什么？
5. Fragment 生命周期有哪些？分别是什么？
6. 界面知识不断更新，移动操作系统也不断进步。请列出几个国产移动操作系统。

单元 5
后台服务和广播

知识目标

- 掌握 Android 服务的概念，理解服务的生命周期和使用方法。
- 熟悉 Android Handler 机制，了解主线程和子线程之间的消息传递方式。
- 熟悉 Android 广播的概念，掌握广播的分类及使用。
- 了解系统自带和自定义广播的使用方式和生命周期。

能力目标

- 能够使用启动服务和绑定服务两种方式实现 Android 服务功能。
- 能够编写 Android 服务，实现后台任务的处理。
- 能够使用 Handler 在主线程和子线程之间进行消息传递，实现界面更新。
- 能够编写自定义广播及广播接收器，实现组件之间的消息传递和事件处理。

素质目标

- 培养团队协作精神，能利用广播机制协同完成任务。
- 培养学生具备守时意识和时间观念，能合理规划时间，提高学习效率。

5.1 后台服务简介

服务（Service）是 Android 系统中的 4 个应用程序组件之一，主要用于 2 个场合：后台运行和跨进程访问。通过启动一个服务，用户可以在不显示界面的前提下在后台运行指定的任务，这样可以不影响其他任务的运行。通过服务还可以实现不同进程之间的通信，这也是服务的重要用途之一。在实际应用中，很多应用需要使用 Service，一般使用 Service 为应用程序提供一些服务或不需要界面的功能，例如，从网络上下载各种文件或更新内容、控制音视频播放器等。经常提到的例子就是 MP3 播放器，要求从播放器界面切换至电子书阅读界面后，仍能保持音乐的正常播放，这就需要在 Service 中实现音乐播放功能。

Service 并没有实际界面，而是一直在 Android 系统的后台运行，这一点是和前面单元提到的 Activity 有着极大的差别的。Activity 必定是有界面的，是能和用户进行交互的；而 Service 无须用户干预，但需要较长时间的运行。没有用户界面意味着降低了系统资源的消耗，而且 Service 具有比 Activity 更高的优先级，因此在系统资源紧张的情况下，Service 不会轻易被 Android 系统中止。即使 Service 被系统主动中止，在系统资源恢复后，Service 也将自动恢复运行状态，因此可以说，Service 是在系统中永久运行的组件。这一点也从另外一个方面提醒了开发者：在程序中要正确把握好自己开发的后台服务的生命周期。

除了以上的差别外，Service 与 Activity 使用起来比较类似。下面就一些关键点进行比较。

1）Service 需要继承 Android.App.Service 类，并在 AndroidManifest.xml 文件中使用 <service> 标签声明，否则不能使用。这一点和 Activity 一样。

2）实现 Service 只需 Java 源文件实现功能，无须 XML 描述的 Layout 布局文件。

3）启动 Service 的方法和启动 Activity 的方法相同，都有显式启动和隐式启动两种方式，如果服务和调用服务的组件在同一个应用程序中，则两种方法都可行；如果服务和调用服务的组件不在相同的应用程序中，则只能使用隐式启动。

4）Service 也有一个从启动到销毁的过程，但 Service 的生命周期过程要比 Activity 简单得多。Service 从启动到销毁的过程一般经历 3 个阶段：创建服务、开始服务和销毁服务。

5）一个 Service 实际上是一个继承了 Android.App.Service 的类，当 Service 经历上面 3 个阶段时，会分别调用 Service 类中的如下 3 个事件方法进行交互。

```
1    public void onCreate();              // 创建服务
2    public void onStartCommand();        // 开始服务，替代了原有的 onStart() 函数
3    public void onDestroy();             // 销毁服务
```

一个 Service 只会创建一次、销毁一次，但可以开始多次。因此，onCreate() 和 onDestroy() 函数只会被调用一次，而 onStartCommand() 函数可以被调用多次。

注意： 和 Activity 的生命周期函数相比较，Service 中没有 onStart()，主要是因为在 Service 生命周期中 onStart() 函数被 onStartCommand() 这个函数给替代了。onStart() 函数在 SDK 2.3 版本后就不推荐使用了。

读者除了要明确和 Activity 的区别以外，还要明确 Service 和进程、线程之间的区别。

Service 不是一个单独的进程，除非单独声明，否则它不会运行在单独的进程中，而是和启动它的程序运行在同一个进程中。Service 也不是一个线程，这意味着它将在主线程里运行。

可能有的读者会有疑问，既然是长耗时的操作，那么 Thread 也可以完成啊。没错，在程序里面很多耗时工作也可以通过 Thread 来完成，那么还需要 Service 干什么呢？接下来就为大家解释以下 Service 和 Thread 的区别。

首先要说明的是，进程是系统最小的资源分配单位，而线程是程序执行的最小单元，可以用 Thread 来执行一些异步的操作，线程需要的资源通过它所在的进程获取。

Service 是 Android 的一种机制。当它运行的时候如果是 Local Service，那么对应的 Service 是运行在主进程的 main 线程上的；如果是 Remote Service，那么对应的 Service

则是运行在独立进程的 main 线程上。

　　Thread 的运行是独立的，也就是说，当一个 Activity 被完成之后，如果没有主动停止，Thread 或者 Thread 里的 run( ) 方法没有执行完毕的话，Thread 也会一直执行。因此，这里会出现一个问题：当 Activity 被完成之后，不再持有该 Thread 的引用，也就是不能再控制该 Thread。另一方面，没有办法在不同的 Activity 中对同一 Thread 进行控制。

　　例如，如果一个 Thread 需要每隔一段时间连接服务器校验数据，该 Thread 需要在后台一直运行。这时候如果创建该 Thread 的 Activity 被结束了、而该 Thread 没有停止，那么将没有办法再控制该 Thread，除非"杀死"该程序的进程。这时候，如果创建并启动一个 Service，在 Service 里面创建、运行并控制该 Thread，这样便解决了该问题（因为任何 Activity 都可以控制同一个 Service，而系统也只会创建一个对应 Service 的实例）。

　　因此，可以把 Service 想象成一种消息服务，可以在任何有 Context 的地方调用 Context.startService、Context.stopService、Context.bindService 和 Context.unbindService 来控制它，也可以在 Service 里注册 BroadcastReceiver，通过发送广播 broadcast 来达到控制的目的，这些都是 Thread 做不到的。

5.2　服务的两种使用方式

Service 的使用方式有两种：一种为启动方式；另一种为绑定方式。

1. 启动方式

　　启动方式是指在需要启动服务的 Activity 中使用 StartService( ) 函数来进行方法的调用，调用者和服务之间没有联系，即使调用者退出了，服务依然在进行。调用顺序为 onCreate( ) → onStartCommand( ) → startService( ) → onDestroy( )。

　　当其他组件（如一个 Activity）通过 Context.startService( ) 函数启动 Service 时，系统会创建一个 Service 对象，并按顺序调用 onCreate( ) 函数和 onStartCommand( ) 函数。在调用 Context.stopService( ) 或者 stopService( ) 之前，Service 一直处于运行的状态。这里需要强调的是，如果 Service 已经启动了，当再次启动 Service 时，不会再执行 onCreate( ) 函数，而是直接执行 onStartCommand( ) 函数。同样的道理，只需调用一次 stopService( ) 就可以停止 Service。Service 对象在销毁之前，onDestroy( ) 会被调用，因此与资源释放相关的工作应该在此函数中完成。

> 　　为了使 Service 有实际的具体功能，一般需要重写（@Override）onCreate( )、onStartCommand( )、onDestroy( ) 这几个函数。掌握了这一点，程序开发就简单多了，只需关心这几个函数的具体实现代码，而无须关心何时调用及调用条件等由系统完成的工作。

2. 绑定方式

绑定方式是在相关 Activity 中使用 bindService( ) 函数来绑定服务，即调用者和绑定者"绑"在一起，调用者一旦退出，服务也就终止了。执行顺序为 onCreate( ) → onBind( ) → onUnbind( ) → onDestroy( )。

调用 Context.bindService( ) 启动方式时，客户端可以绑定到正在运行的 Service 上，如果此时 Service 没有运行，则系统会调用 onCreate( ) 函数来创建 Service。Service 的 onCreate( ) 函数只会被调用一次。如果已经绑定了，那么启动时就直接运行 Service 的 onStartcommand( ) 函数。如果先启动，那么绑定的时候就直接运行 onBind( ) 函数。如果先绑定上了，就停止不了，也就是说，stopService( ) 函数不能用了，只能先使用 unbindService( )，再用 stopService( ) 函数。所以，先启动还是先绑定，这两者是有区别的。

客户端成功绑定到 Service 之后，可以从 onBind( ) 函数中返回一个 IBinder 对象，并使用 IBinder 对象来调用 Service 的函数。一旦客户端与 Service 绑定，就意味着客户端和 Service 之间建立了一个连接，只要还有连接存在，系统就会一直让 Service 运行下去。

下面通过两个示例分别来说明服务的两种使用方法。

5.2.1 调用 StartService( ) 函数使用服务

项目 5_01_StartServiceModeDemo 的项目结构如图 5-1 所示，源程序中分别有一个 Activity 和 Service 对应的 Java 文件。Activity 的对应界面如图 5-2 所示，只有 2 个 Button 按钮。布局文件为 main.xml。通过 Activity 中的单击"启动 SERVICE"按钮调用 StartService( ) 函数进行启动服务，服务的功能是产生一个随机整数（0～100），并通过 Toast 方式进行显示。通过单击"停止 SERVICE"按钮调用 StopService( ) 函数停止该后台服务。

图 5-1　服务启动的项目结构图　　　　图 5-2　服务启动的项目界面

项目实现过程如下：

1）在 AS 中新建项目，名称为 5_01_StartServiceModeDemo。

2）实现本项目的一个 Activity 和对应的布局文件，即 StartServiceModeActivity.java，对应布局文件为 main.xml，如图 5-1 所示。

3）实现 StartServiceModeService.java 代码，继承自 Service 类，重写 4 个主要的方法。

4）修改 AndroidManifest.xml 文件，增加前两步所实现的 Activity 和 Service 的声明。

5）调试和运行项目。

下面对关键代码段进行分析。首先来分析 StartServiceModeActivity.java 这个文件的关键代码。

```
1    public class StartServiceModeActivity extends Activity {
2    /** Activity 第 1 次创建时调用 */
3    @Override
4    public void onCreate(Bundle savedInstanceState) {
5        super.onCreate(savedInstanceState);
6        setContentView(R.layout.main);
7        Button startButton = (Button)findViewById(R.id.start);
8        Button stopButton = (Button)findViewById(R.id.stop);
9        // 定义显示启动所需要的 Intent 对象, 和显示启动 Activity 类似
10       final Intent serviceIntent = new Intent(this, StartServiceModeService.class);
11       // 第一个按钮的监听事件, 实现启动服务功能
12       startButton.setOnClickListener(new Button.OnClickListener(){
13           public void onClick(View view){
14               startService(serviceIntent);
15           }
16       });
17       // 第二个按钮的监听事件, 实现停止服务功能
18       stopButton.setOnClickListener(new Button.OnClickListener(){
19           public void onClick(View view){
20               // 系统会自动调用服务的生命周期函数停止服务
21               stopService(serviceIntent);
22           }
23       });
24   }
25 }
```

这段代码首先表明继承了 Activity 类，并重写了 onCreate( ) 函数，在此实现了全部功能。

第 7～8 行代码分别生成 2 个 Button 变量，并和布局文件中的按钮 ID 进行了关联。

第 10 行代码是关键，它定义了显示启动所需要的 Intent 对象，该对象在第 14 行和第 21 行代码中被调用，分别实现了启动服务和关闭服务的功能。

第 12～16 行代码实现了启动按钮的动作监听功能。当单击该按钮时，设置的监听器 setOnClickListener( ) 会执行 onClick( ) 函数中的内容，这里通过第 14 行的一句代码将需要启动 Service 的 Intent 传递给 startService(serviceIntent) 函数即可实现启动服务。

第 18～23 行代码实现了停止按钮的动作监听功能。当单击该按钮时，设置的监听器

setOnClickListener( ) 会执行 onClick( ) 函数中的内容，这里通过第 21 行的一句代码停止服务。

再来看一下 StartServiceModeService.java 这个文件的关键代码。

```
1   public class StartServiceModeService extends Service{
2
3   @Override  // 第一次调用 StartService( ) 时会调用本函数，即实现初始化功能
4   public void onCreate( ) {
5       super.onCreate( );
6       Toast.makeText(this, "(1) 调用 onCreate( ) 函数，初始化服务 ",
7           Toast.LENGTH_LONG).show( );
8   }
9
10  @Override    // 每次 StartService( ) 调用时都会调用本函数，所以具体功能代码一定在这里实现
11  public int onStartCommand(Intent intent, int flags, int startId) {
12      Toast.makeText(this, "(2) 调用 onStartCommand( ) 函数，实现服务的具体功能 ",
13          Toast.LENGTH_SHORT).show( );
14      double randomDouble = Math.random( );
15      String msg = " 产生一个随机数："+ Math.round(randomDouble*100);
16      Toast.makeText(this,msg, Toast.LENGTH_SHORT).show( );
17      return super.onStartCommand(intent, flags, startId);
18  }
19
20  @Override  // 调用组件中使用 stopService( ) 时，自动调用本函数来停止 Service
21  public void onDestroy( ) {
22      super.onDestroy( );
23      Toast.makeText(this, "(3) 调用 onDestroy( ) 函数，结束服务 ",
24          Toast.LENGTH_SHORT).show( );
25  }
26
27  @Override  // 在绑定服务时才用到，本启动服务例程无需返回值
28  public IBinder onBind(Intent intent) {
29      return null;
30  }
31  }
```

本段代码首先表明继承了 Service 类，并重写了 3 个函数，在此实现了全部功能。在 onCreate( )、onDestroy( ) 函数中插入了一个 Toast 显示的语句，帮助读者理解服务的生命周期函数的调用过程。重点实现本服务的功能代码在第 11～18 行的 onStartCommand( ) 函数中。

第 12～13 行代码使用 Toast 显示信息。这种方法非常有用，可以把一些必要的提示信息呈现给使用者，而且可以设置显示时间的长短。

第 14～15 行代码产生一个随机数并生成一个 String 类型的变量对象 msg，供第 16 行的 Toast 使用。

对于 Service 的生命周期，结合本例提供的 Toast 显示，总结如下：

1）调用 startService(Intent) 函数首次启动 Service 后，系统会先后调用 onCreate( ) 和 onStartcommand( )。

2）再次调用 startService(Intent) 函数，系统则仅调用 onStartcommand( )，而不再调用 onCreate( )。

3）在调用 stopService(Intent) 函数停止 Service 时，系统会调用 onDestroy( )。

4）无论调用过多少次 startService(Intent)，在调用 stopService(Intent) 函数时，系统仅调用 onDestroy( ) 一次。

最后来分析 AndroidManifest.xml 这个文件的关键代码。

```
1   <activity
2   android:label="@string/app_name"
3   android:name="cn.edu.siso.StartServiceMode.StartServiceModeActivity" >
4           <intent-filter >
5                   <action android:name="android.intent.action.MAIN" />
6                   <category android:name="android.intent.category.LAUNCHER" />
7           </intent-filter>
8   </activity>
9
10  <service
11  android:name="cn.edu.siso.StartServiceMode.StartServiceModeService">
12  </service>
```

Activity 和 Service 组件必须在 AndroidManifest.xml 中注册之后，才能正常运行。因此需要修改 AndroidManifest.xml，加入以上的内容进行注册。<activity>…</activity> 标签之间的 <intent-filter> 是可选的，这里的 Service 没有设置 intent-filter，所以只能显式调用，调用时需明确指明调用组件。显式调用主要用于应用程序内部调用，效率高，但耦合度也高。如果需隐式调用，则在 AndroidManifest.xml 中设置好 intent-filter，调用时不明确指出目标组件名称，通过 Intent 告知系统要执行的操作类型，由系统查找符合条件的 Service 进行匹配。隐式调用用于不同应用程序之间，能降低程序耦合度，但是效率低。

5.2.2 以绑定方式使用服务

项目 5_02_BindServiceModeDemo 的项目结构如图 5-3 所示。源程序中也是分别有一个 Activity 和 Service 对应的 Java 文件。Activity 的对应界面如图 5-4 所示，布局文件为 main.xml，只有 1 个 TextView 和 3 个 Button 按钮。

本项目创建了 MathService 服务，用来完成简单的数学加法运算。本项目虽然简单，但足以说明如何使用绑定方式，通过调用自定义在 MathService 中的公有方法 add( )，完成 Activity 中的两个数进行加法运算并进行显示。

本实例中，要想实现两个随机数的加法，必须先绑定服务，也就是在 Activity 中通过"服务绑定"按钮进行服务绑定，否则直接单击"加法运算"按钮会出现无法调用 MathService 中的公有方法 add( ) 的错误提示。

在服务绑定后，用户可以单击"加法运算"按钮，将两个随机产生的数值传递给

MathService 服务，并从 MathService 对象中获取到加法运算的结果，然后显示在屏幕的上方。

"取消绑定"按钮可以解除与 MathService 服务的绑定关系。取消绑定后将无法通过单击"加法运算"按钮获取加法运算的结果。

以绑定方式使用 Service，能够获取 Service 对象，这样不仅能够正常启动 Service，而且能够调用正在运行中的 Service 实现的公有方法和属性。为了使 Service 支持绑定，需要在 Service 类中重载 onBind() 函数，并在 onBind() 函数中返回 Service 对象。

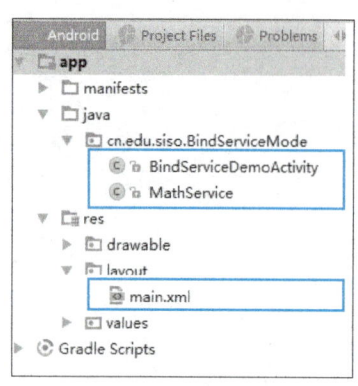

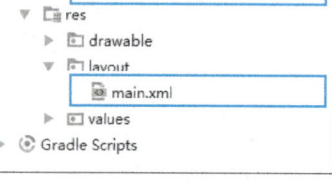

图 5-3　服务绑定的项目结构图　　　　图 5-4　服务绑定的项目界面

项目的构建过程和前一示例非常相似，这里不再赘述。Activity 的完整代码如下：

```
1    public class BindServiceDemoActivity extends Activity {
2      private MathService mathService;
3      private boolean isBound = false;    // 帮助判断当前状态是否是服务绑定状态
4      TextView labelView;
5      @Override
6      public void onCreate(Bundle savedInstanceState) {
7          super.onCreate(savedInstanceState);
8          setContentView(R.layout.main);
9
10         labelView = (TextView)findViewById(R.id.label);
11         Button bindButton = (Button)findViewById(R.id.bind);
12         Button unbindButton = (Button)findViewById(R.id.unbind);
13         Button computButton = (Button)findViewById(R.id.compute);
14         // 先判断是否是服务绑定状态，如不是，就用 bindService() 函数进行服务绑定
15         bindButton.setOnClickListener(new View.OnClickListener(){
16            @Override
17            public void onClick(View v) {
18                if(!isBound){
19                    final Intent serviceIntent = new Intent(BindServiceDemoActivity.this,MathService.class);
20         bindService(serviceIntent,mConnection,Context.BIND_AUTO_CREATE);
21                    isBound = true;
22                }
23            }
```

```
24              });
25         // 先判断是否是服务绑定状态,如果是绑定状态,就用 unbindService( ) 函数取消绑定
26         unbindButton.setOnClickListener(new View.OnClickListener( ){
27            @Override
28            public void onClick(View v) {
29                 if(isBound){
30                     isBound = false;
31                     unbindService(mConnection);
32                     mathService = null;
33                 }
34            }
35         });
36         // 计算功能按钮监听事件
37         computButton.setOnClickListener(new View.OnClickListener( ){
38             @Override
39             public void onClick(View v) {
40                   if (mathService == null){
41                 labelView.setText(" 未绑定服务,请先单击绑定服务按钮后才能实现运算 ");
42                       return;
43                   }
44                 long a = Math.round(Math.random( )*100);
45                 long b = Math.round(Math.random( )*100);
46                 long result = mathService.Add(a, b);
47                 String msg = String.valueOf(a)+" " +"+String.valueOf(b)+
48                              " = "+String.valueOf(result);
49                        labelView.setText(msg);
50             }
51         });
52
53         }
54      // 调用者需要声明一个 ServiceConnection,重载内部两个函数
55      private ServiceConnection mConnection = new ServiceConnection( ) {
56        @Override
57        public void onServiceConnected(ComponentName name, IBinder service) {
58            mathService = ((MathService.LocalBinder)service).getService( );
59        }
60
61        @Override
62        public void onServiceDisconnected(ComponentName name) {
63            mathService = null;
64        }
65      };
66 }
```

绑定和取消绑定服务的代码都在这个文件中,各个方法的模块功能都已经做了简单注释。第 19 ~ 21 行代码,调用者通过 bindService( ) 函数实现绑定服务并设置状态。

下面对这个函数做重点说明：第1个参数将Intent传递给bindService()函数，声明需要启动的Service；第2个参数是ServiceConnection，当绑定成功后，系统将调用ServiceConnection的onServiceConnected()函数（第55～59行代码），而当绑定意外断开后，系统将调用ServiceConnection中的onServiceDisconnected()函数（第62～65行代码）；第3个参数Context.BIND_AUTO_CREATE表明只要绑定存在，就自动建立Service，同时也告知Android系统，这个Service的重要程度与调用者相同，除非考虑中止调用，否则不要关闭这个Service。

由上可知，以绑定方式使用Service，调用者需要声明一个ServiceConnection，并重载内部的onServiceConnected()函数和onServiceDisconnected()函数。

以下是本案例中Service部分的关键代码，重点是onBind()函数和public long Add()函数。

```
10    public class MathService extends Service{
11      private final IBinder mBinder = new LocalBinder();
12
13      public class LocalBinder extends Binder{
14          MathService getService() {
15              return MathService.this;
16          }
17      }
18
19      @Override
20      public void onCreate() {
21          Toast.makeText(this, "(1) 调用 Oncreate() 函数 ",
22                  Toast.LENGTH_SHORT).show();
23          super.onCreate();
24      }
25
26      @Override
27      public int onStartCommand(Intent intent, int flags, int startId) {
28          Toast.makeText(this, "(2) 调用 onStartCommand() 函数 ",
29                  Toast.LENGTH_SHORT).show();
30          return super.onStartCommand(intent, flags, startId);
31      }
32      // 为了使 Service 支持绑定，需要重载 onBind() 函数，并返回 Service 对象
33      @Override
34      public IBinder onBind(Intent intent) {
35          Toast.makeText(this, "(3) 本地绑定：MathService",
36                  Toast.LENGTH_SHORT).show();
37          return mBinder;
38      }
39
40      @Override
41      public boolean onUnbind(Intent intent){
42          Toast.makeText(this, "(4) 取消本地绑定：MathService",
43                  Toast.LENGTH_SHORT).show();
```

```
44          return false;
45     }
46     @Override
47     public void onDestroy() {
48          Toast.makeText(this, "(5) 调用 onDestroy() 函数 ",
49                    Toast.LENGTH_SHORT).show();
50          super.onDestroy();
51     }
52     public long Add(long a, long b){    // 本公用函数是本服务的核心内容
53          return a+b;
54     }
55  }
```

当 Service 被绑定时，系统会调用 onBind() 函数，通过 onBind() 函数的返回值将 Service 对象返回给调用者。

由第 34 行代码可知，onBind() 函数的返回值必须是符合 IBinder 接口的，所以应在代码中声明一个接口变量 mBinder，mBinder 符合 onBind() 函数返回值的要求，将 mBinder 传递给调用者。IBinder 是用于进程内部和进程间过程调用的轻量级接口，定义了与远程对象交互的抽象协议，使用时通过继承 Binder 的方法实现。

第 13～16 行代码表明继承 Binder，LocalBinder 是继承 Binder 的一个内部类。

第 14 行代码实现了 getService() 函数。当调用者获取到 mBinder 后，通过调用 getService() 即可获取到 Service 的对象。

第 52～54 行代码实现了公用方法 Add() 函数，调用者调用该函数可返回加法运算后的值。

本案例如果不使用服务模式，也可以很方便地实现类似的功能，这里只是通过服务绑定的方式来强调说明 Service 的使用方法。用户在具体开发时，需实现的功能可以通过在 Service 中自定义的方法来代替现有的 Add() 函数。

5.3 在服务中使用新线程更新 UI

5.2 节的两个实例中的 Activity 和 Service 都是工作在主线程上的，用户可以将其理解为 UI 线程。但是在遇到一些耗时操作的情形时（比如大文件读/写），数据库操作及网络下载需要很长时间。为了不阻塞用户界面，避免出现 ANR（Application not Responding）提示对话框（见图 5-5），用户可以单击"等待"按钮让程序继续运行，或单击"强行关闭"按钮使程序停止运行。

图 5-5　ANR 提示对话框

一般情况下，一个流畅的、合理的应用程序中不应该出现 ANR 提示对话框，即不应让用户每次都要处理这个对话框。因此，程序里对响应性能的设计很重要。默认情况下，Android 中 Activity 的最长执行时间为 5s，BroadcastReceiver 的最长执行时间为 10s。

因此，运行在主线程里的任何方法都尽可能"少做事情"。特别是 Activity，应该在它的关键生命周期方法（例如 onCreate() 和 onResume()）里尽可能少地去做创建操作。潜

在的耗时操作（例如网络或数据库操作），或者高耗时的计算（例如改变位图尺寸），应该在一个新的子线程里完成。主线程应该为子线程提供一个 Handler，以便其完成时能够提交给主线程。以这种方式设计应用程序，将能保证主线程保持对输入的响应性，并能避免由于 5s 输入事件的超时而引发的 ANR 提示对话框问题。这样，就涉及 2 个问题：一是如何创建一个新线程；二是如何在子线程和主线程之间通过 Handler 进行数据交互。

5.3.1 创建和使用线程

线程（Thread）又被称为轻量级进程（Light Weight Process，LWP），是程序执行的最小单元。线程是程序中一个单一的顺序控制流程。每一个程序都至少有一个线程。若程序只有一个线程，那就是程序本身；如果在单个程序中同时运行多个线程以完成不同的工作，则称为多线程。

一个进程中的多个线程可以并发执行。在这样的机制下，用户可以认为子线程和主线程是相对独立的，且是能与主线程并行工作的程序单元，这样可以把需要完成一些耗时、影响用户体验的子线程代码，以及一些不需要界面、不需要用户参与也能在后台服务中完成的工作（例如网络更新、下载等）放入后台服务中。

在 Android 中创建和使用线程的方法和 Java 编程一样。首先需要实现 Runnable 接口，并重写 run() 函数，在 run() 函数中实现功能代码，具体如下：

```
1    private Runnable backgroudWork = new Runnable(){
2            @Override
3            public void run() {
4                    // 功能代码
5            }
6    };
```

其次创建 Thread 对象，并将上面实现的 Runnable 对象作为参数传递给 Thread 对象。在 Thread 的构造函数中，第 1 个参数用来表示线程组；第 2 个参数是需要执行的 Runnable 对象；第 3 个参数是线程的名称。

```
1    private Thread workThread;
2    workThread = new Thread(null,backgroudWork,"workThread");
```

最后调用 start() 函数启动线程，代码如下：

```
workThread.start();
```

当线程在 run() 函数返回后，线程就自动中止了。不推荐调用 stop() 函数在外部中止线程。最好的方法是通知线程自行中止。一般调用 interrupt() 函数通知线程准备中止，线程会释放它正在使用的资源，在完成所有清理工作后自行关闭，代码如下：

```
workThread.interrupt();
```

其实，interrupt() 函数并不能直接中止线程，它仅是改变了线程内部的一个布尔字段。用户使用 run() 函数能够检测到这个布尔字段，从而知道何时应该释放资源和中止线程。在 run() 函数的代码中，一般通过 Thread.interrupted() 函数查询线程是否被中断。以下代码的功能是以 1s 为间隔循环执行功能代码，并检测线程是否被中断。

```
1    public void run( ) {
2    try {
3        while(true){
4            // 过程代码
5            Thread.sleep(1000);
6        }
7    } catch (InterruptedException e) {
8        e.printStackTrace( );
9    }
10   }
```

第 5 行代码使线程休眠 1000ms。当线程在休眠过程中被中断时，则会产生 InterruptedException。程序在捕获到 InterruptedException 后，安全中止线程。

5.3.2　使用 Handle 更新用户界面

现在读者已经能设计自己的线程了，但还存在一个问题，那就是如何使用后台线程（Service）中的最新数据去更新用户界面（Activity）。Android 系统提供了多种方法去解决这个问题，常用的一种方法是利用 Handler 来实现 UI 线程的更新功能，即利用 Handler 来根据接收的消息，处理 UI 更新。Thread 线程发出 Handler 消息，通知更新 UI。Android 为开发者提供了 Handler 和 Message 机制去实现这些功能。下面对相关编程机制进行说明。

通常在 UI 线程中创建一个 Handler，Handler 相当于一个工作人员，它主要负责处理和绑定到该 Handler 的线程中的 Message。每一个 Handler 都必须关联一个 Looper，并且两者是一一对应的，这一点非常重要。此外，Looper 负责从其内部的 MessageQueue 中"拿"出一个个的 Message 给 Handler 进行处理。因为这里的 Handler 是在 UI 线程中实现的，所以经过这样一个 Handler、Message 机制，就可以回到 UI 线程中了。下面对这里涉及的 4 个概念进行详细说明。

1）Handler：可以理解为工作人员，在主线程中为处理后台进程返回数据的工作人员。

2）Message：可以理解为需要传递的消息，就是后台进程返回的数据，里面可以存储 bundle 等数据格式。

3）MessageQueue：可以理解为消息队列，就是线程对应 Looper 的一部分，负责存储从后台进程中返回的和当前 Handler 绑定的 Message，是一个队列。

4）Looper：可以理解为一个 MessageQueue 的管理人员，它会不停地循环遍历队列，然后将符合条件的 Message 一个个"拿"出来交给 Handler 进行处理。

Handler 允许将 Runnable 对象发送到线程的消息队列中，每个 Handler 对象被绑定到一个单独的线程和消息队列上。当用户建立一个新的 Handler 对象，通过 post( ) 方法将 Runnable 对象从后台线程发送到 GUI 线程的消息队列中，当 Runnable 对象通过消息队列后，这个 Runnable 对象将被运行，代码如下：

```
1    private static Handler handler = new Handler( );  // 产生一个新的 Handle 对象
2        // 通过系统的 post( ) 方法将 Runnable 对象从后台线程发送到 GUI 线程的消息队列中
```

```
3    public static void UpdateGUI(double refreshDouble){
4        handler.post(RefreshLable);
5    } // 当 Runnable 对象 RefreshLable 通过消息队列后，这个 Runnable 对象将被运行
6    private static Runnable RefreshLable = new Runnable( ){
7        @Override
8        public void run() {
9            // 功能代码
10       }
11   };
```

第 1 行代码建立了一个静态的 Handler 对象，但这个对象是私有的，因此外部代码并不能直接调用这个 Handler 对象。

第 3～4 行代码中 UpdateGUI( ) 是公有的界面更新函数，后台线程通过调用该函数，将后台产生的数据 refreshDouble 传递到 UpdateGUI( ) 函数内部，然后直接调用 post( ) 函数，将第 6 行创建的 Runnable 对象传递到界面线程（主线程）的消息队列中。

第 7～10 行代码是 Runnable 对象中需要重载的 run( ) 函数，一般将界面更新代码放在 run( ) 函数中。

下面通过一个实例 5_03_ThreadModeServiceDemo 来帮助读者对本小节的内容进行理解。本实例的功能是持续产生随机数并显示到界面上，用户界面如图 5-6 所示。单击"启动 SERVICE"按钮后，将启动后台 Service 中的线程，每秒产生一个 0～1 的随机数，然后通过 Handler 将产生的随机数传递到用户界面并进行界面更新显示。单击"停止 SERVICE"按钮后，将关闭后台线程，停止显示随机数及更新。

图 5-6　ThreadModeServiceDemo 的用户界面

在本实例中，ThreadModeServiceActivity.java 是界面 Activity 文件，用户要特别注意的是，其中封装 Handler 的界面更新函数，具体过程已经在前面进行了说明。ThreadModeService.java 是描述 Service 的文件，实现了创建线程、产生随机数和调用界面更新函数等功能。

ThreadModeServiceActivity.java 的关键代码如下。重点关注界面更新函数的代码构

成，对两个按钮的监听器设置则只起到启动和停止 Service 的功能。

```java
1   public class ThreadModeServiceActivity extends Activity {
2       // 产生一个新的 Handle 对象
3       private static Handler handler = new Handler();
4       private static TextView labelView = null;
5       private static double randomDouble ;
6       // 界面更新函数
7       public static void UpdateGUI(double refreshDouble){
8            randomDouble = refreshDouble;
9           // 通过系统的 post() 函数将 Runnable 对象从后台线程发送到 GUI 线程的消息队列中
10           handler.post(RefreshLable);
11      }
12      // 当 Runnable 对象 RefreshLable 通过消息队列后, 这个 Runnable 对象将被自动运行
13      private static Runnable RefreshLable = new Runnable(){
14          @Override
15          public void run() { // 功能代码, 即在 labelView 控件上显示随机数
16              labelView.setText(String.valueOf(randomDouble));
17          }
18      };
19
20      @Override
21      public void onCreate(Bundle savedInstanceState) {
22          super.onCreate(savedInstanceState);
23          setContentView(R.layout.main);
24
25          labelView = (TextView)findViewById(R.id.label);
26          Button startButton = (Button)findViewById(R.id.start);
27          Button stopButton = (Button)findViewById(R.id.stop);
28
29          final Intent serviceIntent = new Intent(this, ThreadModeService.class);
30          // "启动 SERVICE" 按钮的监听器设置
31          startButton.setOnClickListener(new Button.OnClickListener(){
32              public void onClick(View view){
33                  startService(serviceIntent); // 启动 Service
34              }
35          });
36          // "停止 SERVICE" 按钮的监听器设置
37          stopButton.setOnClickListener(new Button.OnClickListener(){
38              public void onClick(View view){
39                  stopService(serviceIntent); // 停止 Service
40              }
41          });
42      }
43  }
```

ThreadModeService.java 的代码如下。重点关注在服务中建立和使用新线程的方法。

```java
1   public class ThreadModeService extends Service{
2       private Thread workThread;
3       // 产生一个新的线程对象，并将实现的 Runnable 对象作为参数传递给子线程对象
4       @Override
5       public void onCreate() {
6           super.onCreate();
7           Toast.makeText(this, "(1) 调用 onCreate() 函数进行初始化 ",
8                   Toast.LENGTH_LONG).show();
9           workThread = new Thread(null,backgroudWork,"workThread");
10      }
11
12      @Override
13      public int onStartCommand(Intent intent,int flags,int startId) {
14          Toast.makeText(this, "(2) 调用 onStartCommand() 函数 ",
15                  Toast.LENGTH_SHORT).show();
16          if (!workThread.isAlive()){
17              workThread.start();    // 子线程启动
18          }
19          return super.onStartCommand(intent,flags,startId);
20      }
21
22      @Override
23      public void onDestroy() {
24          super.onDestroy();
25          Toast.makeText(this, "(3) 调用 onDestroy() 函数 ",
26                  Toast.LENGTH_SHORT).show();
27          workThread.interrupt();   // 子线程停止
28      }
29
30      @Override
31      public IBinder onBind(Intent intent) {
32          return null;
33      }
34      // 实现 Runnable 接口，并重载 run() 函数，每秒产生一个随机数，并调用界面更新方法
35      private Runnable backgroudWork = new Runnable(){
36          @Override
37          public void run() {
38              try {
39                  while(!Thread.interrupted()){
40                      double randomDouble = Math.random();
41                      ThreadModeServiceActivity.UpdateGUI(randomDouble);
42                      Thread.sleep(1000);
43                  }
```

```
44                    } catch (InterruptedException e) {
45                        e.printStackTrace();
46                    }
47                }
48            };
49    }
```

本例中的子线程启动、子线程停止等方法都和 Service 的生命周期函数紧密地结合在一起了，只有在充分理解 Activity 和 Service 的生命周期函数的基础上，知道系统自动调用相关方法的时机，才能更好地实现功能代码。请读者一定要多通过练习来体会这一点。

在 Android 系统中，每个应用程序在各自的进程中运行，而且出于对安全因素的考虑，这些进程之间彼此是隔离的。进程之间传递数据和对象，需要使用 Android 支持的进程间通信（Inter-Process Communication，IPC）机制，这可以使应用程序具有更好的独立性和鲁棒性。

AIDL（Android Interface Definition Language）是 Android 系统自定义的接口描述语言，可以简化进程间数据格式转换和数据交换的代码，通过定义 Service 内部的公共方法，允许调用者和 Service 在不同进程间相互传递数据。这部分内容一般在较复杂的程序开发中才会涉及，所以本书就不做介绍了。

5.4 广播及接收

Activity 与 Service 是 Android 的两个重要组件，在使用过程中开发者遇到最多的是它们之间通信的问题。

首先，考虑 Activity 向 Service 传递消息的方法，常用的有以下几种：

1）利用 BroadcastReceiver，在 Activity 中发送广播，Service 中定义广播接收者进行接收。

2）利用绑定服务的方式开启服务，暴露服务中的方法，Activity 进行调用。

3）利用 Intent 打开服务（开启服务）的方式，通过 Intent 传递数据。

其次，还要考虑 Service 向 Activity 传递消息的方法，常用的有以下几种：

1）利用 BroadcastReceiver，在 Service 中发送广播，Activity 中接收。

2）如上节内容所示，在 Service 中发送消息，在 Activity 中使用 Handle 进行处理。

Service 须借助 Intent 进行启动，在 Android 系统中，Intent 还能作用在广播机制中。Android 系统中，广播（Broadcast）机制的重要功能就是将 Intent 作为不同进程间传递数据和事件的媒介。应用程序或者 Android 系统在某些事件来临时会将 Intent 广播出去，而注册的 BroadcastReceiver 会监听到这些 Intent，并且可以获得 Intent 中的数据。举例来说，在电池电量发生变化或收到短信时，Android 系统会将相关的 Intent 广播出去，所以注册的针对这些事件的 BroadcastReceiver 就可以处理这些事件。

5.4.1 实现 Android 中的广播事件

在 Android 8.0 之前，程序主动广播 Intent 是比较简单的，只需在程序当中构造好一个

Intent，然后调用 sendBroadcast( ) 函数进行广播即可。而在 Android 8.0 之后，广播如果想被静态接收器收到，还必须在 Intent 中指定接收器的包名和类名。示例代码如下：

```
1  public static final String NEW_BROADCAST="cn.siso.action.NEW_BROADCAST";
2  Intent intent= new Intent(NEW_BROADCAST);
3  intent.setComponent( new  ComponentName("cn.edu.siso.broadcastreceiver",
4  "cn.edu.siso.broadcastreceiver.AndroidReceiver1"));
5  intent.putExtra("data1",someData1);
6  intent.putExtra("data2",someData2);
7  sendBroadcast(intent);
```

其中，cn.edu.siso.broadcastreceiver 为接收器的包名，cn.edu.siso.broadcastreceiver.AndroidReceiver1 为接收器的类名。

5.4.2 BroadcastReceiver 的注册与取消

如果想接收广播并且对它进行处理的话，就要注册一个 BroadcastReceiver，并且一般要给注册的这个 BroadcastReceiver 设置一个 Intent Filter 来指定当前的 BroadcastReceiver 对 Intent 进行监听。

首先介绍如何实现一个 BroadcastReceiver。可以通过实现 BroadcastReceiver 类，并重写这个类当中的 onReceive( ) 方法来实现。

```
1  public class SisoAndroidRecreiver extends BroadcastReceiver{
2      @Override
3      Public void onReceive (Context context,Intent intent){
4         // 功能代码  }
5  }
```

在 onReceive( ) 方法里边最好不要有执行超过 5s 的代码，否则 Android 系统就会弹出 ANR 提示对话框。如果有执行超过 5s 的代码，请把这些内容按前一小节讲述的方法放入一个线程里边，单独执行。

注册的 BroadcastReceiver 并非一直在后台运行，而是当对应的 Intent 被广播发出时才会被系统选择后进行调用。

其次介绍一下如何注册和注销 BroadcastReceiver。注意：实现 BroadcastReciver 一定要进行注册，否则会出错。一般通过以下两种方法对 BroadcastReceiver 进行注册。

第 1 种在 AndroidManifest.xml 中进行注册。这种方法是最常用的。

```
1  <receiver android:name="SisoAndroidReceiver" android:exported="false">
2  <intent-filter>
3  <action android:name="com. siso.android.action.NEW_BROADCAST"/>
4  </ intent-filter >
5  </receiver>
```

第 2 种是在代码中直接进行注册。这种方法使用起来灵活，但初级用户使用时要特别注意。

```
1  IntentFilter filter=new IntentFilter(NEW_BROADCAST);
2  SisoAndroidReceiver sisoandroidReceiver=new SisoAndroidReceiver();
3  registrReceiver(sisoandroidReceiver,filter);
```

将已经注册的 BroadcastReceiver 注销很方便，代码如下：

unregisterReceiver(sisoandroidReciver);

5.4.3　实例分析

下面通过实例 5_04_BroadcastReceiverDemo 来帮助读者对广播机制进行理解。本实例将展示 BroadcastReceiver 和 Android 中的广播机制，以及通知（Notification）提示功能。具体的项目结构如图 5-7 所示。

运行程序后，单击标题栏右上角的三个点，显示菜单，界面如图 5-8 所示。单击菜单中的第 1 项"显示 Notification"，利用广播机制发出 Notification。下拉顶部任务栏，显示通知，如图 5-9 所示。

单击菜单的第 2 项，利用广播机制取消 Notification，通知界面内容显示为空。

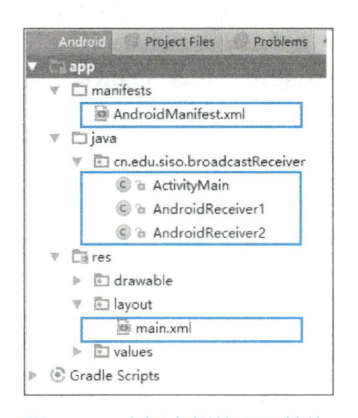

图 5-7　广播实例的项目结构　　　图 5-8　显示菜单界面　　　图 5-9　显示通知界面

首先，看一下 AndroidManifest.xml 文件，关键是注册 2 个 BroadcastReceiver 的代码。

```
 1  <?xml version="1.0" encoding="utf-8"?>
 2  <manifest xmlns:android="http://schemas.android.com/apk/res/android"
 3      package="cn.edu.siso.broadcastReceiver">
 4  <application android:icon="@drawable/icon">
 5  <activity android:name="cn.edu.siso.broadcastReceiver.ActivityMain"
 6              android:label="@string/app_name">
 7      <intent-filter>
 8          <action android:name="android.intent.action.MAIN" />
 9          <category android:name="android.intent.category.LAUNCHER" />
10      </intent-filter>
11  </activity>
12  <receiver android:name="AndroidReceiver1" android:exported="false">
13      <intent-filter>
14          <action android:name="cn.edu.siso.action.NEW_BROADCAST_1"/>
15      </intent-filter>
```

```
16        </receiver>
17        <receiver android:name="cn.edu.siso.broadcastReceiver.AndroidReceiver2" android:
    exported="false">
18            <intent-filter>
19                <action android:name="cn.edu.siso.action.NEW_BROADCAST_2"/>
20            </intent-filter>
21        </receiver>
22    </application>
23 </manifest>
```

第 5 ~ 11 行代码表示注册了启动界面 ActivityMain。

第 12 ~ 16 行代码表示注册了第 1 个广播接收器 AndroidReceiver1，可以接收 intent-filter 中设置的条件名称为 cn.edu.siso.action.NEW_BROADCAST_1 的 Intent 对象。

第 17 ~ 21 行代码表示注册了第 2 个广播接收器 AndroidReceiver2，可以接收 intent-filter 中设置的条件名称为 cn.edu.siso.action.NEW_BROADCAST_2 的 Intent 对象。

由此，结合图 5-7 所示的项目结构图，本项目的代码结构就很清晰了。希望通过这样的分析，对读者在规划自己项目时厘清项目文件结构能有所帮助。

下面通过 ActivityMain.java 对启动界面的代码进行分析，这里要重点注意对 Intent 进行广播的方法。

```
1 public class ActivityMain extends Activity {
2
3      public static final int ITEM0 = Menu.FIRST;
4      public static final int ITEM1 = Menu.FIRST + 1;
5      static final String ACTION_1 = "cn.edu.siso.action.NEW_BROADCAST_1";
6      static final String ACTION_2 = "cn.edu.siso.action.NEW_BROADCAST_2";
7      @Override
8      protected void onCreate(Bundle bundle) {
9          super.onCreate(bundle);
10         setContentView(R.layout.main);
11         createChannel();
12
13     }
14     public boolean onCreateOptionsMenu(Menu menu) {
15         super.onCreateOptionsMenu(menu);
16         menu.add(0, ITEM0, 0, "显示 Notification");
17         menu.add(0, ITEM1, 0, "清除 Notification");
18         menu.findItem(ITEM1);
19         return true;
20     }
21     public boolean onOptionsItemSelected(MenuItem item) {
22         switch (item.getItemId()) {
23         case ITEM0:
24             actionClickMenuItem1();
```

```
25                    break;
26                case ITEM1:
27                    actionClickMenuItem2();
28                    break;
29                }
30                return true;
31            }
32            private void actionClickMenuItem1() {
33                Intent intent = new Intent(ACTION_1);
34                ComponentName componentName=new ComponentName(this,
35                    AndroidReceiver1.class);
36                intent.setComponent(componentName);
37                sendBroadcast(intent);
38            }
39            private void actionClickMenuItem2() {
40                Intent cancelintent = new Intent(ACTION_2);
41                ComponentName componentName=new ComponentName(this,
42                    AndroidReceiver2.class);
43                cancelIntent.setComponent(componentName);
44                sendBroadcast(cancelintent);
45            }
46            public void createChannel(){
47                NotificationManager mNotificationManager= (NotificationManager)
48                    getSystemService(Context.NOTIFICATION_SERVICE);
49                String channelId="111";
50                CharSequence name="channel1";
51                int importance=NotificationManager.IMPORTANCE_HIGH;
52                NotificationChannel channel=null;
53                if(Build.VERSION.SDK_INT>=Build.VERSION_CODES.O){
54                channel=new NotificationChannel(channelId,name,NotificationManager.
                            IMPORTANCE_HIGH);
55                mNotificationManager.createNotificationChannel(channel);
56                }
57            }
```

第 14～31 行代码定义了有 2 个选择项的菜单（Menu），并实现了菜单 2 个选择项的监听器。

第 32～38 行代码通过 new Intent(ACTION_1) 新建了一个 Action 为 ACTION_1 的 Intent，显式指定该 Intent 的目标组件，在第 37 行用这个 Intent 进行了广播。而根据第 5 行代码的定义，不难看出和本广播匹配的广播接收器是第 1 个广播接收器 AndroidReceiver1，也就是说在单击第 1 个菜单选项，执行完第 37 行代码进行广播后，系统会自动根据接收器的匹配情况，执行 AndroidReceiver1 中的 onReceive( ) 方法。

第 39～45 行代码是创建第 2 个菜单选项的单击事件，通过 cancelintent 进行第 2 个广播，这个广播中 Intent 的 Action 是 cn.edu.siso.action.NEW_BROADCAST_2，所以相匹配的

广播接收器是 AndroidReceiver2。

第 46～56 行创建了 NotificationManager 管理通知渠道。从 Android 8.0 开始，所有的通知必须分配一个渠道。第 52～54 行创建通知渠道。创建 channel 的 NotificationChannel 方法需传入 3 个参数，分别是渠道 ID、渠道名称、重要程度。其中，重要程度主要有 IMPORTANCE_HIGH、IMPORTANCE_DEFAULT、IMPORTANCE_LOW、IMPORTANCE_MIN 几种，不同等级的消息会以不同的形式推送给用户。

第 1 个广播接收器 AndroidReceiver1 的代码如下：

```
1  public class AndroidReceiver1 extends BroadcastReceiver {
2      Context context;
3      public static int NOTIFICATION_ID = 12345;
4      @Override
5      public void onReceive(Context context, Intent intent) {
6          this.context = context;
7          showNotification();
8      }
9      public void showNotification(){
10         String channelId="111";
11         NotificationManager notificationManager= (NotificationManager) context.getSystemService(Context.NOTIFICATION_SERVICE);
12         Intent intent=new Intent(context, ActivityMain.class);
13         PendingIntent contentIntent;
14         // 如果版本超过 31
15         if (Build.VERSION.SDK_INT>=Build.VERSION_CODES.S) {
16             contentIntent=PendingIntent.getActivity(context,0,intent,PendingIntent.FLAG_IMMUTABLE);
17         }else{
18             contentIntent=PendingIntent.getActivity(context,0,intent,PendingIntent.FLAG_ONE_SHOT);
19         }
20         Notification notification=new NotificationCompat.Builder(context,channelId)
21                 .setContentTitle(" 通知 ")
22                 .setContentText(" 点击查看详细内容 ")
23                 .setWhen(System.currentTimeMillis())
24                 .setContentIntent(contentIntent)
25                 .setSmallIcon(R.mipmap.ic_launcher).build();
26         notificationManager.notify(NOTIFICATION_ID,notification);
27     }
28  }
```

本代码重点重载了 onReceive() 函数，将一个 Notification 显示在了状态栏中。ShowNotification() 负责显示一个 Notification。

第 15～19 行代码根据不同系统版本创建带有不同 FLAG 的 PendingIntent。

第 20 行使用 NotificationCompat 类的构造器创建 Notification 对象。该对象需要传送参数 channelId，channelId 的值要保持和创建 channel 时的 channelId 一致。

第 21～25 行填充消息内容、设置标题和文本内容等信息，再调用 build() 方法完成创建。

第 2 个广播接收器 AndroidReceiver2 的代码如下：

```
1   public class AndroidReceiver2 extends BroadcastReceiver {
2       Context context;
3       @Override
4       public void onReceive(Context context, Intent intent) {
5           // TODO Auto-generated method stub
6           this.context = context;
7           DeleteNotification();
8       }
9       private void DeleteNotification() {
10          NotificationManager notificationManager = (NotificationManager) context.getSystemService(android.
11          content.Context.NOTIFICATION_SERVICE);
12          notificationManager.cancel(AndroidReceiver1.NOTIFICATION_ID);
13      }
14  }
```

当单击菜单的第 2 个选项后，项目的第 2 个广播会被第 2 个广播接收器所匹配，执行本代码中的 onReceive( ) 函数。第 9～13 行就是 DeleteNotification( )，它负责将刚才第 1 个广播接收器中生成的 Notification 从状态栏中删除。需要注意的是，每一个 Notification 都有唯一的 ID 进行标识和区分，本程序中的 NOTIFICATION_ID 是自主对应的值 12345。

关于 Notification 的内容在这里简单介绍一下。Notification 就是在桌面的状态通知栏里显示的通知，系统已经应用的有新短信、未接来电等。本程序就实现了在状态栏中显示自定义的通知，涉及以下 3 个主要类。

1）Notification：设置通知的各个属性。

2）NotificationManager：负责发送通知和取消通知。

3）Notification.Builder：负责创建 Notification 对象，能非常方便地控制所有 FLAGS，同时构建 Notification 的显示风格。

其中，NotificationManager 中的常用方法有以下几个：

```
1   public void cancelAll();  // 移除所有通知（只是针对当前 Context 下的 Notification)
2   public void cancel(int id);  // 移除标记为 id 的通知（只是针对当前 Context 下的所有通知）
3   public void notify(String tag ,int id, Notification notification)  // 将通知加入状态栏，标签为 tag，标记为 id
4   public void notify(int id, Notification notification)  // 将通知加入状态栏
```

一般来说，创建和显示一个 Notification 需要如下 4 个步骤。

1）创建渠道并创建 NotificationManager 以管理通知渠道，需指定 channelId。

```
1   NotificationManager notificationManager = (NotificationManager)
2   getSystemService(NOTIFICATION_SERVICE);
3   if(Build.VERSION.SDK_INT>=Build.VERSION_CODES.O){
4   channel=new NotificationChannel(channelId,name,NotificationManager.IMPORTANCE_HIGH);
5   notificationManager.createNotificationChannel(channel);}
```

2）使用一个 Builder 构造器来创建一个 Notification 对象。这里选择 NotificationCompat 类

的构造器来创建对象。使用 Builder 构造器创建 Notification 对象，必须设置 channelId，且这里传入的 channelId 要和创建 Channel 时传入的 channelId 一致，才能为指定通知建立通知渠道。

```
Notification notification =new NotificationCompat.Builder(context,channelId).build();
```

3）在执行 Notification 对象的 build() 方法之前对通知的内容进行补充，以丰富通知消息。可以设置标题、文本内容、状态栏显示图标、下拉通知栏图标，最后调用 build() 方法完成创建。

```
NotificationCompat.Builder(context,channelId)
            .setContentTitle(" 通知 ")
                    .setContentText(" 点击查看详细内容 ")
                        .setWhen(System.currentTimeMillis())
                            .setContentIntent(contentIntent)
                                .setSmallIcon(R.mipmap.ic_launcher).build();
```

4）激活通知消息。使用 NotificationManager 类的 notify() 方法显示 Notification 消息。在这一步用户需要指定标识 Notification 的唯一 ID。这个 ID 必须相对于同一个 NotificationManager 对象是唯一的，否则就会覆盖相同 ID 的 Notificaiton。

```
NotificationManager.notify(NOTIFICATION_ID,notification);
```

Notification 可以与应用程序脱离。也就是说，即使应用程序被关闭，Notification 仍然会显示在状态栏中；当应用程序再次启动后，又可以重新控制这些 Notification（如清除或替换它们）。因此，需要创建一个 PendingIntent 对象。不同系统版本创建带有不同 FLAG 的 PendingIntent。该对象由 Android 系统负责维护，因此，在应用程序关闭后，该对象仍然不会被释放。

```
if (Build.VERSION.SDK_INT>=Build.VERSION_CODES.S) {// 如果版本超过 31
            contentIntent=PendingIntent.getActivity(context, 0,intent ,
PendingIntent.FLAG_IMMUTABLE);
        }else{
            contentIntent=PendingIntent.getActivity(context, 0, intent,
PendingIntent.FLAG_ONE_SHOT);
        }
```

希望读者通过本实例能较好地掌握 Android 系统的广播机制及通知机制。

5.5 实训项目与演练

实训一　使用 Service 的音乐播放器实训

1. 项目设计思路和使用技术

本实训项目实现一个 Service 的经典应用——音乐播放器，其界面如图 5-10b 所示。

播放器有 2 个按钮，第 1 个按钮是"启动播放服务"按钮，服务中设置了播放歌曲的功能；第 2 个按钮是"停止播放服务"按钮，单击此按钮也就停止了歌曲的播放。歌曲初始化、启动播放和停止播放的功能都在服务中实现。

在播放期间，用户按 <Home> 键，然后进行其他操作并不会停止音乐的播放。

本项目涉及的技术有 Activity 的启动服务和停止服务，以及使用 Toast 方法进行必要信息的显示。

2. 项目演示效果及实现过程

图 5-10a 为项目结构，图 5-10b 为项目的运行界面。

a)   b)

图 5-10 使用 Service 的音乐播放器

a) 项目结构　b) 运行界面

项目实现过程如下：

1）在 AS 中新建项目，名称为 Task51_MusicService。

2）实现本项目的一个 Activity 和对应的布局文件，即 MainActivity.java(对应布局文件为 activity_main.xml)，以及 Service 的代码文件 PlayMusicService.java。

3）修改 AndroidManifest.xml 文件，增加 Service 的声明。

4）在关键处插入 Toast 语句进行必要信息的输出。

3. 关键代码

这里只给出关键代码，完整代码请在配套资源中查看。

MainActivity.java 中的关键是 2 个按钮的 onClick() 函数。

```
1    intent = new Intent(this,PlayMusicService.class);
2    startButton.setOnClickListener(new View.OnClickListener() {
3        @Override
4        public void onClick(View v) {
```

```
5            startService(intent);
6        }
7    });
8    stopButton.setOnClickListener(new View.OnClickListener() {
9        @Override
10       public void onClick(View v) {
11           stopService(intent);
12       }
13   });
```

Service 中的关键代码如下：

```
1  public class PlayMusicService extends Service {
2  
3      MediaPlayer mediaPlayer;
4  
5      public PlayMusicService() {
6      }
7      @Override
8      public void onCreate() {
9          super.onCreate();
10         Toast.makeText(this, "PlayMusic Service 已经创建 ", Toast.LENGTH_LONG).show();
11         mediaPlayer = MediaPlayer.create(this, R.raw.ring);
12     }
13     @Override
14     public int onStartCommand(Intent intent, int flags, int startId) {
15         Toast.makeText(this, "PlayMusic Service 开始了。", Toast.LENGTH_LONG).show();
16         if(!mediaPlayer.isPlaying()){
17             mediaPlayer.start();
18         }
19         return super.onStartCommand(intent, flags, startId);
20     }
21     @Override
22     public void onDestroy() {
23         Toast.makeText(this, "PlayMusic Service 已经停止 ", Toast.LENGTH_LONG).show();
24         if(mediaPlayer != null){
25             mediaPlayer.stop();
26         }
27         super.onDestroy();
28     }
29     @Override
30     public IBinder onBind(Intent intent) {
31         // TODO: Return the communication channel to the service.
32         throw new UnsupportedOperationException("Not yet implemented");
33     }
34 }
```

实训二 定时提醒服务

秦末时期，有个叫季布的人，他性情耿直，一向说话算数，信誉非常高，许多人都同他建立起了浓厚的友情。当时甚至流传着这样的谚语："得黄金百斤，不如得季布一诺。"古人就有守时、守约、诚实守信的美德。守时守信不仅局限于遵守学校作息时间表、遵守集体活动规定的时间等，而应该延伸到生活中的每一个细节，从身边的小事做起。

1. 项目设计思路和使用技术

本实训项目的目标是使用系统自带的 Service 来演示定时提醒的功能。本实训项目涉及的技术有如何使用系统 Service、BroadcastReceiver，以及 Intent 的多种场合的使用技术等。

2. 项目演示效果以及实现过程

项目的运行效果如图 5-11 所示。其中，图 5-11a 为项目的启动界面，图 5-11b 为启动 Service 后的界面。

图 5-11 定时服务项目

a）项目的启动界面　b）启动 Service 后的界面

项目的布局文件比较简单，只有 2 个按钮：单击第 1 个按钮后，启动一个系统定时 Service，然后等待 15s 后自动停止（或者单击"Exit"按钮手动停止）。当 15s 后自动停止（或手动停止）时会发出一个广播事件，自定义的一个 Service 会被执行。修改标题内容，并利用 Toast 语句进行显示。

3. 关键代码

```
1   public void onClick(View arg0) {  // 第一个启动服务按钮的响应事件
2       if (arg0 == b_call_service) {
3           setTitle("定时提醒：Service15 秒后即将结束，请稍等。");
4           intent = new Intent(this, AlarmReceiver.class);
5           if (Build.VERSION.SDK_INT>=Build.VERSION_CODES.S) {  // 如果版本超过 31
6               operation=PendingIntent.getBroadcast(this,0,intent,PendingIntent.FLAG_IMMUTABLE);
7           }else{
8               operation=PendingIntent.getBroadcast(this,0,intent,PendingIntent.FLAG_ONE_SHOT);
9           }
10          Calendar calendar = Calendar.getInstance();
11          calendar.setTimeInMillis(System.currentTimeMillis());
12          calendar.add(Calendar.SECOND,15);
13          // 得到一个定时的服务实例等待 15 秒后启动 p_intent 指定的广播
14          AlarmManager am = (AlarmManager) getSystemService(ALARM_SERVICE);
```

```
15          am.set(AlarmManager.RTC_WAKEUP, calendar.getTimeInMillis( ), operation);
16      }
17  }
18  if (arg0 == b_exit_service) {  //Exit 按钮的响应事件
19      Intent  intent = new Intent(this, AlarmReceiver.class);
20      if (Build.VERSION.SDK_INT>=Build.VERSION_CODES.S) {// 如果版本超过 31
21          operation=PendingIntent.getBroadcast(this,0,intent,PendingIntent.FLAG_IMMUTABLE);
22      }else{
23          operation=PendingIntent.getBroadcast(this,0,intent,PendingIntent.FLAG_ONE_SHOT);
24      }
25      AlarmManager am = (AlarmManager) getSystemService(ALARM_SERVICE);
26      am.cancel(operation);
27      finish( );
28  }
29  }
```

以上是两个按钮的单击事件代码。下面是 AlarmReceiver 代码，继承自 BroadcastReceiver。

```
1  public class AlarmReceiver extends BroadcastReceiver {
2      @Override
3      public void onReceive(Context context, Intent arg1) {
4          context.startService(new Intent(context, NotifyService.class));
5      }
```

这段代码就非常简单明了，就是启动一个自定义的 NotifyService。下面对这个将要启动的 Service 的代码做一些分析。

```
1  public class NotifyService extends Service{
2      @Override
3      public IBinder onBind(Intent intent) {
4          // TODO Auto-generated method stub
5          return null;
6      }
7      @Override
8      public void onCreate( ) {
9          MainActivity mainActivity = MainActivity.getApp();
10         mainActivity .btEvent("from NotifyService");
11         Toast.makeText(this, " 定时提醒服务正在执行 ",Toast.LENGTH_SHORT).show( );
12     }
13 }
```

当这个 Service 启动后，用户可使用 btEvent( ) 方法改变标题，然后使用 Toast 语句做提示。

单元小结

本单元在前面 Activity 中各类功能控件的基础上，介绍了对于没有用户交互界面的后台服务，以及广播功能开发。关于 Activity、BroadcastReceiver 及 Service 之间的关系可以这样理解：Activity 是应用程序的"脸面"，展示给用户的，并和用户进行交互；而 BroadcastReceiver 是应用程序的"耳朵"，对匹配的广播事件接收 Intent，并处理相关预先设定好的处理内容；Service 则相当于应用程序的"手"，在后台默默地完成工作。

"日月逝矣，岁不我与"——《论语·阳货》

珍惜时间、守时是非常重要的，它不仅体现了一个人的自律和责任感，还可以帮助开发人员更好地规划时间，合理分配任务，从而提高工作效率，保证项目按时完成，避免因为拖延而导致项目延期等，是开发者必须具备的重要素养之一。

习 题

1. 服务有几种启动方式？对应的生命周期方法有哪些？
2. 广播有几种注册方式？有何区别？

单元 6
多媒体功能的设计

知识目标

- 了解 Android 多媒体开发的相关知识。
- 掌握 Android MediaPlayer 类的基本概念和使用方式。
- 掌握 Android 多媒体开发涉及的相关 API。
- 了解 MediaPlayer 对不同数据源的播放和控制方式。

能力目标

- 能够利用 MediaPlayer API 实现一个完整的 Android 音乐播放器。
- 能够实现音乐列表的管理和显示。
- 能够结合其他 Android 组件，实现更复杂的音频播放功能。
- 能够实现音/视频的录制、保存及相关控制。

素质目标

- 培养良好的用户体验意识，能够设计和实现用户友好的音乐播放器界面，提高用户满意度。
- 培养创新意识和解决问题的能力，能够针对实际问题提出合理的音乐播放器方案，并实现相应的功能。
- 培养较好的自学能力和解决问题的能力，能自主使用官方提供的最新 API 文档。

6.1 多媒体文件格式与编码

本单元重点介绍 Android 系统的多媒体框架，展示如何使用 Android 提供的音频和视频播放、音频录制等功能开发丰富多彩的移动多媒体应用程序。多媒体本身是一个专业性很强的领域，而 Android 平台通过对 API 的精心封装和设计，向开发者提供了友好的编程接口，把底层的文件格式、编码和解码、流媒体等复杂内容屏蔽了。为了让开发者了解隐藏在 API

背后的知识，本单元从多媒体的文件格式和编码开始介绍。

目前，被广泛采用的多媒体文件格式非常多，很容易让用户混淆。而开发者在面对 MP3、WAV 等音频、视频文件时，应该重点从文件格式和编码两方面考虑，避免只了解如何使用 API，而对媒体的格式、特性等内容一无所知。在多媒体开发中，正确地区分文件格式和编码是非常重要的。

6.1.1 多媒体文件格式

简单来说，文件格式定义了物理文件组织并在文件系统上存储的方式方法。以一个普通的音频文件为例，它可能主要由两部分数据组成：元数据和音频数据。元数据和音频数据的存储位置是根据特定规范设定的。音频数据可能按帧顺序存储，也可能一整块存储在文件的某个位置。文件格式的任务就是定义元数据存储在文件的什么位置（歌曲标题、歌手信息、专辑信息、歌词、风格等存储在哪里）、音频数据存储在什么位置。知道了文件格式的定义，用户就可以从文件中读取到任意想要的数据。图 6-1 描述了 MP3 文件结构。

图 6-1　MP3 文件结构

6.1.2 多媒体文件编码

编码、解码针对的是多媒体文件的音频或者视频数据。通过对原始数据编码以达到缩小多媒体文件尺寸的目的，以便符合终端播放器的要求。编码 / 解码过程实际上也就是原数据的压缩和解压缩的过程。数据压缩算法在缩小多媒体文件尺寸上的贡献非常有限，一般只能压缩到原始文件的 87%。因此产生了专门针对音频或者视频数据的压缩算法，它们可以将数据压缩到原始文件的 5% ~ 60%。

以编码方式为准，多媒体文件可以被分成无压缩、无损压缩和有损压缩 3 类，下面逐一进行介绍。

1. 无压缩

顾名思义，无压缩意味着没有对音频或者视频数据做任何的处理，维持原来的文件大小不变。WAV 格式就是一种无压缩的音频文件格式，它将任何声音都进行编码，而不管声音是一段美妙的钢琴伴奏还是长时间的静音。这样，同等长度的钢琴伴奏和静音的文件大小是一致的。如果对此音频进行压缩，钢琴伴奏的文件会缩小，而静音的片断可能缩小为零。

2. 无损压缩

无损压缩能够在不损失音质的情况下缩小文件。对于音频文件而言，无损压缩可以使文件缩小到原文件的 50% ~ 60%。无损音频压缩包括 APE、LA、FLAC、Apple Lossless、WMA Lossless 等。

3. 有损压缩

有损压缩在一定程度上损失了音质，但是大幅度缩小了文件的体量。对于音频文件而言，有损压缩可以使文件缩小到原文件的 5%～20%。有损音频压缩的创新之处在于发现了音频数据并非都可以被人耳识别，有些声音人耳是听不到的。如果对此类的音频数据进行编码，例如，过滤掉人耳不能识别的部分音频数据，那么可以极大地缩小文件尺寸。目前普遍采用的 MP3 格式，就是有损压缩的典型代表。有损压缩格式主要还包括 MPEG audio、Vorbis、WMA、ADX 等。

Android 平台支持 MIDI 媒体格式。但是这里需要简单说明一下，MIDI 与其他媒体文件不同，它本身并不包含任何音频数据，它是一个协议，只包含用于产生特定声音的指令，而这些指令包括调用何种 MIDI 设备的声音、声音的强弱及持续的时间等。计算机把这些指令交由声卡去合成相应的声音。相对于保存真实采样数据的声音文件，MIDI 文件显得更加紧凑，其文件大小要比 WAV 文件小得多，一般几分钟的 MIDI 文件只有几千字节。

对于手机游戏玩家来说，没有音乐的游戏是不可接受的。那么，面对如此之多的多媒体格式，开发者如何在手机性能和声音效果之间做好平衡呢？下面列出常用的音效文件及音频文件的特性，以供参考。

1）WAV 是无压缩的 Windows 标准格式，可以提供最好的音质。一般来说，单声道的 WAV 文件相对较小，对手机性能要求相对较低。如果想获得更好的环境音效，也可以使用立体声效果的 WAV 文件。

2）MP3 为压缩格式，音质比 WAV 差，但是文件尺寸较小，也可以在文件中增加立体声效果。在实际应用中，128kbit/s 的 MP3 文件较为常见，这样的文件在音效和文件大小上做到了最佳的平衡。

3）AAC 文件压缩率更出色，比 MP3 文件更小。如果手机性能是瓶颈，则可以考虑在应用程序的音效中采用 AAC 文件。

总之，文件大小和音质是相互矛盾的，追求高品质势必会提高对终端性能的要求。文件格式本无好坏，只有适合终端设备、适合应用程序的文件格式才是最好的，才是产品设计人员和开发者应该选择的。

6.2　音乐播放器的设计

本节主要介绍音频和视频的播放功能，这也是多媒体应用程序最常用到的功能。

6.2.1　播放 3 种不同的数据源

Android 平台可以通过资源文件、文件系统和网络 3 种方式来播放多媒体文件。无论使用哪种播放方式，基本的流程都是类似的。当然也存在一些细小的差别，例如，直接调用 MediaPlayer.create() 函数创建的 MediaPlayer 对象已经设置了数据源，并且调用了 prepare() 函数。从网络播放媒体文件，在 prepare 阶段的处理与其他两种方式不同，为了避免阻塞用户，需要做异步处理。但是，音乐播放大体还是遵循以下 4 个步骤。

1）创建 MediaPlayer 对象。

2）调用 setDataSource() 设置数据源。

3）调用 prepare() 函数。

4）调用 start() 函数开始播放。

1. 从资源文件中播放

多媒体文件可以放在资源文件夹 /res/raw 目录下，然后通过 MediaPlayer.create() 函数创建 MediaPlayer 对象。由于 create(Context ctx, int file) 函数中已经包含了多媒体文件的位置参数 file，因此无须再设置数据源和调用 prepare() 函数，这些操作在 create() 函数的内部已经完成了。获得 MediaPlayer 对象后直接调用 start() 函数即可播放音乐。具体代码如下：

```
1   private void playFromRawFile() {
    // 使用 MediaPlayer.create() 获得的 MediaPlayer 对象默认设置了数据源并初始化完成
2   MediaPlayer player = MediaPlayer.create(this, R.raw.test);
3   player.start(); }
```

2. 从文件系统播放

如果开发一个多媒体播放器，它一定需要具备从文件系统播放音乐的能力。读取文件系统的多媒体文件，需要申请文件的读权限，在 AndroidMainfest.xml 文件中添加以下内容。

```
<uses-permission android:name="android.permission.READ_EXTERNAL_STORAGE"/>
```

同时添加以下代码，动态申请权限。

```
1   public void requestPermission(){
2     if (android.os.Build.VERSION.SDK_INT >= android.os.Build.VERSION_CODES.M) {
3       if(checkCallingOrSelfPermission(PERMISS_READ)!= PackageManager.PERMISSION_GRANTED) {
4         ActivityCompat.requestPermissions(this, PERMISSONS, REQUESTS_CODE);
5   }}}
```

这里不再使用 MediaPlayer.create() 函数创建 MediaPlayer 对象，而是使用 new 操作符创建 MediaPlayer 对象。获得 MediaPlayer 对象之后，需要依次调用 setDataSource() 和 prepare() 函数来设置数据源，让播放器完成准备工作。从文件系统播放 /storage/emulated/0/Music 路径下的 MP3 文件的代码如下：

```
1   private void playFromFile() {
2       try {
3           MediaPlayer player = new MediaPlayer();
4           // 设置数据源
5           player.setDataSource("/storage/emulated/0/Music/my-music.mp3");
6           player.prepare();
7           player.start();
8       } catch (IllegalArgumentException e) {
9           e.printStackTrace();
10      } catch (IllegalStateException e) {
11          e.printStackTrace();
12      } catch (IOException e) {
13          e.printStackTrace();
14      }
15  }
```

需要注意的是，prepare( )函数是同步方法，只有当播放引擎已经做好了准备时，此函数才会返回。如果在prepare( )调用过程中出现问题，如文件格式错误等，将会抛出IOException。

3. 从网络播放

在互联网时代，移动多媒体业务有着广阔的前景。事实上，开发一个网络媒体播放器并不容易。某些平台提供的多媒体框架并不支持"边下载，边播放"的特性，而是将整个媒体文件下载到本地后再开始播放，用户体验较差。在应用层实现"边下载，边播放"的特性是一项比较复杂的工作，一方面需要处理媒体文件的下载和缓冲，另一方面还需要处理媒体文件格式的解析，以及音频数据的拆包和拼装等操作。项目实施难度较大，项目移植性差，最终的发布程序也会比较"臃肿"。

Android多媒体框架带来了完全不一样的网络多媒体播放体验。在播放网络媒体文件时，下载、播放等工作均由底层的PVPlayer来完成，在应用层，开发者只需设置网络文件的数据源即可。从网络播放媒体文件的代码如下所示：

```
1   private void playFromNetwork() {
2             String path = "http://website/path/file.mp3";
3       try {
4             MediaPlayer player = new MediaPlayer();
5             player.setDataSource(path);
6             player.setOnPreparedListener(new MediaPlayer.OnPreparedListener() {
7             public void onPrepared(MediaPlayer arg0) {
8                 arg0.start();
9             }
10        });
11        // 播放网络上的音乐，不能调用同步prepare()函数，只能使用prepareAsync()函数
12        player.prepareAsync();
13     } catch (IllegalArgumentException e) {
14            e.printStackTrace();
15     } catch (IllegalStateException e) {
16            e.printStackTrace();
17     } catch (IOException e) {
18            e.printStackTrace();
19     }
20   }
```

从上面的代码可以看出，从网络播放媒体文件与从文件系统播放媒体文件的不同之处在于，从网络上播放媒体文件需要调用prepareAsync( )函数，而不是prepare( )函数。因为从网络上下载媒体文件、分析文件格式等工作是比较耗费时间的，prepare( )函数不能立刻返回，为了不堵塞用户，应该调用prepareAsync( )函数。当底层的引擎已经准备好播放此网络文件时，会通过已经注册的onPreparedListener( )函数通知MediaPlayer，然后调用start( )函数就可以播放音乐了。短短的几行代码已经可以播放网络多媒体文件了，这就是Android平台带给开发者的神奇体验，让人不得不赞叹它的强大。

示例 6_01_MediaPlayerDemo 实现了 3 种不同位置资源的播放功能，如图 6-2 所示。此示例存在很多不足，例如没有提供播放界面；无法控制播放器的状态（暂停、停止、快进、快退等）；没有考虑 MediaPlayer 对象的销毁工作，这可能导致底层用于播放媒体文件的硬件这一非常宝贵的资源被占用。解决这些问题的核心是掌握 MediaPlayer 的状态，并根据 MediaPlayer 的状态做出正确的处理。下面详细介绍 MediaPlayer 的状态。

图 6-2　不同位置的资源播放器

6.2.2　MediaPlayer 类解析

音频和视频的播放过程也就是 MediaPlayer 对象的状态转换过程。深入理解 MediaPlayer 类的状态机是灵活驾驭多媒体编程的基础。图 6-3 所示是 MediaPlayer 的状态图。其中，MediaPlayer 的状态用椭圆形标记；状态的切换用箭头表示，单箭头代表状态的切换是同步操作，双箭头代表状态的切换是异步操作。

MediaPlayer 类在 SDK 目录 /sdk/docs/reference/android/media/MediaPlayer.html 下，这个文档是帮助开发者解读 Android API 的帮助文档，建议在更新 SDK 时进行选择。

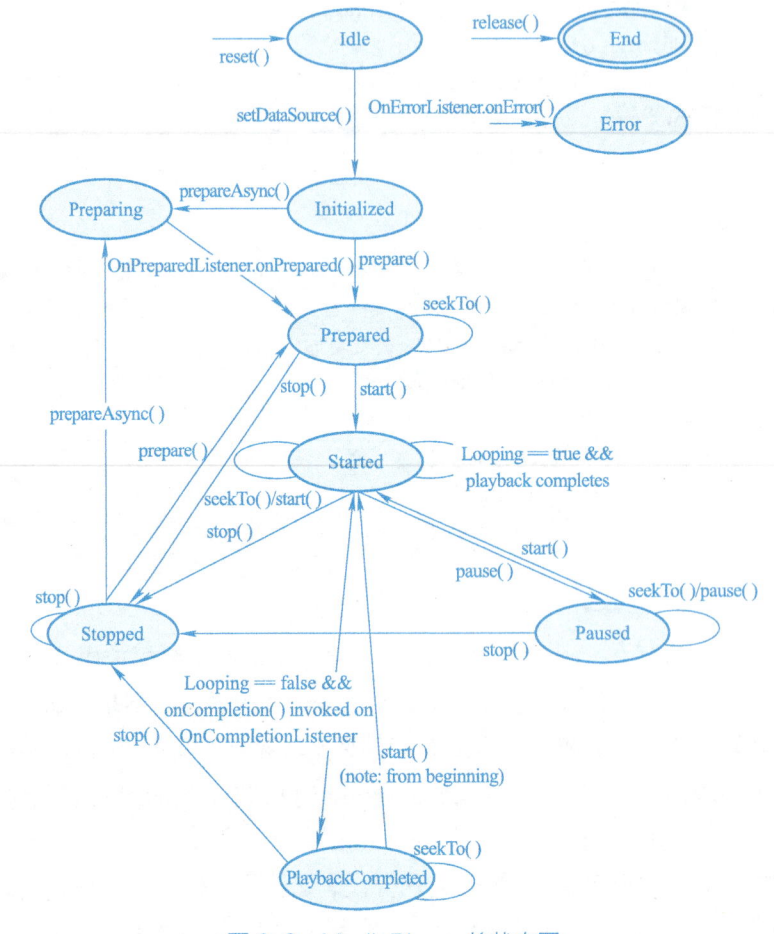

图 6-3　MediaPlayer 的状态图

1. 创建与销毁

MediaPlayer 可以通过静态函数 MediaPlayer.create( ) 或者 new 操作符来创建。用这两种方法创建的 MediaPlayer 对象所处的状态是不同的：使用 create( ) 函数创建的 MediaPlayer 对象处于 Prepared 状态，因为系统已经根据参数的资源 ID 调用了 setDataSource( ) 和 prepare( ) 函数；使用 new 操作符创建的 MediaPlayer 对象则处于 Idle 状态。除了刚刚构建的 MediaPlayer 对象处于 Idle 态外，调用 reset( ) 函数后的 MediaPlayer 状态也同样处于 Idle 状态。由于处于 Idle 状态的 MediaPlayer 还没有设置数据源，无法获得多媒体的时长、视频的高度等信息，因此现在调用 start( ) 方法是典型的编程错误。对于刚刚创建的 MediaPlayer 对象调用 start( ) 方法，底层系统不会调用 MediaPlayer 注册的 OnErrorListener，MediaPlayer 的状态也不会改变。对于通过调用 reset( ) 函数进入 Idle 状态的 MediaPlayer 对象调用 start( ) 方法，则会导致底层系统调用出错监听器 OnErrorListener.onError( ) 函数，MediaPlayer 对象将进入 Error 状态。

对于不再需要的 MediaPlayer 对象，一定要通过调用 release( ) 函数使其进入 End 状态，因为这关系到资源的释放问题。如果 MediaPlayer 对象不释放硬件加速器等资源，随后创建的 MediaPlayer 对象就无法使用这唯一的资源，从而导致创建失败。处于 End 状态的 MediaPlayer 意味着它的生命周期终结，无法再回到其他状态了。

2. 初始化

在播放音频和视频之前必须对 MediaPlayer 进行初始化操作，主要分 2 步完成：先调用重载的 setDataSource( ) 函数使 MediaPlayer 对象进入到 Initialized 状态，随后调用 prepare( ) 或者 prepareAsync( ) 函数使 MediaPlayer 对象进入到 Prepared 状态。由于 prepareAsync( ) 函数是异步调用，因此通常为 MediaPlayer 注册 OnPreparedListener( )，并在 onPrepare( ) 函数中启动播放器。MediaPlayer 对象处于 Prepared 状态意味着调用者已经可以获得多媒体的时长等信息，此时可以调用 MediaPlayer 的相关方法设置播放器的属性。例如，调用 setVolume(float leftVolume, float rightVolume) 设置播放器的音量。

3. 播放、暂停和停止

调用 start( ) 函数，MediaPlayer 将进入 Started 状态。isPlaying( ) 函数可以用来判断 MediaPlayer 是否处在 Started 状态。当 MediaPlayer 从网络上播放多媒体文件时，可以通过 onBufferingUpdateListener.onBufferingUpdate(MediaPlayer mp, int percent) 来监听缓冲的进度。其中，percent 是 0 ~ 100 的整数，代表已经缓冲好的多媒体数据的百分比。

调用 pause( ) 函数，MediaPlayer 将进入到 Paused 状态。需要注意的是，从 Started 状态到 Paused 状态、从 Paused 状态到 Started 状态的转换是异步过程，也就是说，可能经过一段时间才能更新 MediaPlayer 的状态。在调用 isPlaying( ) 来查询播放器的状态时需要考虑到这一点。

调用 stop( ) 函数，MediaPlayer 将进入 Stopped 状态。一旦 MediaPlayer 进入到 Stopped 状态，必须再次调用 prepare( ) 或者 prepareAsync( ) 函数才能使其进入 Prepared 状态，以便复用此 MediaPlayer 对象，再次播放多媒体文件。

> Android 平台允许同时创建 2 个或者 2 个以上的 MediaPlayer 播放多媒体文件，这一点给开发者提供了极大的便利。有时候应用程序需要同时播放背景音乐和音效，这样的需求在 Android 平台上可以很容易实现。

4. 快进和快退

调用 seekTo( ) 函数可以调整 MediaPlayer 的媒体时间，以实现快退和快进的功能。seekTo( ) 函数也是异步的，方法会立即返回，但是媒体时间调整的工作可能需要一段时间才能完成。如果为 MediaPlayer 设置了 onSeekCompleteListener，那么 onSeekComplete( ) 函数将被调用。需要说明的是，seekTo( ) 不仅可以在 Started 状态下被调用，还可以在 Paused、Prepared 和 PlaybackCompleted 状态下被调用。

5. 播放结束状态

如果播放状态自然结束，则 MediaPlayer 可能进入两种状态：当循环播放模式设置为 true 时，MediaPlayer 对象保持 Started 状态不变；当循环播放模式设置为 false 时，MediaPlayer 对象的 onCompletionListener.onCompletion( ) 函数会被调用，MediaPlayer 对象进入 PlaybackCompleted 状态。对于处于 PlaybackCompleted 状态的播放器，再次调用 start( ) 函数，将重新播放音/视频文件。需要注意的是，当播放结束时，音/视频的时长、视频的尺寸信息依然可以通过调用 getDuration( )、getVideoWidth( ) 和 getVideoHeight( ) 等函数获得。

6. 错误处理

在播放器播放音/视频文件时，系统可能出现各种各样的错误，例如 I/O 错误、多媒体文件格式错误等。正确处理播放过程中的各种错误很重要。为了监听错误信息，开发者可以为 MediaPlayer 对象注册 onErrorListener 监听器，当错误发生时，onErrorListener.onError( ) 函数会被调用，MediaPlayer 对象进入到 Error 状态。如果希望复用 MediaPlayer 对象并从错误中恢复回来，那么可以调用 reset( ) 函数使 MediaPlayer 再次进入到 Idle 状态。总之，监视 MediaPlayer 的状态是非常重要的。在错误发生之际提示用户，并恢复播放器的状态才是正确的处理方法。

除了上述错误之外，如果在不恰当的时间调用了某方法，系统则会抛出 IllegalStateException 异常。在程序中可以使用 try/catch 块捕获此类的编程错误。

6.3 录音功能的设计与实现

播放和录制是两个截然不同的过程。播放时，播放器需要从多媒体文件中解码，将内容输出到设备，例如扬声器；而录制时，录制器需要从设定的输入源采集数据，以设定的文件格式输出文件，还要按照设置的编码格式对音频内容进行编码。

在 Android 平台中，多媒体的录制由 MediaRecorder 类完成，其 API 设计与 Media Player 极为相似。相比 MediaPlayer，MediaRecorder 的状态图更简单，如图 6-4 所示。

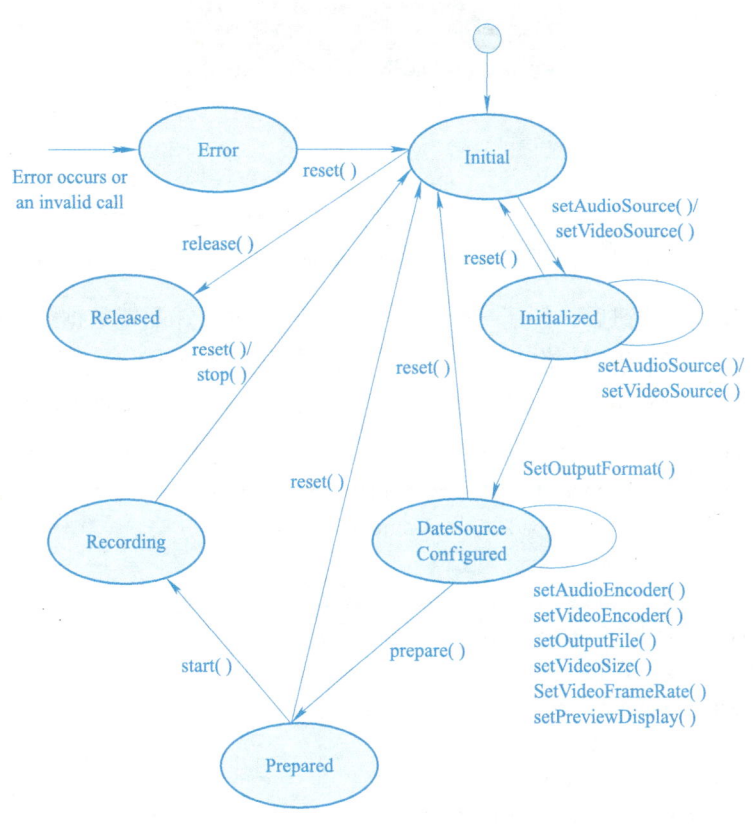

图 6-4　Android MediaRecorder 的状态图

创建 MediaRecorder 对象只能使用 new 操作符，刚刚创建的 MediaRecorder 处于 Idle 状态。MediaRecorder 同样会占用宝贵的硬件资源，因此在不再需要它时，应该调用 release() 函数销毁 MediaRecorder 对象。在其他状态调用 reset() 函数，可以使得 MediaRecorder 对象重新回到 Idle 状态，以达到复用 MediaRecorder 对象的目的。

调用 setVideoSource() 或者 setAudioSource() 之后，MediaRecorder 将进入 Initialized 状态。在 Initialized 状态的 MediaRecorder 还要设置编码格式、文件数据路径、文件格式等信息，设置之后 MediaRecorder 进入 DataSourceConfigured 状态。此时调用 prepare() 函数，MediaRecorder 对象将进入 Prepared 状态。这样，录制前的状态已经就绪。

调用 start() 函数，MediaRecorder 进入 Recording 状态。声音录制可能只需要一段时间，这时 MediaRecorder 一直处于录制状态。调用 stop() 函数，MediaRecorder 将停止录制，并将录制内容输出到指定文件。

MediaRecorder 定义了 2 个内部接口 OnErrorListener 和 OnInfoListener，用来监听录制过程中的错误信息，例如，当录制的时间长度达到了最大限制或者录制文件的大小达到了最大文件限制时，系统会回调已经注册的 OnInfoListener 接口的 onInfo() 函数。

下面通过一个简单的录音程序来演示 MediaRecorder 的用法。运行项目 6_02_RecordDemo，界面如图 6-5 所示。该录音器包含录制、停止和播放 3 个按钮，并在按钮的下方提供了一个计时器，用以记录录音的时间。

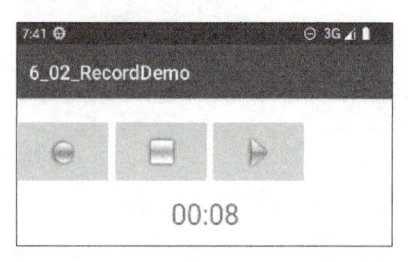

图 6-5 Android 下的简单录音器

当用户单击录制按钮后，创建一个 MediaRecorder 对象并配置数据源的数据，这里数据源来自传声器，存储的文件格式是 MPEG4，文件扩展名为 .mp4，音频内容编码是 AMR_NB。每次录音时，系统都临时指定一个输出路径。RecorderActivity 的代码如下：

```
1    package cn.siso.edu.recorddemo;
2    import androidx.appcompat.app.AppCompatActivity;
3    import androidx.core.app.ActivityCompat;
4    import android.Manifest;
5    import android.content.pm.PackageManager;
6    import android.os.Bundle;
7    import java.io.File;
8    import java.io.IOException;
9    import android.app.Activity;
10   import android.media.MediaPlayer;
11   import android.media.MediaRecorder;
12   import android.os.Bundle;
13   import android.os.Handler;
14   import android.os.Message;
15   import android.util.Log;
16   import android.view.View;
17   import android.widget.ImageButton;
18   import android.widget.TextView;
19   public class MainActivity extends AppCompatActivity {
20       public static final int UPDATE = 0;
21       private ImageButton play;
22       private ImageButton stop;
23       private ImageButton record;
24       private TextView time;
25       private MediaRecorder recorder;
26       private MediaPlayer player;
27       private String path = "";
28       private int duration = 0;
29       private int state = 0;
30       private static final int IDLE = 0;
31       private static final int RECORDING = 1;
```

```java
32        final private int REQUESTS_CODE= 123;
33        private String[] PERMISSONS = {
34              Manifest.permission.RECORD_AUDIO};
35        private String PERMISS_RECORD = "android.permission.RECORD_AUDIO";
36      private Handler handler = new Handler() {
37            @Override
38            public void handleMessage(Message msg) {
39                if (state == RECORDING) {
40                    super.handleMessage(msg);
41                    duration++;
42                    time.setText(timeToString());
43                    // 循环更新录音器的界面
44                    handler.sendMessageDelayed(handler.obtainMessage(UPDATE), 1000);
45                }
46            }
47        };
48    public void requestPermission(){
49      if (android.os.Build.VERSION.SDK_INT >= android.os.Build.VERSION_CODES.M) {
50      if(checkCallingOrSelfPermission(PERMISS_RECORD)!=
51        PackageManager.PERMISSION_GRANTED) {
52        ActivityCompat.requestPermissions(this, PERMISSONS, REQUESTS_CODE);
53        }
54    }}
55      @Override
56      public void onCreate(Bundle savedInstanceState) {
57            super.onCreate(savedInstanceState);
58            setContentView(R.layout.activity_main);
59            requestPermission();
60            // 初始化播放按钮
61            play = (ImageButton) findViewById(R.id.play);
62            play.setOnClickListener(new View.OnClickListener() {
63                public void onClick(View arg0) {
64                    play();
65                }
66            });
67            // 初始化停止按钮
68            stop = (ImageButton) findViewById(R.id.stop);
69            stop.setOnClickListener(new View.OnClickListener() {
70                public void onClick(View arg0) {
71                    stop();
72                }
73            });
74            // 初始化录制按钮
75            record = (ImageButton) findViewById(R.id.record);
76            record.setOnClickListener(new View.OnClickListener() {
```

```java
77              public void onClick(View arg0) {
78                  record();
79              }
80          });
81          time = (TextView) findViewById(R.id.time);
82      }
83      // 播放刚刚录制的音频文件
84      private void play() {
85          if ("".equals(path) || state == RECORDING)
86              return;
87          if (player == null)
88              player = new MediaPlayer();
89          else
90              player.reset();
91          try {
92              player.setDataSource(path);
93              player.prepare();
94              player.start();
95          } catch (IllegalArgumentException e) {
96              e.printStackTrace();
97          } catch (IllegalStateException e) {
98              e.printStackTrace();
99          } catch (IOException e) {
100             e.printStackTrace();
101         }
102     }
103     private void record() {
104         try {
105             if (recorder == null)
106                 recorder = new MediaRecorder();
107             // 设置输入为传声器
108             recorder.setAudioSource(MediaRecorder.AudioSource.MIC);
109             // 设置输出的格式为 MPEG4 文件
110             recorder.setOutputFormat(MediaRecorder.OutputFormat.MPEG_4);
111             // 音频的编码采用 AMR
112             recorder.setAudioEncoder(MediaRecorder.AudioEncoder.AMR_NB);
113             // 临时的文件存储路径
114             path = this.getFilesDir().getPath() + System.currentTimeMillis() + ".mp4";
115             recorder.setOutputFile(path);
116             recorder.prepare();
117             recorder.start();
118             state = RECORDING;
119             handler.sendEmptyMessage(UPDATE);
120         } catch (IllegalStateException e) {
```

```
121                    e.printStackTrace();
122            } catch (IOException e) {
123                    e.printStackTrace();
124            }
125    }
126
127    private void stop() {
128            // 停止录音，释放 Recorder 对象
129            if (recorder != null) {
130                    recorder.stop();
131                    recorder.release();
132            }
133            recorder = null;
134            handler.removeMessages(UPDATE);
135            state = IDLE;
136            duration = 0;
137    }
138
139    @Override
140    protected void onDestroy() {
141            super.onDestroy();
142            // Activity 销毁后，释放播放器和录音器资源
143            if (recorder != null) {
144                    recorder.release();
145                    recorder = null;
146            }
147            if (player != null) {
148                    player.release();
149                    player = null;
150            }
151    }
152    // 时间格式转换方法
153    private String timeToString() {
154            if (duration >= 60) {
155                    int min = duration / 60;
156                    String m = min > 9 ? min + "" : "0" + min;
157                    int sec = duration % 60;
158                    String s = sec > 9 ? sec + "" : "0" + sec;
159                    return m + ":" + s;
160            } else {
161                    return "00:" + (duration > 9 ? duration + "" : "0" + duration);
162            }
163    }
164 }
```

6.4 相机的调用与实现

Android 系统实现拍照有两种方法：一种是调用系统自带的相机，然后使用其返回的照片数据；还有一种是用户用 Camera 类和其他相关类实现相机功能，这种方法定制度比较高，实现比较复杂。一般的应用使用第 1 种方法即可。

用 Intent 启动相机，代码如下：

```
1    Intent intent = new Intent(MediaStore.ACTION_IMAGE_CAPTURE);
2    startActivityForResult(intent,1);
```

拍完照后就可以在 onActivityResult(int requestCode,int resultCode,Intent data) 中获取 Bitmap 对象了。

```
1    Bitmap bitmap = (Bitmap) data.getExtras().get("data");
```

以下代码可以实现将图像文件存到 /data/data/files 文件夹下，名称为 111.jpg。

```
1      File file=  this.getFilesDir();
2      File newFile=new File(file,"111.jpg");
3      OutputStream b = null;
4      try {
5              b = new FileOutputStream(fileName);
6              bitmap.compress(Bitmap.CompressFormat.JPEG,100,b);// 把数据写入文件
7      } catch (FileNotFoundException e) {
8        e.printStackTrace();
9      } finally {
10         try {
11             b.flush();
12             b.close();
13         } catch (IOException e) {
14             e.printStackTrace();
15         }
16     }
```

具体代码请查看源代码 6_03_CameraDemo。

6.5 实训的项目与演练

实训一　播放器设计

本实训通过设计一个具体的媒体播放器向读者介绍如何使用 MediaPlayer 的相关 API。该播放器实现歌曲名称列表显示和播放功能。

当 Android 系统启动时，会自动扫描系统文件，并把获得的信息保存在一个媒体库（MediaStore）中，此后如果用户想要在其他程序中访问多媒体文件的信息，就可以在这个媒体库中进行。运行本实训项目前请先在手机或模拟器的 SD 卡中导入事先准备的 MP3 歌曲。本实训项目的运行结果如图 6-6 所示。图 6-6a 为模拟器中音乐列表展示界面，图 6-6b

为音乐播放界面。

图 6-6　Android 音乐播放器

a）音乐列表展示界面　b）音乐播放界面

具体代码请查看源代码 Task61_MusicPlayer。下面仅介绍关键步骤。

1. 权限申请

Android 6.0 之后的系统对权限的管理更加严格，不但要在 AndroidManifest.xml 中添加，还要在应用运行的时候动态申请。

在 AndroidManifest.xml 文件中添加的权限如下：

```
<uses-permission android:name="android.permission.READ_EXTERNAL_STORAGE"/>
<uses-permission android:name="android.permission.WRITE_EXTERNAL_STORAGE"/>
```

动态申请外部设备存储空间读写权限的代码如下：

```
public void requestPermission(){
    if (android.os.Build.VERSION.SDK_INT >= android.os.Build.VERSION_CODES.M) {
        if(checkCallingOrSelfPermission(PERMISS_READ)!= PackageManager.PERMISSION_GRANTED||
           checkCallingOrSelfPermission(PERMISS_WRITE)!= PackageManager.PERMISSION_GRANTED) {
            ActivityCompat.requestPermissions(this, PERMISSONS, REQUESTS_CODE);
        }
    }
}
```

2. 音乐列表的实现

Android 系统中使用 ContentProvider 管理所有多媒体文件，其中音频数据结构定义在

android.provider.MediaStore.Audio 内，Audio 包含了 Media、Playlists、Artists、Albums 和 Genres 等子类。Media 类实现了 android.provider.BaseColumns、android.provider.MediaStore.Audio.AudioColumns 和 android.provider.MediaStore.MediaColumns 接口，接口中定义的字段与数据库表的字段对应，如 TITLE 字段与歌曲的名称对应。所有列表的数据源就来源于此。

音乐播放器列表的每一行包含了歌曲的标题、歌曲的作者和歌曲的长度等信息。其中，歌曲的长度信息按照 mm:ss 的格式经过了格式化，这与在数据库中存放的毫秒数是不一样的。为了实现这样的布局，编写了 /res/layout/activity_music.xml 文件。这个知识在 ListView 中已经介绍过，读者可以借鉴使用这种方式。

为了将 Cursor 中的数据映射到 activity_music.xml 中定义的 View 之中，定义了 MusicAdapter，它扩展了 BaseAdatper。MusicAdapter 的代码如下：

```
1  public class MusicAdapter extends BaseAdapter {
2      Context context;
3      List<MusicBean> list;
4      LayoutInflater mInflater;
5      public MusicAdapter(Context context, List<MusicBean> list) {
6          this.context = context;
7          this.list = list;
8          mInflater = LayoutInflater.from(context);
9      }
10
11     @Override
12     public int getCount() {
13         return list.size();
14     }
15
16     @Override
17     public Object getItem(int position) {
18         return list.get(position);
19     }
20
21     @Override
22     public long getItemId(int position) {
23         return position;
24     }
25
26     class ViewHolder{
27         TextView titleTextView;
28         TextView artistTextView;
29         TextView durationTextView;
30     }
31
32     @Override
33     public View getView(int position, View convertView, ViewGroup parent) {
34         ViewHolder mHolder;
35         if(convertView == null){
```

```
36          mHolder = new ViewHolder();
37          convertView = mInflater.inflate(R.layout.item,null);
38          mHolder.titleTextView = (TextView) convertView.findViewById(R.id.title);
39          mHolder.artistTextView = (TextView) convertView.findViewById(R.id.artist);
40          mHolder.durationTextView = (TextView) convertView.findViewById(R.id.duration);
41          convertView.setTag(mHolder);
42      } else {
43          mHolder = (ViewHolder) convertView.getTag();
44      }
45
46      MusicBean bean = list.get(position);
47      mHolder.titleTextView.setText(bean.getTitle());
48      mHolder.artistTextView.setText(bean.getArtist());
49      mHolder.durationTextView.setText(StringUtil.timeToString(bean.getDuration()));
50      return convertView;
51  }
52 }
```

3. 音乐播放

当用户单击 MainActivity 列表中的歌曲后，MainActivity 会跳转启动 MusicActivity 界面，Intent 中包含了歌曲在 ListView 中的位置。MusicActivity 从 Intent 中获得位置后，将从列表中读取歌曲在手机上的文件路径并开始播放。

MusicActivity 的界面布局相对简单，可以显示歌曲的歌手信息和专辑信息，还包括 1 个可以随播放时间滚动的 SeekBar，以及 4 个 Button（用于控制暂停、播放、停止、前一首、下一首等操作）。相关单击事件代码如下：

```
1 private void addListener() {
2 // 前一首
3       preButton.setOnClickListener(new View.OnClickListener() {
4           @Override
5           public void onClick(View v) {
6               if (position == 0) {
7                   position = size-1;
8               } else {
9                   position--;
10              }
11              mediaPlayer.reset();
12              state = IDEL;
13              play();
14          }
15      });
16 // 播放
17      playButton.setOnClickListener(new View.OnClickListener() {
18          @Override
19          public void onClick(View v) {
20              if (state == STARTED) {
21                  pause();
22              } else if (state == PAUSED || state == STOPPED) {
```

```java
23              play();
24          }
25        }
26    });
27 // 停止
28    stopButton.setOnClickListener(new View.OnClickListener() {
29        @Override
30        public void onClick(View v) {
31            if (state == STARTED || state == PAUSED) {
32                stop();
33            }
34        }
35    });
36 // 下一首
37    nextButton.setOnClickListener(new View.OnClickListener() {
38        @Override
39        public void onClick(View v) {
40            if (position == size-1) {
41                position = 0;
42            } else {
43                position++;
44            }
45            mediaPlayer.reset();
46            state = IDEL;
47            play();
48        }
49    });
50 // 进度条改变事件
51    seekBar.setOnSeekBarChangeListener(new SeekBar.OnSeekBarChangeListener() {
52        @Override
53        public void onProgressChanged(SeekBar seekBar, int progress, boolean fromUser) {
54
55        }
56        @Override
57        public void onStartTrackingTouch(SeekBar seekBar) {
58            if (handler.hasMessages(RefreshCurrentTime)) {
59                handler.removeMessages(RefreshCurrentTime);
60            }
61        }
62        @Override
63        public void onStopTrackingTouch(SeekBar seekBar) {
64            progress = seekBar.getProgress();
65            currentTime = progress * totalTime / 100;
66            if (state == STARTED || state == PAUSED) {
67                mediaPlayer.seekTo((int) currentTime);
68            }
69            handler.sendEmptyMessage(RefreshCurrentTime);
70        }
71    });
72 }
```

进入播放界面，就可以调用 play( ) 函数来播放音乐了。根据 MediaPlayer 当前的状态做不同的处理，同时更新界面显示。play( ) 函数的代码如下：

```
1 private void play( ) {
2
3      if (state == IDEL) {
4          try {
5              mediaPlayer.setDataSource(list.get(position).getData( ));
6              mediaPlayer.prepare( );
7              mediaPlayer.start( );
8          } catch (IOException e) {
9              e.printStackTrace( );
10         }
11     } else if (state == PAUSED) {
12         mediaPlayer.start( );
13     } else if (state == STOPPED) {
14         try {
15             mediaPlayer.prepare( );
16             mediaPlayer.start( );
17         } catch (IOException e) {
18             e.printStackTrace( );
19         }
20     }
21     state = STARTED;
22     playButton.setText(" 暂停 ");
23     // 获取歌曲当前播放时间和总的时间
24     currentTime = mediaPlayer.getCurrentPosition( );
25     totalTime = mediaPlayer.getDuration( );
26     handler.sendEmptyMessage(RefreshCurrentTime);
27     handler.sendEmptyMessage(RefreshTotalTime);
28 }
```

开始播放音乐，或者进度条改变时，使用 Handler 发送消息，在接收到消息后开始刷新播放器屏幕，包括更新播放进度等。相关代码如下：

```
1 Handler handler = new Handler( ) {
2      @Override
3      public void handleMessage(Message msg) {
4          super.handleMessage(msg);
5          int what = msg.what;
6          if (what == RefreshCurrentTime) {
7              currentTime = mediaPlayer.getCurrentPosition( );
8              Log.i("MusicActivity","currentTime:"+currentTime);
9              Log.i("MusicActivity","currentTime:"+StringUtil.timeToString(currentTime));
10             currentTimeTextView.setText(StringUtil.timeToString(currentTime));
11             progress = (int) (currentTime * 100 / totalTime);
```

```
12              seekBar.setProgress(progress);
13          }
14          if (what == RefreshTotalTime) {
15              Log.i("MusicActivity","totalTime:"+totalTime);
16              Log.i("MusicActivity","totalTime2:"+StringUtil.timeToString(totalTime));
17              totalTimeTextView.setText(StringUtil.timeToString(totalTime));
18              titleString = list.get(position).getTitle();
19              artistString = list.get(position).getArtist();
20              titleTextView.setText(titleString);
21              artistTextView.setText(artistString);
22          }
23          handler.sendEmptyMessageDelayed(RefreshCurrentTime, 1000);
24
25      }
26  }
```

本实训设计的音乐播放器界面虽然不够完美，但是这已经实现了一个播放器的基本要求。当然也存在遗憾，此版本的音乐播放器不支持后台播放，当单击"返回"按钮后，MediaPlayer 对象就被销毁了，音乐播放也就停止了。下一个实训项目将使用 Service 组件对音乐播放器进行改进，以实现后台播放功能。

实训二 使用 Service 的播放器设计

如果 MP3 的播放在 Activity 内进行，那么当 Activity 退出之后，播放也就停止了。对用户而言，这不是友好的用户体验，因为用户退出播放器，可能只是为了去发送一条短消息。本实训演示如何使用 Service 让程序在后台运行。本实训项目的运行结果如图 6-7 所示。具体代码请查看源代码 Task62_ServiceMusicPlayer。

图 6-7 后台播放音乐

在本实训中，MusicService 类扩展了 android.app.Service 类，并在 onStart() 函数中使用 MediaPlayer 播放手机上的一首 MP3。在 onDestroy() 函数中清理资源，释放 MediaPlayer 对象。由于不希望其他的客户端绑定到此 Service，因此直接在 onBind() 函数中返回 null。MusicService 的源码如下：

```java
1   public class MusicService extends Service {
2   public static final String MUSIC_COMPLETED =
"MUSICPLAYERINSERCICE.MUSIC_COMPLETED";
3           private class ServiceHandler extends Handler {
4               // 在构造器中为 Handler 指定 Looper
5               public ServiceHandler(Looper looper) {
6                   super(looper);
7               }
8               @Override
9               public void handleMessage(Message msg) {
10                  switch (msg.what) {
11                  case START:
12                      play();    break;
13                  case STOP:
14                      stop();    break;
15                  default:       break;
16                  }
17              }
18          }
19          @Override
20          public IBinder onBind(Intent arg0) {
21              // 不能被其他客户端绑定，返回 null
22              return null;
23          }
24          @Override
25          public void onCreate( ) {
26              super.onCreate();
27              // 请注意，在单独线程中播放 MP3 文件
28              HandlerThread thread = new HandlerThread("MusicService",
29                      HandlerThread.NORM_PRIORITY);
30              thread.start();
31              // 获得新线程的 Looper 对象
32              looper = thread.getLooper();
33              // 在默认情况下，Handler 的 Looper 是创建它的线程里的
34              // 这里将新线程的 Looper 传递给 Handler
35              handler = new ServiceHandler(looper);
36          }
37          @Override
38          public void onDestroy( ) {
39              super.onDestroy();
40              // 取消 Notification
41              nMgr.cancel(R.string.service_started);
42              // 停止播放
43              handler.sendEmptyMessage(STOP);
44          }
45
46          @Override
```

```
47      public void onStart(Intent intent, int startId) {
48          // 开始播放音乐
49          handler.sendEmptyMessage(START);
50          showNotification();
51      }
52      MediaPlayer.OnCompletionListener listener = new MediaPlayer.OnCompletionListener() {
53          public void onCompletion(MediaPlayer arg0) {
54              //MusicService 使用广播方式向 MainActivity 发送数据
55              Intent intent = new Intent(MUSIC_COMPLETED);
56              intent.putExtra("msg", getText(R.string.music_completed));
57              sendBroadcast(intent);
58          }
59      };
60
61      private void play() {
62          if (player == null)
63              // 如果使用 BlockPlayer，则它的 prepare() 函数可能会阻塞用户界面
64              player = new MediaPlayer();
65          try {
66              // 在 SD 卡上放一个 MP3 文件，然后修改此行代码
67              player.setDataSource("/sdcard/test2.mp3");
68              player.prepare();
69              player.setOnCompletionListener(listener);
70              player.start();
71          } catch (IllegalArgumentException e) {
72              e.printStackTrace();
73          } catch (IllegalStateException e) {
74              e.printStackTrace();
75          } catch (IOException e) {
76              e.printStackTrace();
77          }
78      }
79
80      private void stop() {
81          if (player != null)
82              player.release();
83          // 一定要让 Looper 退出，以节约资源
84          looper.quit();
85      }
86  }
```

虽然后台播放的功能实现了，但是应用程序还不够友好。当 Service 启动并开始播放音乐时，系统应该通知用户后台正在播放音乐，即便用户退出了 Activity，还依然可以重新返回到播放界面。想实现上面的功能就必须使用 Notification 和 Notification Manager。

Notification 用来通知用户某个事件发生了，比如手机收到了短消息。Notification 可以配置一个图标，因此把它显示在手机的状态栏再合适不过了。Notification 还允许设置标题，这样可以在"通知"窗口中浏览通知列表。当用户从通知列表中单击某个通知时，Notification 中设置的 Intent 就会被触发。大多数时候，这个 Intent 可能是用来启动某个 Activity 的。

Notification 的管理是通过 NotificationManager 来完成的。NotificationManager 是 Android 平台的系统服务，通过 getSystemService(Context.NOTIFICATION_SERVICE) 可以获得 NotificationManager 对象。调用 notify(id,notification) 函数可以将 Notification 对象通知给用户，参数中的 id 用来唯一标识 Notification 对象，以便再次调用 cancel(id) 函数来取消通知。需要注意的是，必须要保证 id 的唯一性，以免出现错误。

为了在后台播放音乐的同时能够发送通知给用户，给 MusicService 类增加 showNotification( ) 函数，在音乐开始播放后调用此方法，在 onDestroy( ) 函数中取消通知并停止音乐播放。具体代码如下：

```
1 public void showNotification(){
2     CharSequence text = getText(R.string.service_started);
3     CharSequence title=getText(R.string.notification_title);
4     notificationManager= (NotificationManager) getApplication().getSystemService(Context.NOTIFICATION_SERVICE);
5     Intent intent=new Intent(getApplication(),MainActivity.class);
6     PendingIntent contentIntent;
7     // 创建 PendingIntent 的时候判断当前系统版本，不同系统版本创建带有不同 FLAG 的
       //PendingIntent; 如果版本超过 31，使用的 Flag 为 FLAG_IMMUTABLE
8     if (Build.VERSION.SDK_INT>=Build.VERSION_CODES.S) {
9         contentIntent=PendingIntent.getActivity(getApplication(),0,intent, PendingIntent.FLAG_IMMUTABLE);
10     }else{
11        contentIntent=PendingIntent.getActivity(getApplication(),0,intent, PendingIntent.FLAG_ONE_SHOT);
12    }
13    Notification notification=new
            NotificationCompat.Builder(getApplication(),MainActivity.CHANNELID)
14            .setContentTitle(title)
15            .setContentText(text)
16            .setWhen(System.currentTimeMillis( ))
17            .setContentIntent(contentIntent)
18            .setSmallIcon(R.mipmap.stat_sample).build( );
19    notificationManager.notify(R.string.service_started,notification);
20 }
```

本实训还有一个实用的建议，那就是如果要处理耗时的任务，应该在 Service 中启动新的线程，而不是在主线程中处理。在 Android 平台中，对于处理线程的问题，一般都离不开 Handler 类，这里也不例外。为了解决堵塞用户的问题，需要修改 MusicService 类，在 onCreate( ) 函数中启动一个线程，只不过不是使用 Thread，而是使用其子类 HandlerThread，然后调用 start( ) 函数启动此线程。在默认情况下，Thread 并不直接创

建一个 Looper，而是使用子类 HandlerThread，这样更加方便，因为创建 HandlerThread 时已经在线程中创建了一个 Looper 对象。Looper 用于在线程中运行一个消息队列，所有消息都放在此队列中处理。接下来，使用 HandlerThread 创建的 Looper 创建一个 ServiceHandler。这样，ServiceHandler 接收到的消息都是在新线程中执行的。这时把音乐播放器放到刚创建的 HandlerThread 中来执行，就不会堵塞用户了。需要注意的是，在 Service 结束之后应该退出 Looper 并释放 MediaPlayer 对象。

完整的代码请读者自己完成，建议结合现有知识，完成一个比较完整的播放器，使之带有后台播放和同步歌词播放功能。

单元小结

本单元主要讲解多媒体播放类的相关知识，通过 MediaPlayer 这个类的状态图和对各种方法的分析说明，带领读者查阅 Android MediaPlayer API 文档来完成音乐播放器的设计与开发。在实际项目的多媒体应用开发中，还会涉及音乐的各种参数（如音量、均衡、重低音等）的控制，还有视频的播放和录制，包括 Android 5.0 之后增加的屏幕捕捉功能等，建议读者参照对应的 API，多琢磨，多练习，学会使用官方提供的最新 API 中的类和方法，为以后更全面的开发提供可持续发展的支撑。

"道虽迩，不行不至；事虽小，不为不成。"——《荀子·修身》

其实很多初学者都没有养成主动查询 API 的习惯，原因很简单，API 一般是对一些类库、接口和方法的描述，很少有示例程序，感觉比较抽象，同时在线 API 文档基本是英文的，这两个问题叠加就会导致初学者感觉好难。路虽远，行则将至；事虽难，做则必成。学习 API 文档，就应该从一个个小的案例开始，搞清楚其主要功能和可调用的方法，参考可以找到的例程，这样慢慢就熟悉了 API 文档，也拥有了程序开发的金钥匙。只要有愚公移山的志气、滴水穿石的毅力，脚踏实地，埋头苦干，积跬步以至千里，就一定能够拥有更多更新的金钥匙，开发出的 App 也具有更多更新的功能。这些都是程序员保持终生学习能力的优良素质。

习 题

1. 录音需要哪些权限？
2. 简述使用 Service 实现音乐播放器的过程。

单元 7
数据存储与数据共享

知识目标

- 理解 Android 数据存储的基本概念和分类。
- 掌握 SharedPreferences 的使用方法，包括读取和写入数据。
- 熟悉文件存储和 SQLite 数据库的使用方法。
- 掌握 Content Provider 的使用方法。

能力目标

- 能够根据应用场景选择合适的数据存储方式。
- 能够使用 SharedPreferences 实现数据的读取和写入。
- 能够使用文件存储和 SQLite 数据库实现数据的读/写和管理。
- 能够使用 Content Provider 实现数据的查询、插入、更新、删除等操作。

素质目标

- 培养创新意识和解决问题的能力，能够针对实际问题提出合理的数据存储方案，并实现相应的功能。
- 培养数据安全意识和素养，自觉维护数据安全。

7.1 配置文件的存储与读取

无论是对于 Android 系统的应用程序还是对于普通的桌面应用程序，用户在使用过程中经常要对应用程序做一些个性化或者区别化的配置，如在公共场合时就需要对网络下载器进行限速操作以防止大量占用带宽，又如对于手机来说，可能要设置默认手机铃声、WiFi 保持开启等。这些配置信息大部分可能只是一个简单的数字或者一个字符串。对于这类配置信息的存储，Android 系统通常采用的做法是使用 SharedPreferences 方式进行存储。

SharedPreferences 是 Android 系统中特有的存储方式，它能够通过非常简单的操作完成对小数据的永久保存，并能通过简单的操作完成对数据的修改。所以，SharedPreferences 这种存储方式特别适用于保存软件配置信息。

7.1.1 SharedPreferences 的数据操作

SharedPreferences 本身并不是一个类，而是一个接口。熟悉面向对象的读者一定知道，在面向对象里接口是不能产生对象的，而只能引用一个对象。所以，要获取 SharedPreferences，首先要引用一个真正的 SharedPreferences 对象。这一步可以通过 Activity 提供的 getSharedPreferences(String name,int mode) 来完成。

getSharedPreferences(String name,int mode) 中有 2 个参数：第 1 个参数 name 表示配置文件的名称；第 2 个参数 mode 表示配置文件的读取权限，mode 取值为 Context.MODE_PRIVATE 时，指定 SharedPreferences 数据为本应用程序所独有，即对于其他应用程序来说是不可见的。

当通过 getSharedPreferences(String name,int mode) 获取到对象后，就可以利用其所提供的成员函数来获取 SharedPreferences 数据文件中的值。SharedPreferences 数据有其自身的特点，它采用键值对（Key-Value）的方式来保存数据，即一个 Key 对应一个 Value，而且一个 Key 只能唯一地对应一个值。这类似于 Java 数据类型中的 Map 方式。SharedPreferences 有 3 个常用的函数来帮助开发者获取存储值。

1) boolean contains(String key)：检查 Preference 中是否包含指定的 Key。

2) abstract Map<String,?>getAll()：获取 Preference 中所有的值。

3) ×××get×××(String key,×××defValue)：获取 Preference 中指定 Key 所对应的 Value。如果 Key 不存在，则返回 defValue。其中 ××× 代表 boolean、float、int、long、String、Set<String> 这几种类型。

从上面的说明可以看出，SharedPreferences 并没有提供对数据写入的方式，而是通过 Editor 对象来完成。要获得 Editor 对象就需要使用 SharedPreferences 对象中的 edit() 函数，该函数返回一个 SharedPreferences.Editor 对象。有了 Editor 对象就可以对数据进行写入。Editor 对象中提供如下几个常用的函数来帮助开发者完成数据的写入和删除。

1) SharedPreferences.Editor clear()：清除所有 Preference 中的值。

2) boolean commit()：完成所有数据的编辑后提交到 Preference 中。

3) SharedPreferences.Editor put×××(String key,×××value)：设置 Preference 中对应 Key 的值。其中 ××× 代表 boolean、float、int、long、String、Set<String> 这几种类型。

4) SharedPreferences.Editor remove(String key)：删除指定 Key 的数据值。

7.1.2 SharedPreferences 在程序中的应用

前面介绍了 SharedPreferences 的使用方法，下面将重点介绍在实际的应用程序编写中如何使用 SharedPreferences 进行数据的存储。实例最终的界面效果如图 7-1 所示。

要完成一个 SharedPreferences 的应用，其思路是首先通过 Context 中的 SharedPreferences() 获取对应的 SharedPreferences 对象，然后通过 SharedPreferences 对象中的 edit() 函数获取 Preference 编辑对象 Editor，最后就可以通过这两个对象对 SharedPreferences 数据进行任意读/写。

1）在 onCreate() 函数中实现界面组件的关联，并获取 SharedPreferences 和 Editor 对象。

图 7-1 SharedPreferences 界面效果

```
1    protected void onCreate(Bundle savedInstanceState){
2        super.onCreate(savedInstanceState);
3        setContentView(R.layout.activity_main);
4
5        username = (EditText)findViewById(R.id.username);
6        passwd = (EditText)findViewById(R.id.passwd);
7        mail = (EditText)findViewById(R.id.mail);
8        save = (Button)findViewById(R.id.save);
9        load = (Button)findViewById(R.id.load);
10
11       // 从 Context 中获取 SharedPreferences，并设置为私有模式
12       sharedPreferences = getSharedPreferences("setting", MODE_PRIVATE);
13       // 获得 Editor 对象用于数据的写入
14       editor=sharedPreferences.edit();
```

第 12 行代码表示通过 Context 获取一个 SharedPreferences 对象，同时创建一个名称叫作 setting 的 Preference 文件，并设置该 Preference 文件为私有模式。

第 14 行代码表示获取这个 SharedPreferences 对象的 Editor 对象，该对象用于实现对数据的写入和删除。

2）完成"保存"按钮的单击事件。通过 Editor 对象的 put×××() 函数和 commit() 函数把界面数据保存至 Preference 文件。

```
1    save.setOnClickListener(new OnClickListener(){
2        @Override
3        public void onClick(View v){
4            // TODO Auto-generated method stub
5            String userString=username.getText().toString();
6            String passwdString=passwd.getText().toString();
7            String mailString=mail.getText().toString();
8            // 往 Editor 里面存入数据
9            editor.putString("username",userString);
10           editor.putString("passwd",passwdString);
11           editor.putString("mail",mailString);
12           // 递交至 SharedPreferences 文件
13           editor.commit();
```

```
14          // 显示消息提示
15          Toast.makeText(MainActivity.this,
16              "数据保存完毕",Toast.LENGTH_SHORT).show();
17      }
18  });
```

3）完成"读取"按钮的单击事件。通过 SharedPreferences 对象的 get×××() 函数从 Preference 文件获取数据，并显示在界面组件中。

```
1   load.setOnClickListener(new OnClickListener(){
2       public void onClick(Viewv){
3           // TODO Auto-generated method stub
4           // 从 SharedPreferences 中获取数据
5           String userString=sharedPreferences.getString("username",null);
6           String passwdString=sharedPreferences.getString("passwd",null);
7           String mailString=sharedPreferences.getString("mail",null);
8           username.setText(userString);
9           passwd.setText(passwdString);
10          mail.setText(mailString);
11          Toast.makeText(MainActivity.this,
12              "读取数据完毕",Toast.LENGTH_SHORT).show();
13      }
14  });
```

以上是 SharedPreferences 读 / 写方式的操作。当程序启动后，输入数据就可以自动地把这些信息写入 Preference 文件，在 Android Studio 中可查看到所写文件。单击 Android Studio 右下角的"Device File Explorer"项，在根目录下展开 data/data/project_package_name/shared_prefs 目录，其中 project_package_name 是应用程序被创建时确定的包名。打开后发现有一个名为 setting.xml 的文件，该文件名和初始化 SharedPreferences 时的名字相同，如图 7-2 所示。

图 7-2　setting.xml 的目录信息

右击 setting.xml 文件，选择"save as..."命令，将文件保存到指定路径，实现 setting.xml 文件的导出。用文本编辑工具将其打开，所显示的信息如图 7-3 所示。

由图 7-3 不难发现，SharedPreferences 在读取和写入时不仅遵循键值对原则，而且在数据存储时也遵循键值对原则。

```
<?xml version="1.0" encoding="UTF-8" standalone="true"?>
- <map>
    <string name="username">zhangsan</string>
    <string name="passwd">123456</string>
    <string name="mail">zhangsan@163.com</string>
  </map>
```

图 7-3　setting.xml 的文件信息

7.2　普通文件的存储与读取

　　SharedPreferences 是 Android 系统中存储小数据量的一种方式，而本节将介绍 Android 系统中另外一种数据存储的方式——普通文件的存储。这种存储方式的应用场合非常广泛，比如，从计算机中复制一个 APK（Android Package，Android 安装包）并安装到手机中应用，或者从网络上下载数据更新包，这些都要经过 Android 系统的文件读/写操作才能实现。所以，对文件进行读/写操作时，数据存储、更新和读取是非常重要的一部分。

7.2.1　Android 中的文件操作

　　在 Android 体系结构中，文件或者文件夹均被抽象为一个 File 类。底层操作系统对文件所进行的创建、删除、修改、查找等复杂操作被屏蔽了，因为简单的 File 类便可完成这些操作，用户只要掌握 File 类就可以完成对文件和文件夹的操作。

　　File 类的常用构造函数和成员函数有如下几种。

　　1）public File(String pathname)：通过将给定路径名字符串转换为抽象路径名来创建一个新 File 实例。

　　2）public File(String parent, String child)：根据 parent 路径名字符串和 child 路径名字符串创建一个新 File 实例。

　　3）public File(File parent, String child)：根据 parent 抽象路径名和 child 路径名字符串创建一个新 File 实例。

　　4）public long lastModified()：得到文件最后修改的时间。

　　5）public long length()：得到以字节为单位的长度。

　　6）public boolean canRead()：判断文件是否为可读。

　　7）public boolean canWrite()：判断文件是否为可写。

　　8）public boolean exists()：判断文件是否存在。

　　9）public boolean isDirectory()：判断文件是否为目录。

　　10）public boolean isFile()：判断是否为文件。

　　11）public boolean isHidden()：判断文件是否隐藏。

　　12）public String getName()：得到文件名。

　　13）public String getPath()：得到文件的路径。

14）public String getAbsolutePath()：得到文件的绝对路径。

15）public String getParent()：得到文件的父目录路径名。

16）public boolean mkdir()：创建此 File 所指定的目录。

17）public boolean mkdirs()：创建此 File 指定的目录，包括所有父目录。

18）public boolean createNewFile()：文件不存在时，创建 File 所代表的空文件。

19）public boolean delete()：删除文件，如果是目录，则必须是空目录。

20）public boolean renameTo()：重命名此文件。

此外，在 Android 系统中，数据部分和代码部分是分开存储的，所以 Android 系统本身还提供了 4 个较为常用的函数来访问 Android 应用程序的数据文件夹。

1）File getDir(String name,int mode)：在该应用程序的数据文件夹下获取或创建 name 对应的子目录。

2）File getFilesDir()：获取该应用程序的数据文件夹的绝对路径。

3）String[] fileList()：返回该应用程序的数据文件夹下的全部文件。

4）boolean deleteFile(String name)：删除该应用程序的数据文件夹下的指定文件。

下面在 Android Studio 中创建一个新的 Android 项目 7_02_FileControl。这个示例主要完成在数据文件夹下创建新文件夹和文件，并打印其目录结果，以及把创建的文件全部删除这 3 个功能，最终的界面如图 7-4 所示。

图 7-4　文件控制效果图

UI 布局完成并与 Java 代码进行关联后，首先实现"创建文件列表"按钮的功能，即单击该按钮后系统自动在数据文件夹下创建一系列的文件和文件夹。具体代码如下：

```
1   createFileList.setOnClickListener(new OnClickListener(){
2       @Override
3       public void onClick(View v){
4           // TODO Auto-generated method stub
5           // 获得数据文件夹 File 对象
6           File dataDir=getFilesDir();
7           // 判断 dataDir 对象是否存在，如果不存在则创建
8           if(!dataDir.exists()){
9               fileList.append(" 创建 dataDir\n");
10              dataDir.mkdir();
11          }
12          File dataDir2=new File(dataDir, "dataDir2");
13          if(!dataDir2.exists()){
14              fileList.append(" 创建 dataDir2\n");
15              dataDir2.mkdir();
```

```
16          }
17          File dataDir4=new File(dataDir, "dataDir3/dataDir4");
18          if(!dataDir4.exists()){
19              fileList.append("创建 dataDir3/dataDir4\n");
20              dataDir4.mkdirs();
21          }
22          File dataFile=new File(dataDir2, "dataFile.txt");
23          if(!dataFile.exists()){
24              try{
25                  fileList.append("创建 dataFile.txt\n");
26                  dataFile.createNewFile();
27              }catch(IOException e){
28                  // TODO Auto-generated catch block
29                  e.printStackTrace();
30              }
31          }
32      }
33  });
```

第 12 行代码表示的是 File 构造函数的另外一种形式。其中，dataDir 表示父路径，dataDir2 表示当前路径，即在 dataDir 目录下创建一个 dataDir2 目录。

第 20 行代码中的 mkdirs() 表示在创建当前目录的同时创建该目录中不存在的父目录，即如果系统在创建 dataDir4 目录时发现 dataDir3 目录不存在，那么除了创建 dataDir4 目录外，还会一并创建 dataDir3 目录。

从上面的代码可以看出，创建文件或者文件夹时，主要通过 exists() 函数判断文件或者文件夹是否存在，如果不存在，则利用 createNewFile()、mkdir() 或 mkdirs() 函数来创建文件或者文件夹。

接下来实现"读取文件列表"按钮的功能。顾名思义，"读取文件列表"就是读取数据文件夹下的目录结构并将其显示在 EditText 中。读取文件列表的过程采用递归方式完成，直到没有子文件或者子目录才跳出递归，并显示信息。具体代码如下：

```
1  readFileList.setOnClickListener(new OnClickListener(){
2
3      @Override
4      public void onClick(View v){
5          // TODO Auto-generated method stub
6          listChilds(getFilesDir(),0);
7      }
8  });
```

第 6 行代码表示通过 Android 提供的 getFilesDir() 函数获得数据文件夹的 File 对象，并传递给 listChilds(File dir1,int level) 函数进行目录查询。listChilds(File dir1,int level) 的具体代码如下：

```
1   private void listChilds(File dir1,int level){
2       // TODO Auto-generated method stub
3       StringBuilder sBuilder=new StringBuilder("|--");
4       //生成文件对应的结构框架
5       for(int i=0;i<level;i++){
6           sBuilder.insert(0,"|  ");
7       }
8       //获得文件夹下一级的所有文件
9       File[] childs=dir1.listFiles();
10      //判断下一级是否有文件，如果没有文件，则表示本级递归结束
11      int length=(childs==null?0:childs.length);
12      for(int i=0;i<length;i++){
13          fileList.append(sBuilder.toString()+childs[i].getName()+"\n");
14          //如果为目录，则进入到下一级
15          if(childs[i].isDirectory()){
16              listChilds(childs[i],level+1);
17          }
18      }
19  }
```

第6行代码表示在"|--"符号前插入level级空格，使得最终结果具有一定的层次结构。

第11行代码是递归函数的核心，用于判断跳出递归的时机，即当不再有子文件或者子目录时，本级的查询完成。

第16行代码表示每当进入下一级目录，文件夹的级数就加1。

最后实现"删除文件列表"按钮的功能。顾名思义，"删除文件列表"就是删除数据文件夹下创建的所有文件和目录。删除的方式和读取相同，采用递归方式完成。具体代码如下：

```
1   deleteFileList.setOnClickListener(new OnClickListener(){
2   
3       @Override
4       public void onClick(View v){
5           // TODO Auto-generated method stub
6           deleteAll(getFilesDir());
7           fileList.setText("删除所有创建的文件 ");
8       }
9   });
```

用deleteAll(File file)函数进行删除操作。deleteAll(File file)的具体实现如下：

```
1   private void deleteAll(File file){
2       // TODO Auto-generated method stub
3       //判断是否为文件，如果是文件，则直接删除
4       if(file.isFile()){
```

```
5              Log.i(TAG," 删除文件 :"+file.getAbsolutePath());
6              file.delete();
7              return;
8         }
9         // 如果是目录，则递归到最底层开始往上层删除文件
10        File[] lists=file.listFiles();
11        for(int i=0;i<lists.length;i++){
12             deleteAll(lists[i]);
13        }
14        Log.i(TAG," 删除目录 :"+file.getAbsolutePath());
15        file.delete();
16   }
```

以上便是 7_02_FileControl 的全部代码，以及 File 对象在具体应用中的使用方法。本示例展示的是如何在应用程序的数据文件夹下对文件进行操作。

7.2.2 Android 中的内部存储

7.2.1 小节中的示例展示了 File 对象在 Android 系统中的应用。但 File 对象只能完成对文件的创建、删除等工作，并没有提供任何对文件内容操作的函数，它只能实现对文件的初步操作。

Android 系统允许应用程序创建仅能够自身访问的私有文件，文件保存在设备的内部存储器上，在 Android 系统下保存在 data/data/<project_package_name>/files 目录中。Android 系统不仅支持标准 Java 的 I/O 类和方法，还提供了能够简化读/写流式文件的函数。这里主要介绍 openFileOutput() 和 openFileInput() 2 个函数。

openFileOutput() 函数为写入数据做准备而打开文件。如果指定的文件存在，直接打开文件准备写入数据；如果指定的文件不存在，则创建一个新的文件。

openFileOutput() 函数的语法格式如下：

public FileOutputStream opentFileOutput (String name, int mode)

其中，第 1 个参数是文件名称，这个参数不可以包含描述路径的斜杠；第 2 个参数是操作模式，主要有两种文件操作模式，见表 7-1。该函数的返回值是 FileOutputStream 类型。

表 7-1 两种文件操作模式

模 式	说 明
MODE_PRIVATE = 0	私有模式，默认模式，文件仅能够被创建文件的程序访问，或具有相同 UID 的程序访问
MODE_APPEND = 0x8000	追加模式，如果文件已经存在，则在文件的结尾处添加新数据

使用 openFlieOutput() 函数建立新文件的示例代码如下：

```
1   // 定义新文件的名称为 "fileDemo.txt"
2   String FILE_NAME =  "flieDemo.txt"
```

```
3    // 以私有模式建立文件
4    FileOutputStream fos = openFileOutput(FILE_NAME,Context.MODE_APPEND);
5    String text = "Some data";
6    // 将数据写入文件
7    fos.write(text.getBytes());
8    // 强制将缓冲中的数据写入文件
9    fos.flush();
10   // 关闭 FileOutputStream
11   fos.close();
```

为了提高文件系统的性能，在调用 write() 函数时，如果写入的数据量较小，系统会把数据保存在数据缓冲区中，等数据量积攒到一定程度时再将数据一次性写入文件。因此，在调用 close() 函数关闭文件前，务必要调用 flush() 函数，将缓冲区内所有的数据写入文件。如果开发人员在调用 close() 函数前没有调用 flush() 函数，则可能导致部分数据丢失。

openFileInput() 函数为读取数据做准备而打开文件。openFileInput() 函数的语法格式如下：

```
public FileInputStream opentFileInput (String name)
```

其中，第 1 个参数也是文件名称，同样不允许包含描述路径的斜杠。

使用 openFileInput() 函数打开已有文件，并以二进制方式读取数据的示例代码如下：

```
1    // 定义新文件的名称为 "fileDemo.txt"
2    String  FILE_NAME ="fileDemo.txt"
3    // 以私有模式建立文件
4    FileInputStream  fis = openFileInput(FILE_NAME);
5    // 通过数组来获取文件内容的长度
6    byte[]  readBytes = new byte[fis.available()];
7    // 读取文件中的内容
8    while(fis.read(readBytes)!= -1) { }
```

上面的两部分代码在实际使用过程中会遇到错误提示，这是因为文件操作可能会遇到各种问题而最终导致操作失败。因此，在代码中应使用 try…catch 捕获可能产生的异常。

下面在 Android Studio 中创建一个新的 Android 项目 7_03_InternalFileDemo，这个示例用来演示在内部存储器上进行文件的写入和读取。用户界面如图 7-5 所示，用户将需要写入的数据输入 EditText 中，单击"写入文件"按钮将数据写入 /data/data/cn.edu.siso.internalfiledemo/ files/fileDemo.txt 文件中。如果用户选中"追加模式"复选框，数据将会添加到 fileDemo.txt 文件的结尾处。单击"读取文件"按钮，程序会读取 fileDemo.txt 文件的内容，并显示在界面下方的白色区域中。

图 7-5　InternalFileDemo 效果

添加"写入文件"按钮的用户单击事件，具体代码如下：

```
1       // 为 write 绑定事件监听器
2       View.OnClickListener writeButtonListener = new View.OnClickListener( ) {
3           @Override
4           public void onClick(View v) {
5               // 定义文件输出流
6               FileOutputStream fos = null;
7               try {
8                   // 判断 CheckBox 是否以追加模式打开文件输出流
9                   if (appendBox.isChecked( )) {
10                      fos = openFileOutput(FILE_NAME,Context.MODE_APPEND);
11                  } else {
12                      fos = openFileOutput(FILE_NAME,Context.MODE_PRIVATE);
13                  }
14                  // 获取 EditText 组件中的信息
15                  String text = entryText.getText( ).toString( );
16                  // 将 text 中的内容写入文件中
17                  fos.write(text.getBytes( ));
18                  labelView.setText(" 文件写入成功，写入长度： " + text.length( ));
19                  entryText.setText(" ");
20              } catch (FileNotFoundException e) {
21                  e.printStackTrace( );
22              } catch (IOException e) {
23                  e.printStackTrace( );
24              } finally {
25                  // 判断输出流是否存在
26                  if (fos != null) {
27                      try {
28                          // 刷新文件资源
29                          fos.flush( );
30                          // 关闭文件资源
31                          fos.close( );
32                      } catch (IOException e) {
33                          e.printStackTrace( );
34                      }
35                  }
36              }
37          }
38      };
```

第 6 行代码定义文件的输出流。

第 8 ～ 13 行代码通过 CheckBox 组件来判断是否要进入 "追加模式"。

第 15 ～ 19 行代码利用组件来完成一些文件内容的显示。

第 26 ～ 35 行代码是 Java 中的 try…catch 语句，当 I/O 操作流发现文件不存在时就会抛出异常。其主要功能是进行文件资源的刷新与关闭。

添加"读取文件"按钮的用户单击事件，具体代码如下：

```
1    // 为 read 绑定事件监听器
2    View.OnClickListener readButtonListener = new View.OnClickListener() {
3        @Override
4        public void onClick(View v) {
5            displayView.setText(" ");
6            // 定义文件输入流
7            FileInputStream fis = null;
8            try {
9                // 获取指定文件对应的存储目录
10               fis = openFileInput(FILE_NAME);
11               if (fis.available( ) == 0) {
12                   return;
13               }
14               // 定义临时缓冲区
15               byte[]  readBytes = new byte[fis.available( )];
16               // 读取文件的内容
17               while(fis.read(readBytes) != −1) {
18               }
19               // 获取文件中的信息并显示
20               String text = new String(readBytes);
21               displayView.setText(text);
22               labelView.setText(" 文件读取成功，文件长度：" + text.length( ));
23           } catch (FileNotFoundException e) {
24               e.printStackTrace( );
25           } catch (IOException e) {
26               e.printStackTrace( );
27           }
28       }
29   };
```

第 6 ～ 7 行代码用于定义文件的输入流。

第 10 ～ 13 代码通过输入流获取文件对应的存储位置并判断。

第 15 行代码用于定义临时缓冲区。

第 16 ～ 17 行代码通过一个 while 循环来读取文件中的内容。

程序运行后，在 /data/data/cn.edu.siso.internalfiledemo/files 目录下找到新建的 fileDemo.txt 文件，如图 7-6 所示。从文件权限上分析 fileDemo.txt 文件，-rw-rw---- 表明文件仅允许创建者和同组用户进行读 / 写，其他用户无权使用。

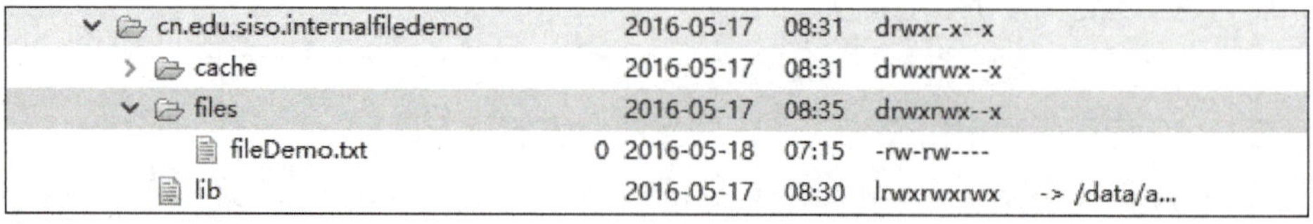

图 7-6 fileDemo.txt 文件

7.2.3　Android 中的资源文件

开发人员除了可以在内部和外部存储设备上读 / 写文件外，还可以访问 /res/raw 和 /res/xml 目录中的原始格式文件和 XML 文件，这些文件是程序开发阶段在工程中保存的文件。

原始格式文件可以是任何格式的文件，例如视频格式文件、音频格式文件、图像文件或数据文件等。在应用程序编译和打包时，/res/raw 目录下的所有文件都会保留原有格式不变。而 /res/xml 目录一般用来保存格式化数据的 XML 文件，会在编译和打包时将 XML 文件转换为二进制格式，用以降低存储器空间的占用并提高访问效率，在应用程序运行的时候会以特殊的方式进行访问。

7_04_ResourceFileDemo 示例展示了如何在程序运行时访问资源文件。当用户单击"读取原始文件"按钮时，程序将读取 /res/raw/raw_file.txt 文件，并将内容显示在界面上，如图 7-7a 所示。当用户单击"读取 XML 文件"按钮时，程序将读取 /res/xml/people.xml 文件，也将内容显示在界面上，如图 7-7b 所示。

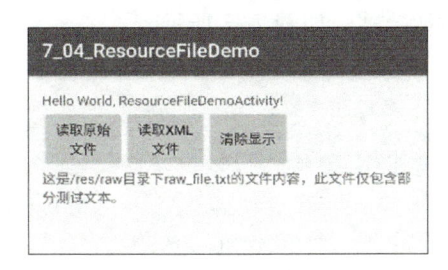

a）　　　　　　　　　　　　　　　　　b）

图 7-7　资源文件管理效果图

a）读取原始文件　b）读取 XML 文件

读取原始格式文件首先需要调用 getResource( ) 函数获得资源实例，然后通过调用资源实例的 openRawResource( ) 函数，以二进制流的形式打开指定的原始格式文件。在读取文件结束后，调用 close( ) 函数关闭文件流。

7_04_ResourceFileDemo 示例中读取原始格式文件的核心代码如下：

```
1   // 获取资源对象
2   Resources resources = this.getResources();
3   InputStream inputStream = null;
4       try {
5           // 以二进制流的形式打开 raw_file.txt 文件
6           inputStream = resources.openRawResource(R.raw.raw_file);
7           // 定义临时缓冲区
8           byte[] reader = new byte[inputStream.available()];
9           // 读取文件内容
10          while (inputStream.read(reader) != -1) {
11          }
12          // 设置编码格式为 UTF-8
```

```
13                    displayView.setText(new String(reader,"utf-8"));
14                } catch (IOException e) {
15                    Log.e("ResourceFileDemo", e.getMessage( ), e);
16                } finally {
17                    if (inputStream != null) {
18                        try {
19                            inputStream.close( );
20                        }
21                        catch (IOException e) { }
22                    }
23                }
```

第 13 行的 new String(reader,"utf-8"))，表示以 UTF-8 的编码方式从字节数组中实例化一个字符串。如果程序开发人员需要新建 /res/raw/raw_file.txt 文件，则需要选择使用 UTF-8 编码方式，否则程序运行时会产生乱码。选择的方法是选中 raw_file.txt 文件，然后在主菜单栏中执行 File → Settings 命令进入 Settings 界面，在左侧列表选择 /Editor/File Encodings，在右侧窗格中即可设置 UTF-8 编码方式，如图 7-8 所示。

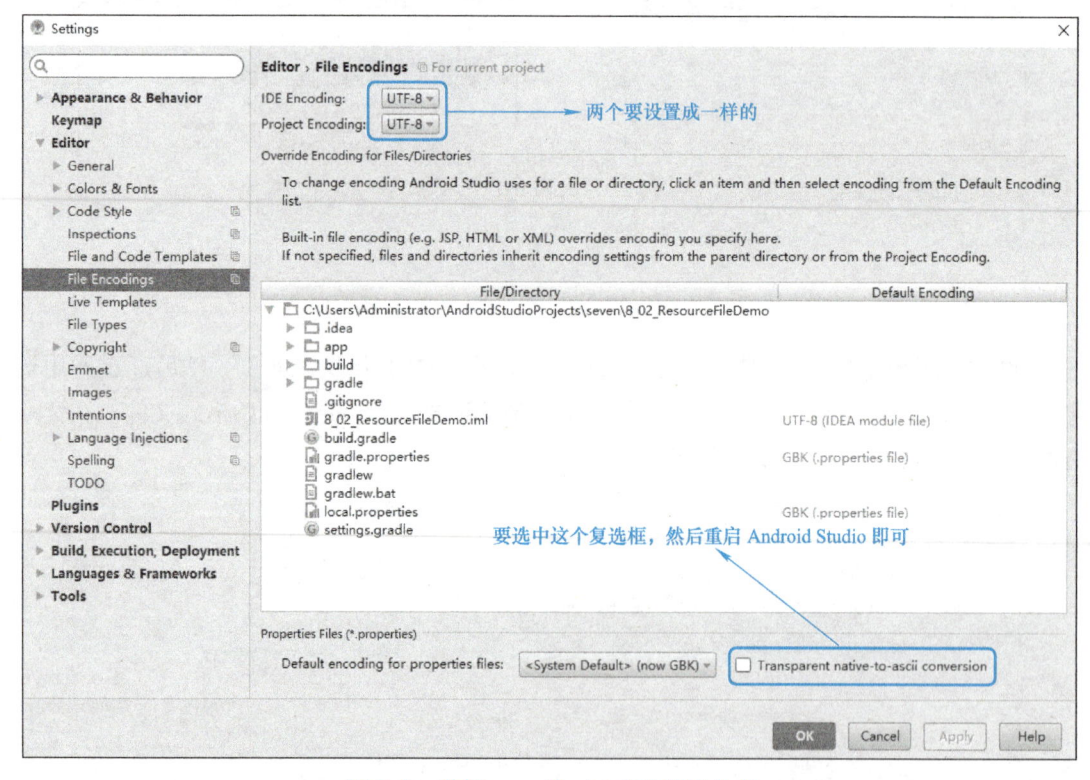

图 7-8　选择 raw_file.txt 文件编码方式

/res/xml 目录下的 XML 文件与其他资源文件有所不同，程序开发人员不能以流的方式直接读取，主要原因在于 Android 系统为了提高读取效率，减少占用的存储空间，将 XML 文件转换为一种高效的二进制格式了。

为了说明如何在程序运行时读取 /res/xml 目录下的 XML 文件，首先在 /res/xml

目录下创建一个名为 people.xml 的文件。XML 文件定义了多个 <person> 元素，每个 <person> 元素都包含 3 个属性，即 name、age 和 height，分别表示姓名、年龄和身高。

/res/xml/people.xml 文件代码如下：

```
1  <people>
2    <person name=" 李某某 " age="21" height="1.81" />
3    <person name=" 王某某 " age="25" height="1.76" />
4    <person name=" 张某某 " age="20" height="1.69" />
5  </people>
```

读取 XML 格式文件，首先通过调用资源实例的 getXml( ) 函数，获得 XML 解析器 XmlPullParser。XmlPullParser 是 Android 平台标准的 XML 解析器，这项技术来自一个开源的 XML 解析 API 项目 XMLPULL。

7_04_ResourceFileDemo 示例中关于读取 XML 文件的核心代码如下：

```
1  // 获取 XML 解析器
2  XmlPullParser parser = resources.getXml(R.xml.people);
3              String msg = " ";
4              try {
5                  // 通过获得的 XML 解析器来进行 XML 解析
6                  while (parser.next( ) != XmlPullParser.END_DOCUMENT) {
7                      // 获取元素的名称
8                      String people = parser.getName( );
9                      String name = null;
10                     String age = null;
11                     String height = null;
12                     // 判断 XML 文件是否存在 person
13                     if ((people != null) && people.equals("person")) {
14                         // 获取元素的属性数量
15                         int count = parser.getAttributeCount( );
16                         for (int i = 0; i < count; i++) {
17                             // 获取元素的属性名称
18                             String attrName = parser.getAttributeName(i);
19                             // 获取元素的值
20                             String attrValue = parser.getAttributeValue(i);
21                             if ((attrName != null) &&attrName.equals("name")) {
22                                 name = attrValue;
23                             } else if ((attrName != null) &&attrName.equals("age")) {
24                                 age = attrValue;
25                             } else if ((attrName != null) &&attrName.equals("height")) {
26                                 height = attrValue;
27                             }
28                         }
29                         if ((name != null) && (age != null) && (height != null)) {
30                             // 将获取到属性的值整理成需要显示的信息
```

```
31                         msg += "姓名："+name+"，年龄："+age+"，身高："+height+"\n";
32                     }
33                 }
34             }
35         } catch (Exception e) {
36             Log.e("ResourceFileDemo", e.getMessage(), e);
37         }
38     displayView.setText(msg);
```

第 1～2 行代码通过资源实例的 getXml() 函数获得 XML 解析器。

第 6 行代码通过 parser.next() 方法可以获得高等级的解析事件，并通过对比确定事件类型。XML 事件类型见表 7-2。

第 8 行代码使用 getName() 函数获得元素的名称。

第 15 行代码使用 getAttributeCount() 函数获取元素的属性数量。

第 17～20 行代码主要是获取属性的名称和值。

第 21～27 行代码通过分析属性名获取到正确的属性值。

第 29～32 行代码主要是将属性值整理成需要显示的信息。

表 7-2 XmlPullParser 的 XML 事件类型

事 件 类 型	说　　明
START_TAG	读取到标签开始标志
TEXT	读取文本内容
END_TAG	读取到标签结束标志
END_DOCUMENT	文档末尾

7.3　SQLite 数据库的访问与读 / 写操作

SQlite 数据库基本概念

SQLite 是用 C 语言编写的开源嵌入式数据库引擎。它支持绝大多数的 SQL 语句，并且有很好的跨平台性，能在所有主流操作系统上运行。此外，SQLite 数据库虽然主要应用于嵌入式等小数据量存储的环境中，但它也可以支持 2TB 大小的数据库，并且每个数据库都是以独立文件的形式存储在硬盘中的。

SQLite 的数据类型不似其他大型数据库那样具有严格的要求，它采用动态数据类型，即当某个值插入到数据库中时，SQLite 会检查它的类型，如果与预设类型不匹配，SQLite 则会尝试将该值转换成该列的类型，如果不能转换，则该值将作为本身的类型存储。SQLite 这种特点的数据类型称为"弱类型"。但如果是主键字段（INTEGER PRIMARY KEY），则其他类型不会被转换，而是报 datatype missmatch 的错误。

总之，SQLite 官方文件说明只支持 NULL、INTEGER、REAL、TEXT 和 BLOB 这 5 种数据类型（分别代表空值、整型值、浮点值、字符串文本和二进制对象），但在实际应用中可以使用 varchar 类型的数据，它会在运行时自动转化为与这 5 种数据类型相匹配的一种。

7.3.1 关系数据库中的基本概念

关系数据库包括以下几个非常重要的概念，这几个概念也是实际项目交流中使用频率较高的概念。

1）实体（Entity）：现实客观的事物，如学生、房子等，通常以数据表的形式存在。

2）属性（Attribute）：实体所具有的某一特性，如学生的姓名、性别、年龄等，通常以数据表字段的形式存在。

3）实体标识（Key）：能唯一标识某个实体的属性集，如学生的学号、学校的标识，通常以主键的形式存在。

4）域（Domain）：属性的取值范围，如性别的取值范围、学号的取值范围。

5）实体型（Entity Type）：使用实体名及其属性名集合来抽象和描述同类实体。

6）实体集（Entity Set）：同型实体的集合。

7）关系（Relationship）：现实世界中事物之间客观存在的相互联系，如一对一的关系、一对多的关系及多对多的关系。

8）实体-关系图（E-R 图）：在设计数据库时，通常会绘制 E-R 图用于表示各数据表之间的联系。在 E-R 图中，实体用矩形框表示，关系用菱形框表示，属性用椭圆或圆角矩形表示，属性和实体、实体和实体之间的联系使用实线连接，如图 7-9 所示。

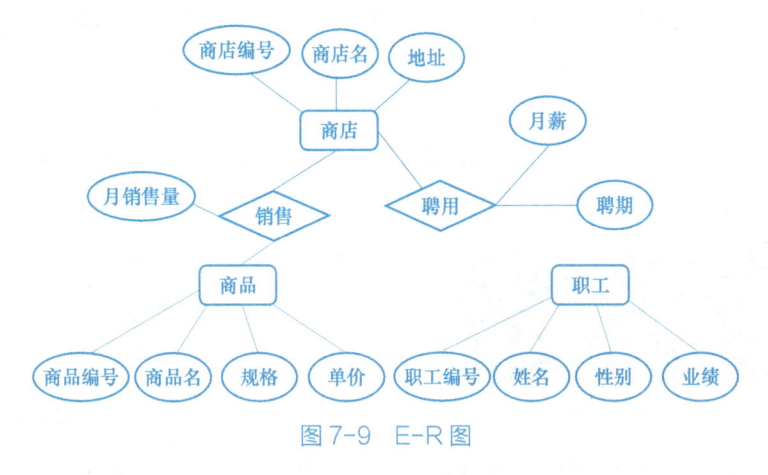

图 7-9 E-R 图

9）数据库模式定义语言（Database Definition Language，DDL）：用于描述数据库中要存储的现实世界实体的语言。关系数据库通过 SQL 语句中的创建（create）、修改（alter）和删除（drop）语句实现。

10）数据库操纵语言（Database Manipulation Language，DML）：终端用户和应用程序实现对数据库数据进行操作的语句。关系数据库通过 SQL 语句中的增加（insert）、删除（delete）、修改（update）、检索（select）、显示输出等语句实现。

11）主键：在定义的字段中必须包含的唯一的值，且该值不能为空。

12）外键：利用某种关系把两个表连接起来，例如，客户表和交易表通过客户 ID 进行关联，那么客户表中的客户 ID 就是主键，而交易表中的客户 ID 就是外键。如果字段定义为外键，那么该字段的值只能从包含主键的表得来。

13）1NF（第一范式）：指数据库表中的每个字段都是不可分割的基本数据项，同一个字段不能有多个值，如果出现重复的值，那么就要重新定义一个新实体，该实体由重复的字段值构成。1NF 是关系数据库的基础，不满足 1NF 的数据库不是关系数据库。

14）2NF（第二范式）：在 1NF 的基础上，要求数据表的每一行可以被唯一地区分，为此通常需要加上一个字段作为每一行的唯一标识。

15）3NF（第三范式）：在 2NF 的基础上，要求一个数据表中不包含已在其他数据表中包含的非主键字段。

7.3.2　基本 SQL 语句的使用

Android 系统中除了提供创建数据库的接口函数外，还提供了创建 SQLite 数据的本地工具，开发人员只要在命令行中输入“adb shell”这条命令就可以进入 Android 系统的字符界面，其功能类似于一个精简版的 Linux。SQLite 数据库的创建使用“sqlite3 数据库名”形式的命令创建。例如，运行命令“sqlite3 studenttable.db”会产生一个名为 studenttable.db 的数据库文件，运行的结果如图 7-10 所示。

SQLite 数据库的基本操作包括数据表的创建（create table）、数据的插入（insert into）、数据的修改（update…set）、数据的删除（delete from）、数据的查询（select…from），以及 where 子语句的使用。

首先使用 create table 语句来创建一个名为 student 的数据表，该数据表包含 4 个属性，分别为学生 ID（id）、学生姓名（name）、学生年龄（age）、学生性别（sex），具体代码如图 7-11 所示。其中，id 为主键，类型是整型，并通过 autoincrement 设置为自增；name 的类型为可变字符串，10 代表最多表示 10 个 char 型；age 的类型为短整型；sex 的类型为布尔型，default 表示默认值为 1。

```
root@android:/ # sqlite3 studenttable.db
sqlite3 studenttable.db
SQLite version 3.7.11 2012-03-20 11:35:50
Enter ".help" for instructions
Enter SQL statements terminated with a ";"
sqlite>
```

图 7-10　SQLite 数据库的创建

```
create table student(
        id integer primary key autoincrement,
        name varchar(10),
        age smallint,
        sex boolean default 1
);
```

图 7-11　student 数据表的创建

创建完数据库后，使用 insert into 语句向数据库中插入数据，在本例中向数据库插入 5 条学生记录，代码如图 7-12 所示。其中 values 后面括号中的值和定义表中的字段要一一对应，并且类型也要完全符合。需要注意的是，id 字段因为设为了 autoincrement，所以在数据插入时可以不用传值，数据会自动为其分配。插入数据的结果如图 7-13 所示。

```
insert into student values(null, '张三', 20, 1);
insert into student values(null, '李四', 18, 1);
insert into student values(null, '王五', 18, 1);
insert into student values(null,'李雷',23,1);
insert into student values(null,'韩梅梅',17,0);
```

图 7-12　向 student 数据表插入数据

RecNo	id	name	age	sex
Click here to define a filter				
1	1	张三	20	☑
2	2	李四	18	☑
3	3	王五	18	☑
4	4	李雷	23	☑
5	5	韩梅梅	17	☐

图 7-13　插入数据的结果

在表数据添加完毕后，使用 select 语句进行数据库的查询。select 语句的格式为 "select 字段名 from 表名"。如果要表示查询所有字段，则可以使用通配符 "*" 来表示。示例代码和效果如图 7-14 所示。

`select * from student;`

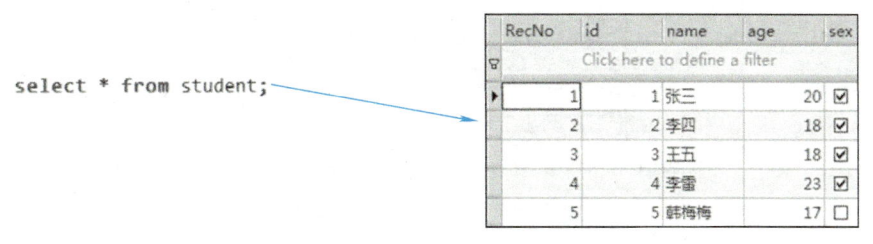

图 7-14　select 语句的示例代码与效果

当数据表中的数据需要修改时，可以使用 update 语句进行修改。update 语句的格式为 "update 表名 set 属性 = 新值 where 条件"。在本例中，如果要把张三的年龄改为 25 岁，具体代码和效果如图 7-15 所示。

`update student set age=25 where name='张三';`

图 7-15　update 语句的示例代码与效果

当需要删除数据表中的数据时，可以使用 delete 语句来完成。delete 语句的格式为 "delete from 表名 where 条件"。在本例中，如果要删除张三这条记录，具体代码和效果如图 7-16 所示。

`delete from student where name='张三';`

图 7-16　delete 语句的示例代码与效果

以上示例中多次出现 where 子语句，在 SQL 语句中 where 子语句用于表示执行条件。例如，在 delete 语句中，"where name='张三'" 表示删除姓名等于张三的数据记录。除此之外，where 子语句还支持各种表达式和运算符，如要查询年龄在 20～25 岁的学生，就可以使用 between…and 表达式，如图 7-17 所示。

`select * from student where age between 20 and 25;`

图 7-17　where 子语句的表达式和效果

又如，要查询姓李的学生的信息，可以使用like表达式。like表达式支持字符串模糊匹配，如“%”代表任意多个字符、“_”代表单个字符、“[]”代表指定范围内的单个字符，“[^]”代表不在指定范围内的单个字符。本例的表达式及效果如图7-18所示。

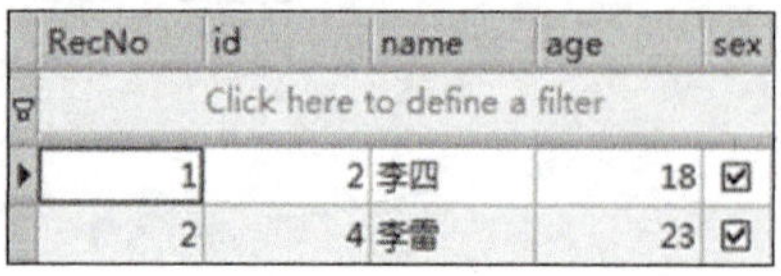


```
select * from student where name like '李%';
```

图7-18　like表达式及效果

总之，where子语句支持的表达式非常多，可将其总结为表7-3所示的内容。

表7-3　where子语句支持的表达式汇总

运　算　符	作　　用
=、>、<、>=、<=、<>、！=、！<、！>	比较运算符
between、not between	值是否在范围之内
in、not in	值是否属于列表值之一
link、not like	字符串匹配运算符
is null、is not null	值是否为null
and、or	组合两个表达式的运算结果
not	取反

7.3.3　Android中SQLite的使用

7.3.2小节主要介绍了关系数据库的基本概念和SQL语句的使用，本小节将针对Android系统中SQLite的使用进行讲解，并在7.3.4小节中将以一个“简单课程表”为例来巩固这部分知识。

在Android系统中，SQLitDatabase类代表一个SQLite对象，即对应一个底层的数据库文件，当应用程序获得SQLiteDatabase对象后，就可以通过该对象来管理和操作数据库。要获得SQLiteDatabase对象，可以通过SQLiteDatabase提供的如下3个静态函数。

1）openDatabase(String path,SQLiteDatabase.CursorFactory factory,int flags)：打开path文件所代表的SQLite数据库。

2）openOrCreateDatabase(File file,SQLiteDatabase.CursorFactory factory)：打开或创建file文件所代表的SQLite数据库。

3）openOrCreateDatabase(String path,SQLiteDatabase.CursorFactory factory)：打开或创建path文件所代表的SQLite数据库。

当程序获取SQLiteDatabase对象后，就可以通过该对象提供的公有方法完成对数据库的操作。SQLiteDatabase提供的数据库操作有很多种，其中有3个函数最为核心，其他函数均为这3个函数的其他表现形式。这3个函数为：

1）execSQL(String sql,Object[] bindArgs)：执行带占位符的 SQL 语句。

2）execSQL(String sql)：执行 SQL 语句。

3）Cursor rawQuery(String sql,String[] selectionArgs)：执行带占位符的 SQL 查询。

以上这 3 个函数中的第 1 个参数都是用于传递完整的 SQL 语句的，并通过这 3 个函数进行执行，类似于 7.3.2 小节中在"adb shell"中执行 SQL 语句那样。但这 3 个函数中的前两个函数没有任何返回值，而第 3 个函数会返回一个 Cursor 对象，因此在实际应用中通常前两个 execSQL( ) 函数用于执行插入、删除、修改等语句，而最后一个 rawQuery( ) 函数则用于执行查询语句，并返回一个 Cursor 对象，通过这个对象就可以获取查询的内容。

Cursor 对象又可以称为游标，通过游标的移动可以在一个数据集中获取所需的内容。在使用 Cursor 对象前，需要先了解一下 Cursor 对象的基本概念。

1）Cursor 是每行数据的集合。

2）Cursor 对象使用 moveToFirst( ) 函数定位第 1 行。

3）如果要获取某个数据的值，就必须知道该列的索引，如果知道索引，就可以通过列名查询得到。此外，还必须要知道该属性的数据类型。

4）移动到指定行之后就可以通过 get××× 获取该行的数据，其中 ××× 就表示该列数据对应的数据类型。

Cursor 对象提供了如下的方法来移动游标和查询数据结果。

1）getColumnCount( )：返回所有列的总数。

2）getColumnIndex(String columnName)：返回指定列的名称，如果不存在则返回 –1。

3）getColumnIndexOrThrow(String columnName)：从零开始返回指定列名称，如果不存在，则抛出 IllegalArgumentException 异常。

4）getColumnName(int columnIndex)：以给定的索引返回列名。

5）getColumnNames( )：返回一个字符串数组的列名。

6）getCount( )：返回 Cursor 中的行数。

7）close( )：关闭游标，释放资源。

8）moveToFirst( )：移动光标到第一行。

9）moveToLast( )：移动光标到最后一行。

10）moveToNext( )：移动光标到下一行。

11）moveToPosition(int position)：移动光标到一个绝对的位置。

12）moveToPrevious( )：移动光标到上一行。

7.3.4　简单课程表的实现

本小节将以一个"简单课程表"为例，来展示 Android 中 SQLite 的基本用法。本示例共由 2 个界面组成：一个是课程的显示界面，即主界面；另一个是课程的添加界面。具体如图 7-19 所示。

a)   b)

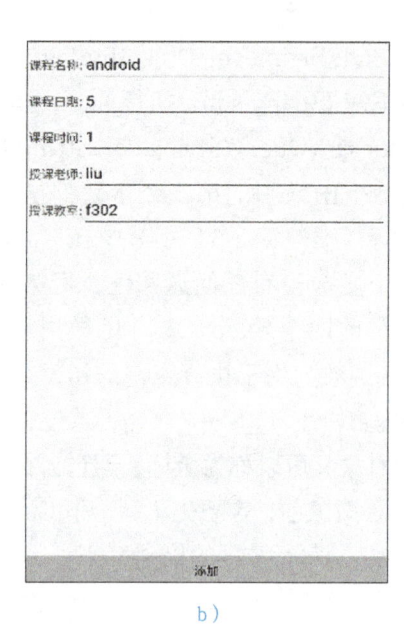

图 7-19 "简单课程表"的界面

a) 主界面 b) 课程添加界面

首先完成界面的布局。从图 7-19a 可以看出，主界面非常简单，只是一个 TextView 用于显示文本；而课程添加界面则相对较为复杂，由多个 TextView、EditText 及 Button 组成。在本例中，当用户添加完课程后会把添加的课程信息通过 Intent 传递给主界面，由主界面完成对数据库的操作，所以在课程添加界面中会通过 Activity 提供的 setResult(int resultCode, Intent data) 把数据传至主界面。具体代码如下：

```
1    protected void onCreate(Bundle savedInstanceState){
2        super.onCreate(savedInstanceState);
3        setContentView(R.layout.activity_course);
4        // 关联 UI
5        course_name=(EditText)findViewById(R.id.course_name);
6        course_weekday=(EditText)findViewById(R.id.course_weekday);
7        course_hour=(EditText)findViewById(R.id.course_hour);
8        course_teacher=(EditText)findViewById(R.id.course_teacher);
9        course_room=(EditText)findViewById(R.id.course_room);
10       addButton=(Button)findViewById(R.id.add);
11       // 设置"添加"按钮的单击事件
12       addButton.setOnClickListener(new OnClickListener(){
13           public void onClick(View v){
14               // 获取 Intent 对象
15               Intent intent=getIntent();
16               // 初始化数据容器
17               Bundle bundle=new Bundle();
18               bundle.putString("course_name",
19                   course_name.getText().toString());
20               bundle.putString("course_weekday",
21                   course_weekday.getText().toString());
```

```
22              bundle.putString("course_hour",
23                      course_hour.getText().toString());
24              bundle.putString("course_teacher",
25                      course_teacher.getText().toString());
26              bundle.putString("course_room",
27                      course_room.getText().toString());
28              // 载入数据容器
29              intent.putExtras(bundle);
30              // 传递数据容器
31              CourseActivity.this.setResult(RES_CODE,intent);
32              // 关闭当前页面
33              CourseActivity.this.finish();
34          }
35      });
36  }
```

接下来是编写主界面的 Java 代码。首先要完成 onCreate() 函数，在该函数中通过查询数据库完成课程表信息的初始化。具体代码如下：

```
1   protected void onCreate(Bundle savedInstanceState){
2       super.onCreate(savedInstanceState);
3       setContentView(R.layout.activity_main);
4       scheduleListView=(TextView)findViewById(R.id.scheduleList);
5       // 初始化数据库
6       scheduleDatabase=SQLiteDatabase.openOrCreateDatabase(
7               this.getFilesDir().toString()+databaseFile,null);
8       // 初始化数据表信息
9       createScheduleDatabase(scheduleDatabase);
10      // 查询课程表数据库中的所有数据
11      String sql="select * from schedule";
12      // 获取课程表数据集游标
13      cursor=scheduleDatabase.rawQuery(sql,null);
14      // 从数据集中更新课程列表
15      updateScheduleList(cursor);
16  }
```

第 6 行代码表示初始化一个数据库，这个数据库存放在应用程序的数据文件夹下，并且数据库名称为 scheduledb.db。

第 9 行代码用于初始化数据表。当数据表存在时则不进行初始化，具体代码如下：

```
1   // 初始化数据库
2   private void createScheduleDatabase(SQLiteDatabase scheduleDatabase){
3       // 判断数据表是否已经存在，如不存在，则创建数据表
4       String sql="SELECT count(*) FROM sqlite_master "+
5               "WHERE type='table' AND name='schedule'";
6       Cursor cursor=scheduleDatabase.rawQuery(sql,null);
```

```
7       cursor.moveToFirst();
8       // 获取查询的第一个字段来判断表格是否存在
9       if(cursor.getInt(0)<1){
10          // curricula_name 课程名称, curricula_weekday 星期数,
11          // curricula_hour 每天课时数, curricula_teacher 授课教师,
12          // curricula_room 授课教室
13          sql="create table schedule("+
14                  "_id integer primary key autoincrement,"+
15                  "course_name varchar(20) not null,"+
16                  "course_weekday smallint not null,"+
17                  "course_hour smallint not null,"+
18                  "course_teacher varchar(20) not null,"+
19                  "course_room varchar(20) not null)";
20          scheduleDatabase.execSQL(sql);
21      }
22  }
```

第 4～5 行代码用于判断数据库中是否已经存在 schedule 数据表，如果存在，那么 count(*)=1；如果不存在，count(*)=0。

第 9～19 行代码表示当 count(*) 等于 0 时，用 create table 语句创建数据库。

在上方的 onCreate( ) 函数代码第 15 行的 updateScheduleList(cursor) 函数通过查询数据库中的课程数据更新信息列表，具体代码如下：

```
1   // 更新课程表信息
2   private void updateScheduleList(Cursor cursor){
3       // TODO Auto-generated method stub
4       scheduleListView.setText(" ");
5       // 移动游标值开始位置
6       cursor.moveToFirst();
7       StringBuffer scheduleBuffer=new StringBuffer();
8       // 循环移动数据机游标，并得到每条数据
9       for(cursor.moveToFirst();
10          !cursor.isAfterLast();cursor.moveToNext()){
11          String course_name=cursor.getString(1);
12          int course_weekday=cursor.getInt(2);
13          int course_hour=cursor.getInt(3);
14          String course_teacher=cursor.getString(4);
15          String course_room=cursor.getString(5);
16          String courseInfo=" 课程名 :"+course_name+
17                  "; 星期 "+course_weekday+
18                  "; 第 "+course_hour+" 节课 "+
19                  "; 地点 :"+course_room+
20                  "; 老师 :"+course_teacher+"\n";
21          scheduleBuffer.append(courseInfo);
22      }
23      scheduleListView.setText(scheduleBuffer.toString());
24  }
```

第 9～10 行代码用于循环得到数据集中的数据。如果移动到最后一位数据，则跳出循环。

从第 11～15 行代码可以看出，要得到正确的数据值就需要知道数据的具体类型，否则会造成错误。

以上便是数据的获取和显示，那么最后一步就是如何从课程添加界面中获得所需的数据，并把它添加至数据库中。前面在学习 Activity 中已经了解到，如果要得到另一个 Activity 传回的数据，则需要重载 onActivityResult( ) 函数，具体代码如下：

```
1   @Override
2   protected void onActivityResult(int requestCode,
3           int resultCode,Intent  data){
4       // TODO Auto-generated method stub
5       //获取用户添加的课程信息
6       if(requestCode==REQ_CODE&&resultCode==RES_CODE){
7           Bundle bundle=data.getExtras();
8           // 从数据容器中获取所需的数据
9           String course_name=bundle.getString("course_name");
10          String course_weekday=bundle.getString("course_weekday");
11          String course_hour=bundle.getString("course_hour");
12          String course_teacher=bundle.getString("course_teacher");
13          String course_room=bundle.getString("course_room");
14          // 通过 SQL 语句插入值到数据库中
15          String sql="insert into schedule values(null, '"+course_name+
16                  "', "+course_weekday+", "+course_hour+", '"+
17                   course_teacher+"', '"+course_room+"')";
18          scheduleDatabase.execSQL(sql);
19          //查询课程数据库
20          sql="select * from schedule";
21          cursor= scheduleDatabase.rawQuery(sql,null);
22          cursor.requery();
23          //更新课程表
24          updateScheduleList(cursor);
25      }
26  }
```

运行上面的程序就可以得到图 7-19 所示的效果。本例展示了 Android 中 SQLite 在实际应用中的使用方法。

综上所述，Android SQLite 的应用开发可以分为以下几个步骤：

1）获取 SQLiteDatabase 的对象，并连接数据库。

2）执行 SQLiteDatabase 中的方法来完成所需的 SQL 语句。

3）通过 SQLiteDatabase 得到数据集游标（Cursor），从而得到所有数据。

4）关闭 SQLiteDatabase 对象，并释放资源。

7.4 数据共享操作

当系统中部署了许多 Android 应用后，有时就需要在不同的应用之间共享数据。例如 Android 中有许多网络电话软件，这些软件都可以读取 Android 系统中联系人的信息，并将其显示在自己的界面中，或者在软件的短信界面显示收件箱短信，此时就需要把短信数据和联系人数据进行共享。前面讲过可以通过 SharedPreferences 和 SQLite 进行数据的存储，但是当数据类型非常复杂或是读取系统数据时，就无法使用这两种方式进行共享，因为要使用这些数据存储方式就必须知道记录数据的类型，这有时是很难实现的，所以这两种方式不利于应用程序之间的数据交换。

为解决应用程序之间的数据交换问题，Android 提供了一种全新的方式，即 ContentProvider。ContentProvider 是不同应用程序之间数据交换的标准 API，应用程序需要将自己的数据"暴露"（共享给别的应用程序）时就可以通过实现 ContentProvider 和 ContentResolver 来对数据进行修改。因为 ContentProvider 属于 Android 的四大组件之一，所以在使用时需要配置 AndroidManifest.xml 文件。

如果把 ContentProvider 比作一个 Android 系统内部的网站，那么这个网站以固定的 URI（统一资源标识符）对外提供服务，而 ContentResolver 则可以被当作 Android 系统内部的 HttpClient（客户端编程工具包），它可以向指定 URI 发送"请求"，通过这种方式把"请求"委托给 ContentProvider 进行处理，从而实现了"网站"的操作，如图 7-20 所示。

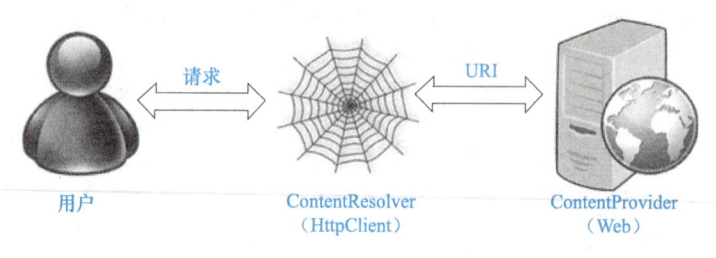

图 7-20 ContentProvider 实现原理

7.4.1 URI 的组成与 ContentProvider 的使用

ContentProvider 提供了一种类似于 URL（统一资源定位符）的数据格式，即 URI。ContentProvider 以某种特定的 URI 形式对外提供共享数据，其他数据根据 URI 去访问和操作指定的数据。例如有一个 URI 如下：

content://cn.edu.siso.providers.dictprovider/words

1）content://：这部分是 Android 所规定的固定部分。

2）cn.edu.siso.providers.dictprovider：在 ContentProvider 的 Authority 中确定，通过这部分系统可以知道操作哪个 ContentProvider。

3）words：资源部分。当访问者需要访问不同资源时，这部分是动态改变的。

当知道某个应用程序的 URI 时，开发人员就可以通过 Uri.parse(String) 函数把字符串转化为 URI 对象，获取 URI 对象后就可以通过 ContentResolver 提供的方法读取数据源中的数据。在使用 ContentResolver 时通常遵循以下 2 个步骤。

1）调用 Activity 的 getContentResolver() 函数获得 ContentResolver 对象。

2）调用 ContentResolver 的 insert()、delete()、update() 和 query() 函数操作数据。

ContentResolver 的操作类似于对数据库进行操作，其常用方法如下：

1）getContentResolver()：得到 ContentResolver 对象。

2）insert(Uri uri,ContentValues values)：向 URI 对应的 ContentProvide 中插入数据。

3）delete(Uri uri,String where,String[] selectionArgs)：删除 URI 对应的 ContentProvide 中与 where 相匹配的数据。

4）update(Uri uri,ContentValues values,String where,String[] selectionArgs)：更新 URI 对应的 ContentProvide 中与 where 相匹配的数据。

5）query(Uri uri,String[] projection,String selection,String[] selectionArgs,String sortOrder)：查询 URI 对应的 ContentProvide 中与 where 相匹配的数据。

7.4.2 系统联系人的读取

Android 系统中对联系人的管理通常使用如下几个 URI。

1）ContactsContract.Contacts.CONTENT_URI：管理联系人的 URI。

2）ContactsContract.CommonDataKinds.Phone.CONTENT_URI：管理联系人电话的 URI。

3）ContactsContract.CommonDataKinds.Email.CONTENT_URI：管理联系人邮箱的 URI。

此外，由于应用程序需要读取联系人信息，因此应先申请相应的权限。在 Android 6.0 之后，权限需要动态申请。动态申请权限分 2 步：

1）在 AndroidManifest.xml 文件中添加相应的权限。

```
<uses-permission
android:name="android.permission.READ_CONTACTS"/>
```

2）编写代码动态申请权限。

①读的权限先定义到静态字符数组中。

```
private String[] PERMISSONS = {Manifest.permission.READ_CONTACTS};
```

②检测用户是否授权了权限，如果没有，则调用 requestPermissions() 动态申请权限。

```
if (android.os.Build.VERSION.SDK_INT >= android.os.Build.VERSION_CODES.M) {
    if(checkCallingOrSelfPermission(PERMISS_READ)!= PackageManager.PERMISSION_GRANTED) {
        ActivityCompat.requestPermissions(this,PERMISSONS, REQUESTS_CODE);
    }
}
```

在 Android 系统中，联系人的所有信息的存储方式与平常的存储方式相同，即记录在数据库中，只是这个数据库对于开发者来说是看不到的。从 Android 的开发文档中可以知道联系人管理中有 4 张表最为常见：第 1 个是 ContactsContract.Contacts 表，记录了所有用户的基本信息，也就是说，Contact 表示所有用户；第 2 个是 ContactsContract.RawContacts 表，记录了所有用户的概述信息；第 3 个是 ContactsContract.Data 表，记录了所有用户的详细信息；第 4 个是 ContactsContract.CommonDataKinds 表，记录了所有数据的类型。所以要唯一地获取一个联系人的 ID，就需要通过查询 ContactsContract.Contacts 来得到。在得到联系人 ID 后，就可以通过 ID 查询到该用户的所有信息。

下面通过一个例子来展示利用 ContentProvider 获取联系人数据的方法，效果如图 7-21 所示。

获取用户的 ID，代码如下：

图 7-21 获取联系人信息的效果图

```
1   // 获取所有用户的基本信息
2   Cursor cursor=getContentResolver().query(
3           ContactsContract.Contacts.CONTENT_URI,null,null,null,null);
4
5   while(cursor.moveToNext()){
6       // 获取联系人 ID
7       String contactID=cursor.getString(cursor.
8               getColumnIndexOrThrow(ContactsContract.Contacts._ID));
9       // 获取联系人姓名
10      String contactName=cursor.getString(cursor.
11              getColumnIndexOrThrow(ContactsContract.Contacts.DISPLAY_NAME));
12      contactNames.add(contactName);
```

第 2 行代码用于获取所有用户的基本信息，在这个信息里就有用户 ID。

第 7~11 行代码通过游标获取基本信息中的 ID 和姓名。

获取联系人电话，代码如下：

```
1   // 使用 ContentResolver 查询联系人的电话号码
2   Cursor phoneCursor=getContentResolver().query(
3           ContactsContract.CommonDataKinds.Phone.CONTENT_URI,
4           null,ContactsContract.CommonDataKinds.Phone.CONTACT_ID
5           "="+contactID,null,null);
6   ArrayList<String>contactDetail=new ArrayList<String>();
7   // 查找联系人的所有电话
8   while(phoneCursor.moveToNext()){
9       String phoneNumber=phoneCursor.getString(
10              phoneCursor.getColumnIndexOrThrow(
11                  ContactsContract.CommonDataKinds.Phone.NUMBER));
12      contactDetail.add(" 电话号码 :"+phoneNumber);
13  }
14  phoneCursor.close();
```

第 2~5 行代码通过 contactID 的匹配获取特定联系人的电话。

第 8~11 行代码通过电话字段的查询获取联系人的所有电话。

第 14 行代码表示关闭联系人电话游标。

获取联系人邮箱的方法类似于获取联系人电话的方法，代码如下：

```
1   // 使用 ContentResolver 查询联系人的邮件
2   Cursor mailCursor=getContentResolver().query(
3          ContactsContract.CommonDataKinds.Email.CONTENT_URI,
4          null,ContactsContract.CommonDataKinds.Email.CONTACT_ID
5          +"="+contactID,null,null);
6   while(mailCursor.moveToNext()){
7       String mailAddress=mailCursor.getString(
8          mailCursor.getColumnIndexOrThrow(
9              ContactsContract.CommonDataKinds.Email.DATA));
10      contactDetail.add(" 邮件地址 :"+mailAddress);
11  }
12  mailCursor.close();
```

当获取完所有联系人信息后，就把这些联系人信息放入 TextView 中。具体代码如下：

```
1   // 打印所有联系人信息
2   Iterator<String>contactNameIterator=contactNames.iterator();
3   Iterator<ArrayList<String>>contactDetailIterator=contactDetails.iterator();
4   String contactString=" ";
5   while(contactNameIterator.hasNext()){
6       contactString+=" 联系人姓名 :"+contactNameIterator.next()+"\n";
7       Iterator<String>contactDetail=contactDetailIterator.next().iterator();
8       while(contactDetail.hasNext()){
9           contactString+=contactDetail.next()+"\n";
10      }
11      contactString +="\n";
12  }
13  contactInfo.setText(contactString);
```

第 2～3 行代码利用 ArrayList 获取对应的联系人姓名和详细信息的迭代器。

第 5～13 行代码通过迭代器循环地读取所有信息，最后放入文本框中。

7.5 实训项目与演练

实训 系统通讯录的实现

本节将通过"系统通讯录的实现"这个实训来帮助读者进一步理解 ContentProvider 数据读取的使用，以及常用基本界面组件的绘制方法。本实训的最终效果如图 7-22 所示。本实训使用到的知识点：首先从图中可以看出，本实训的 UI 采用列表进行布局，并在列表项中嵌入了图片和文字，所以界面一定采用开发人员可以自定义的绘制方法，如 SimpleAdapter 或者 BaseAdapter；其次观察每个列表项，在列表项中图片和文字采用了水平布局，而姓名和电话则采用了垂直布局；最后从图中还可以看到，本实训读取的是 Android 系统中的联系人数据，该数据通过 ContentProvider 所提供的方法读取系统数据库，从而完成整个系统通讯录的实现。

图 7-22　系统通讯录界面

主界面的布局非常简单，只有 1 个 ListView 组件，而 ListView 中每项的内容相对复杂，是由图片和文字组成的。

读取联系人的原理和 7.4 节所述一致，唯一需要区分的是，由于最终所有数据由 ListView 来显示，因此需要把读取到的所有数据放入 Adapter 中。本实训中选用 SimpleAdapter 作为 ListView 的适配器，具体代码如下：

```
1   private ListAdapter getContactAdapter(SimpleAdapter contactListAdapter){
2       // 联系人 Adapter 所要的数据列表
3       List<Map<String,Object>>contactItems=
4               new ArrayList<Map<String,Object>>();
5       // 获取所有用户的基本信息
6       Cursor cursor=getContentResolver().query(
7               ContactsContract.Contacts.CONTENT_URI,null,null,null,null);
8       while(cursor.moveToNext()){
9           // 联系人列表项
10          Map<String,Object>contactItem=new HashMap<String,Object>();
11          // 获取联系人 ID
12          String contactID=cursor.getString(
13                  cursor.getColumnIndexOrThrow(ContactsContract.Contacts._ID));
14          // 获取联系人姓名
15          String contactName=cursor.getString(
16                  cursor.getColumnIndexOrThrow(
17                          ContactsContract.Contacts.DISPLAY_NAME));
18          contactItem.put("name",contactName);
19          // 使用 ContentResolver 查询联系人的电话号码
20          Cursor phoneCursor=getContentResolver().query(
21                  ContactsContract.CommonDataKinds.Phone.CONTENT_URI,
22                  null,ContactsContract.CommonDataKinds.Phone.CONTACT_ID+
23                  "="+contactID,null,null);
24          // 查找联系人的所有电话
```

```
25      ArrayList<String>contactPhone=new ArrayList<String>();
26      while(phoneCursor.moveToNext()){
27          String phoneNumber=phoneCursor.getString(
28              phoneCursor.getColumnIndexOrThrow(
29                  ContactsContract.CommonDataKinds.Phone.NUMBER));
30          contactPhone.add(phoneNumber);
31      }
32      // 把联系人电话组成字符串
33      String phoneNumber=" ";
34      for(int i=0;i<contactPhone.size();i++){
35          phoneNumber+=contactPhone.get(i);
36          if(i!=contactPhone.size()-1){
37              phoneNumber+="\n";
38          }
39      }
40      phoneCursor.close();
41      contactItem.put("phone",phoneNumber);
42      // 添加到联系人列表
43      contactItems.add(contactItem);
44  }
45  contactListAdapter=new SimpleAdapter(MainActivity.this,
46      contactItems,R.layout.content_item,
47      new String[]{"name","phone"},
48      new int[]{R.id.contactName,R.id.contactPhone});
49  return contactListAdapter;
50 }
```

第 3～4 行代码用于创建一个 ListView 的数据源，由于数据可能是图片或者字符串，因此 Map 中 value 的类型采用的是 Object。

第 36～38 行代码表示如果添加的是最后一个电话号码时不加入回车符换行，如果添加的不是最后一个电话号码就在最后加入回车符换行。

第 45～48 行代码表示创建一个联系人列表的 Adapter，并载入前面代码中创建的数据源，同时和联系人列表项界面相匹配。

单元小结

本单元主要介绍了 Android 应用程序的本地文件操作、数据库操作，这些内容都是在平时开发中会被经常使用的。在学习本单元时需要重点掌握的是 Android 本地文件的创建和读 / 写、SQLite 数据库的读 / 写和 SQL 语句的使用。另外，本单元的示例中精心安排了 XML 和 JSON 格式文件的解析内容，请读者仔细研究。

"为了规范数据处理活动，保障数据安全，促进数据开发利用，保护个人、组织的合法权益，维护国家主权、安全和发展利益，制定本法。"——《中华人民共和国数据安全法（2021年）》（简称《数据安全法》）

根据《数据安全法》的规定：数据，是指任何以电子或者其他方式对信息的记录。数据处理，包括数据的收集、存储、使用、加工、传输、提供、公开等。数据安全，是指通过采取必要措施，确保数据处于有效保护和合法利用的状态，以及具备保障持续安全状态的能力。

开发者在学习或工作中，凡是涉及自身、公司或他人数据处理的场合，请务必提高数据安全意识，保证数据的安全。

习 题

1. Android 系统中数据存储的方式有几种？分别是什么？
2. SQLite 官方支持的数据类型有几种？分别是什么？

单元 8
网络通信

知识目标

- 理解 Android 中 HTTP 网络通信的基本概念和原理。
- 掌握 Android 中 HTTP 网络通信的相关 API。
- 熟悉 HTTP 的基本知识。
- 掌握 Android 中 JSON 的解析和生成方法。

能力目标

- 能够使用 Android 中的 HTTP 网络通信 API 实现数据的发送和接收。
- 能够处理 HTTP 网络通信可能出现的异常情况。
- 能够结合其他 Android 组件，实现复杂的网络通信功能。
- 能够使用 Android 中相关 API 实现 JSON 数据的解析和生成。

素质目标

- 具备创新意识和解决问题的能力，能够针对实际问题提出合理的网络通信方案，并实现相应的功能。
- 培养学生环保意识和责任心，能够认识到环境保护的重要性，积极参与环保活动。

8.1 HTTP 网络通信

随着 4G 移动网络的不断普及，越来越多的手机应用程序需要利用网络进行数据交换，如微博、网络电话、网络电视等都需要以网络通信作为基本运行条件，所以完整的网络通信功能是智能手机中非常重要的功能模块。对于 Android 系统来说，其在 JDK 基础上支持完整的网络通信，如基于 TCP/IP 的 Socket 通信和 HttpClient 通信。在 API 22 版本中，Android 已经不建议使用 HttpClient，推荐使用 HttpURLConnection。进一步，在 API 23 版本，即 Android 6.0 版本中，Android 已经废弃了 HttpClient。因此本节将通过介绍 HttpURLConnection 在 Android 系统中的使用方法向读者阐述 Android 网络通信的基本步骤和方法。

8.1.1　Android 的 HTTP 通信

目前，网络访问和数据的传递除了使用 Socket 外还可以使用 WebService，如天气预报的数据就是使用 WebService 的方式获取的，智能终端通过 URL 向 WebService 进行数据请求，请求成功后就可以得到最新的天气信息，进而显示在智能终端上。URL（Uniform Resource Locator，统一资源定位符）类似于 C/C++ 中的指针。两者的区别在于，C/C++ 中的指针指向的是内存，而 URL 指向的是 WebService 中的资源。通常来说，URL 由协议名、主机、端口和资源组成，即满足格式 protocol://host:port/resourceName。例如百度的 URL 为 http://www.baidu.com/index.php，其中 http 为网络协议，www.baidu.com 为主机名，index.php 为资源名。

在 Android 系统中，对于通过 URL 向 WebService 发出请求并得到数据有 3 种解决方案，分别为 URLConnection、HttpURLConnection 和 Apache HttpClient。这 3 种方案可以完成相同的工作，但在使用难度上 URLConnection 是最困难的，开发者需要知道 HTTP 数据交互的所有细节后才可能正常通信，而 Apache HttpClient 已被废弃，因而目前主要采用 HttpURLConnection 获取数据。

8.1.2　HttpURLConnection 介绍

HttpURLConnection 类的作用是通过 HTTP 向服务器发送请求，并获取服务器发回的数据。HttpURLConnection 来自于 JDK，它的完整名称为 java.net.HttpURLConnection。HttpURLConnection 类没有公开的构造方法，但可以通过 java.net.URL 的 openConnection() 方法获取一个 URLConnection 的实例，而 HttpURLConnection 是它的子类。HttpURLConnection 的一般使用步骤如下：

1）获取 HttpURLConnection 对象。

```
URL url = new URL("http://localhost:8080");
HttpURLConnection connection = (HttpURLConnection) url.openConnection();
```

2）进行连接设置。常见的设置如下：

① setRequestMethod(String)：用于设置请求的方式，如 GET、POST。

② setDoOutput(boolean)：用于设置是否可以写入数据。

③ setConnectTimeout()：用于设置一个指定的超时值（以 ms 为单位）。

3）通过调用 getResponseCode() 方法获取状态码。如果状态码为 200，则表示连接成功。

```
int code = con.getResponseCode();
if(code == 200){
    …
}
```

4）连接成功后获取服务器的输入/输出流，并进行读/写操作。

InputStream in = connection.getInputStream();
...

8.2 异步的基本概念

同步执行是指程序按指令顺序从头到尾依次执行，无论中间某个操作耗费多少时间，如果不执行完，程序都不会继续往下进行。例如，在操作 Android 应用时，当单击按钮需要从网路下载一首歌曲时，如果该按钮一直处于按下状态没有反应，那么系统会报 ANR(Application not Responding) 异常，用户体验肯定很差。

在 Android 应用程序获取数据过程中，访问网络和解析大量 XML 数据等耗时操作是不可避免的，这个过程可能需要较长的时间，如果未采用异步任务处理方式，执行一项操作需要等待 5～10s 甚至更长的时间，那么这样的应用程序需要很久才能恢复正常操作，造成程序"假死"的现象。

异步任务处理的好处就是把一些操作，特别是耗时的操作安排到后台去运行，主程序可以继续处理前台的事情，防止卡在某一步失去响应。通过 HttpURLConnection 进行网络操作就是一个耗时的操作，因而需要通过异步机制实现。

8.3 使用 Thread+Handler+Message 进行异步操作

8.3.1 Java 线程简介

在传统概念里，并发多任务的实现采用的方法是在操作系统（OS）级别运行多个进程。由于各个进程拥有自己独立的运行环境，且进程间的耦合关系差，并发粒度过于粗糙，因此并发多任务的实现并不容易。在这种背景下，针对传统进程的概念在程序设计方面的不足，线程（Thread）的概念被提出了。如果把进程所占用的资源与进程中的运行代码相分离，那么在一个地址空间中便可运行多个指令流，线程的概念由此产生。线程尚没有统一的定义。一般说来，线程（或称线索）是指程序中一个单一的顺序控制流。多线程指的是在单个程序中可以同时运行多个不同的线程，同时执行不同的任务。线程运行状态如图 8-1 所示。

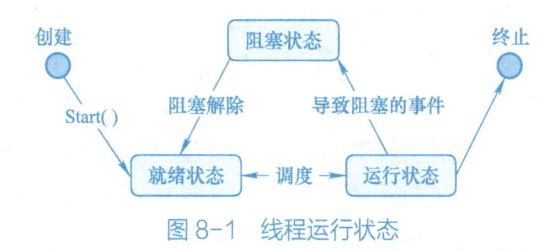

图 8-1 线程运行状态

由图 8-1 可见，线程在创建的一刻（Start( )函数）已进入就绪状态，经系统调度进入运行状态，而此时其他线程进入就绪状态，即在某一时刻处于运行状态的线程是唯一的。

如遇导致阻塞的事件（如等待硬件操作等），则由运行状态进入阻塞状态，等待阻塞解除。阻塞解除后返回到就绪状态，直到被调度运行。

在 Java 中实现多线程有两种方法：一种是继承 Thread 类；另一种是实现 Runable 接口。

第 1 种方法示例如下：

```
1    public class 线程类名 extends Thread{
2    @Override
3        public void run(){
4            // 在此处加入必要的功能代码
5        }}
```

在第 3～5 行代码间加入线程运行的程序代码。第 1 行代码用于继承 Thread 类。其中，"线程类名"为自定义名称。实例化一个线程对象的方法为"线程类名　对象名 =new 线程类名()"，例如：

MyThread myThread = new MyThread();

第 2 种方法示例如下：

```
1    public class 实现接口类名 implements Runnable{
2    @Override
3        public void run(){
4            // 在此处加入必要的功能代码
5        }}
```

在第 3～5 行代码间加入线程运行的程序代码。第 1 行代码实现 Runnable 接口。其中，"实现接口类名"为自定义名称。实例化一个线程对象的方法如下：

实现接口类名　对象名 =new 实现接口类名();
Thread 线程名 =new Thread(对象名);

与继承 Thread 类的方法相比较，实现 Runnable 接口的方法具有的优势如下：

1）适合多个相同的程序代码的线程去处理同一个资源。
2）可以避免 Java 中的单继承的限制。
3）增加程序的健壮性，代码可以被多个线程共享，代码和数据独立。

8.3.2　Android 异步操作

Android 是单线程模型，这意味着 Android UI 操作并不是线程安全的，并且 UI 操作必须在 UI 线程中执行。在一个非 UI 线程的 Thread 中操作是不可行的，因为这违背了 Android 的单线程模型。而如果把所有操作事件都放在 Android 中的 UI 线程，事件无法在 5s 内得到响应，就会弹出 ANR 提示对话框。因此与 UI 相关的操作，就不能放在子线程中去处理，而子线程只能进行数据计算和更新、系统设置等其他非 UI 的操作。那么如何用好多线程呢？可以使用异步操作，这样不需要等待返回结果。例如微博收藏功能，用户单击"收藏"按钮后，系统将是否执行成功的结果返回给用户就可以了，用户并不需要等待，因此这里最好用异步操作实现。在处理比较耗时的操作时，事件需要被放到其他线程中处理，等处理完成后，再通知界面刷新。

8.3.3　Thread+Handler+Message 机制

为了实现 Android 异步操作机制，开发者可以利用 Handler 机制实现线程的复杂操作，计算结束后通过向 UI 线程发送消息来更新 UI 界面。UI 线程和非 UI 线程的消息通信方法如图 8-2 所示。

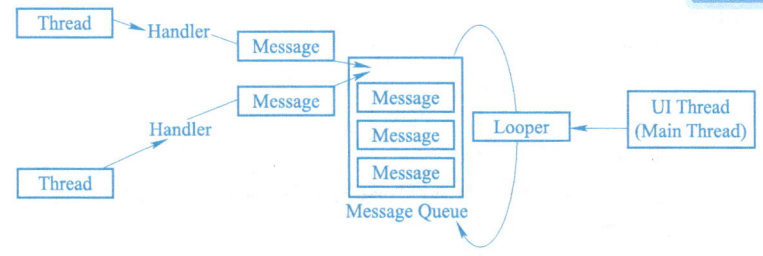

图 8-2　UI 线程和非 UI 线程的消息通信方法

Handler 在 Android 里负责发送和处理消息，通过它可以实现其他线程与 Main Thread（主线程）之间的通信。Looper 负责管理线程的消息队列和消息循环。Message 是线程间通信的消息载体。就好比两个码头之间运输货物，Message 充当"集装箱"，里面可以存放任何用户想要传递的消息。Message Queue 是消息队列，遵守先进先出的原则，它的作用是保存有待线程处理的消息。

这四者之间的关系是：在其他线程中调用 Handler.sendMsg() 函数（参数是 Message 对象），将需要 Main Thread 处理的事件添加到 Main Thread 的 MessageQueue 中，Main Thread 通过 Looper 从 Message Queue 中取出 Handler 发过来的这个消息时，会回调 Handler 的 handlerMessage() 函数。

```
1   public class MyHandlerActivity extends Activity {
2
3       private MyHandler myHandler;
4
5       public void onCreate(Bundle savedInstanceState) {
6           super.onCreate(savedInstanceState);
7           // 启动后台线程
8           MyThread m = new MyThread();
9           new Thread(m).start();
10      }
11      class MyHandler extends Handler {
12          public MyHandler() {
13          }
14          public MyHandler(Looper L) {
15              super(L);
16          }
17
18          @Override
19          public void handleMessage(Message msg) {
```

```
20              Log.d("MyHandler", "handleMessage……");
21              super.handleMessage(msg);
22              // 操作 UI 代码
23          }
24      }
25
26      class MyThread implements Runnable {
27
28          public void run() {
29              // 获取消息队列中的消息
30              Message msg = MyHandlerActivity.this.myHandler.obtainMessage();
31              // 向消息中添加消息内容
32
33              // 发送消息
34              MyHandlerActivity.this.myHandler.sendMessage(msg);
35          }
36      }
37  }
```

以上代码结构为 Thread+Handler+Message 常用代码结构。

第 11～24 行代码定义了类 MyHandler 继承于 Handler 类，类内部要重写 handleMessage() 函数。该函数输入参数为接收到的 Message，可以根据 Message 类中的 What 判断消息的类型。Message 可携带数据放入 Bundle 中。在 handleMessage() 函数中可操作 UI 元素。

第 26～36 行代码定义了实现 Runnable 接口类，该类的 run() 函数中为耗时的非 UI 操作。

在完成操作后，第 34 行代码向界面发送消息。该消息在 MyHandler 的 handleMessage() 函数中处理更新界面。

8.3.4 使用 Thread+Handler+Message 异步加载网络图片

在 Android 应用中，用户常会遇到需要加载网络图片的场景。如果直接在 UI 线程中进行加载，会出现等待时间不确定甚至"假死"等情况。因此，应使用 Thread+Handler+Message 来完成网络异步加载图片。

1. 创建网络异步加载线程

```
1   private AsyncLoadHandler asynHandler = new AsyncLoadHandler();
2   public class AsyncLoadPicThread extends Thread{
3       private String url = "http://www.gov.cn/xinwen/2022-08/09/5704756/image
4       /7239247c982d49ef95413161b938c959.JPG";
5   @Override
6   public void run(){
7       try {
8               drawable = Drawable.createFromStream(new
```

```
9                              URL(url).openStream(), "01.jpg");
10          Message message = asynHandler.obtainMessage();
11          message.arg1 = id;
12          message.obj = drawable;
13          asynHandler.sendMessage(message);
14      } catch(MalformedURLException e) {
15          e.printStackTrace();
16      } catch(IOException e) {
17          e.printStackTrace();
18      }
19  }
```

第 1 行代码用于实例化 AsyncLoadHandler 对象，为发送消息使用。

第 3～4 行代码用于定义 String 类型，值为下载图片的地址。

第 8 行和第 9 行代码使用图片下载地址，通过网络下载图片并加载到 Drawable 对象中，此过程完成图片的下载任务。

第 10 行代码用于为 AsyncLoadHandler 对象在消息队列中获取一个消息。

第 11 行和第 12 行代码为消息加入消息内容。

第 13 行代码用于发送消息。

第 14～18 行代码用于捕获网络下载异常。

> 通过此方法来控制异常是不合理的，因为这样做会将网络的异常交由上层进行处理。合理的方式是在做网络操作时检查网络连通等。

2. 创建 Handler 实例

```
1  public class AsyncLoadHandler extends Handler{
2      @Override
3          public void handleMessage(Message msg) {
4              ((ImageView) AsyncLoadHandlerActivity.this.
5              findViewById(msg.arg1)).setImageDrawable((Drawable)
6              msg.obj);
7          }
8  }
```

第 3 行代码用于重写 Handler 父类的 handleMessage() 函数。

第 4～6 行代码用于更新界面的内容，将线程下载的图片显示到 UI 中的 ImageView 控件上。前一节提到在 Handler 中可以操作 UI 控件，因此，在 Handler 中可以显示下载的图片。

开发过程可能包含多种类型的通知，可以加入消息类型以区分不同消息，为开发提供便利。在发送消息前，给 Message 成员属性 what 赋初值。将异步线程修改为以下代码：

```
1  public void run(){
2    try {
3          …
4          Message message = asynHandler.obtainMessage();
5          message.what = 1;  // 消息类型
```

在接收消息的方法中对 Message 类中的 what 属性的值进行判断，根据 what 属性值的不同进行不同的操作。

```
1  public void handleMessage(Message msg) {
2    if(msg.what==1){
3        // 此处为对应处理代码
4    }
5  }
```

可以发现，如果使用这样的方法会在修改程序时带来不小的麻烦，所以应将消息类型设置为静态变量，以确保统一。

private final static int msgType = 1;

8.4 使用 AsyncTask 进行异步操作

8.4.1 AsyncTask 简介

第 8.3 节采用的是用 Thread 更新 UI 的方法，在新线程中更新 UI 还必须引入 Handler，这让代码显得较"臃肿"并且不易理解。为了解决这一问题，开发者可以使用 Android 的另一种机制——AsyncTask。

AsyncTask 是 Android 提供的异步处理的辅助类。AsyncTask 的特点是任务在主线程之外运行，而回调方法是在主线程中执行，这就有效地避免了使用 Handler 带来的麻烦。AsyncTask 中包括有预处理的函数 onPreExecute()，有后台执行任务的函数 doInBackground()（相当于 Thread 中的 run() 函数），以及有主线程刷新界面的函数 onProgressUpdate(Progress…) 函数。一般在 doInBackground() 中调用系统的 publishProgress() 函数时，onProgressUpdate() 在主线程获取 publishProgress 传递过来的数据从而在界面上展示任务的进展情况，例如通过一个进度条进行展示。例如通过一个进度条进行展示。还有返回结果的函数 onPostExecute() 等。可见，它不像 Handler 中的 POST()、sendMessage() 等函数，把所有操作都写在一个 Runnable() 或 handleMessage() 里。

阅读 AsyncTask 的源代码可知，AsyncTask 是使用 java.util.concurrent 框架来管理线程及任务的执行的。concurrent 框架是一个非常成熟、高效的框架，并经过了严格的测试。这说明 AsyncTask 的设计很好地解决了匿名线程存在的问题。AsyncTask 是抽象类，子类必须实现抽象函数 doInBackground()，在此方法中实现任务的执行工作，比如连接网络获取数据等。通常还应该实现 onPostExecute(Result r) 函数，因为应用程序"关心"的结果返回到此方法中。需要注意的是，AsyncTask 一定要在主线程中创建实例。

AsyncTask 包含 3 个泛型类型参数，例如：

class MyTask extends AsyncTask< 参数 1, 参数 2, 参数 3>{}

1）参数 1：向后台任务的执行方法传递参数的类型。

2）参数 2：在后台任务执行过程中，要求主 UI 线程处理中间状态，通常是一些 UI 处理中传递的参数类型。

3）参数 3：后台任务执行完返回时的参数类型。

AsyncTask 的执行分为 4 个步骤，每个步骤对应一个回调函数。需要注意的是，这些函数不应该由应用程序调用，需要做的只是重写父类的函数。在任务的执行过程中，这些函数被系统自动调用。

1）onPreExecute( )：在任务执行之前开始调用此函数，此时可以在界面上显示进度对话框。

2）doInBackground(Params…)：此函数在后台线程执行，完成任务的主要工作，通常放入需要较长时间完成的任务。在执行过程中可以调用 publicProgress(Progress…) 来更新任务的进度。

3）onProgressUpdate(Progress…)：此函数在主线程执行，用于显示任务执行的进度。

4）onPostExecute(Result)：此函数在主线程执行，任务执行的结果作为此函数的参数返回。

8.4.2 AsyncTask 的程序模型

```
1  import android.content.Context;
2  import android.os.AsyncTask;
3  class MyTask extends AsyncTask<String/* 参数 1*/,Integer/* 参数 2*/,String/* 参数 3*/>{
4      public MyTask(Context context) {
5      }
6      @Override
7      protected void onPreExecute(){
8      }
9      @Override
10     protected String/* 参数 3*/ doInBackground(String/* 参数 1*/... params) {
11         return null;
12     }
13     @Override
14     protected void onProgressUpdate(Integer/* 参数 2*/... values) {
15     }
16     @Override
17     protected void onPostExecute(String/* 参数 3*/ result) {
18     }
19 }
```

第 1 行和第 2 行代码用于导入应用所需要的包。

第 3 行代码用于自定义 MyTask 类继承 AsyncTask，AsyncTask 是抽象类。AsyncTask 定义了 3 种泛型类型：参数 1 为启动任务执行的输入参数在实例中定义为 String 类型；参数 2 为后台任务执行的百分比；参数 3 为后台执行任务最终返回的结果。

第 4 行和第 5 行代码为 MyTask 的构造函数，定义输入参数为上下文 Context。此构造函数不是必需的。

第 7 行和第 8 行代码是在后台执行前调用的函数，一般作为后台的准备，如启动一个对话框等。

第 10 行～12 行代码为后台执行的部分，输入参数是 AsyncTask 泛型参数 1 的类型，常用来传递行为参数等。返回值为 AsyncTask 泛型参数 3 的类型，值被 onPostExecute( ) 函数使用。

第 14 行和第 15 行代码表示当在 doInBackground 调用 publishProgress 后，系统会调用用户定义的 onProgressUpdate( ) 函数，并将 publishProgress 的参数传入 onProgressUpdate( )。

第 17 行和第 18 行代码是 doInBackground 结束后调用的 UI 前台函数，并将 doInBackground 的返回值传入。

> AsyncTask 不能完全取代线程，一些逻辑较为复杂或者需要在后台反复执行的逻辑就可能需要线程来实现了。

8.4.3　使用 AsyncTask 异步加载网络图片

8.3.4 小节中讲述了使用 Handler 和 Thread 加载网络图片的方法。下面讲述使用 AsyncTask 加载图片的方法。

依据 8.4.2 小节的 AsyncTask 异步加载模型，完成网络异步加载图片的功能。

```
1   class AsyncLoadTask extends AsyncTask<String,Integer,Bitmap> {
2       @Override
3       protected Bitmap doInBackground(String... params) {
4           Bitmap bitmap = downloadImage();
5           return bitmap;
6       }
7       @Override
8       protected void onPostExecute(Bitmap bitmap) {
9           if(result != null) {
10              mImage.setImageBitmap(bitmap);
11          } else {
12              mImage.setBackgroundResource(R.drawable.icon);
13          super.onPostExecute(bitmap);
14          mProcessDialog.setVisibility(View.GONE);
15      }
16      @Override
```

```
17        protected void onProgressUpdate(Integer... values) {
18            mProcessDialog.setProgress(values[0]);
19            super.onProgressUpdate(values);
20        }
21        @Override
22        protected void onPreExecute() {
23            mProcessDialog.setVisibility(View.VISIBLE);
24            mProcessDialog.setProgress(0);
25            super.onPreExecute();
26        }
27    }
```

第 3 行代码中的 doInBackground() 函数实现在后台完成网络图片下载功能。onPostExecute() 和 onPreExecute() 函数分别是后台线程运行前后的前台处理函数。

第 17 行代码用于在 doInBackground() 函数中启动 onProgressUpdate() 函数更新图片。

8.5　JSON 的基本概念和用法

8.5.1　JSON 的基本概念

JSON(JavaScript Object Notation) 是一种轻量级的数据交换格式，采用完全独立于语言的文本格式，是理想的数据交换格式。同时，JSON 是 JavaScript 原生格式，这意味着在 JavaScript 中处理 JSON 数据不需要任何特殊的 API 或工具包。

在 JSON 中，有两种结构：对象和数组。对象结构以"{"左大括号开始，以"}"右大括号结束，中间部分由 0 或多个以","分隔的"key(关键字)_value(值)"对构成，关键字和值之间以":"分隔，语法结构如下：

{ "firstName": "Brett", "lastName":"McLaughlin", "email": "aaaa" }

数组结构以"["开始，以"]"结束，中间由 0 或多个以","分隔的值列表组成，语法结构如下：

{ "people": [
{ "firstName": "Brett", "lastName":"McLaughlin", "email": "aaaa" },
{ "firstName": "Jason", "lastName":"Hunter", "email": "bbbb"},
{ "firstName": "Elliotte", "lastName":"Harold", "email": "cccc" }
]}

8.5.2　JSON 解析

解析 JSON 数据有多种方法，主要包括以下两种形式：

1）使用官方自带 JSONObject、JSONArray。

2）使用第三方开源库，包括但不限于 Gson、FastJSON、Jackson 等。

JSONObject 可以看作是一个 JSON 对象，是系统中有关 JSON 定义的基本单元，其包含一对键值 (Key_Value)。通过调用 JSONObject 的各种 get×××(String name) 方法，传入参数键值名，就可以获得 JSON 对象的值。

```
String s1 = "{ \"firstName\":\"Brett\", \"lastName\":\"McLaughlin\", \"email\": \"aaaa\"}";
JSONObject jsonObject = new JSONObject(s1);
String firstName = jsonObject.getString("firstName");
String lastName = jsonObject.getString("lastName");
String email = jsonObject.getString("email");
```

JSONArray 可以看作是一个 JSON 数组，它代表一组有序的数值。其使用方法类似数组。循环遍历 JSONArray，通过调用 getJSONObject(int index) 方法，获得指定索引的 JSON 对象 JSONObject。

```
String s2 ="{ \"people\": [" +
    " { \"firstName\": \"Brett\", \"lastName\":\"McLaughlin\", \"email\": \"aaaa\" }," +
    " { \"firstName\": \"Jason\", \"lastName\":\"Hunter\", \"email\": \"bbbb\"}" +
    " { \"firstName\": \"Elliotte\", \"lastName\":\"Harold\", \"email\": \"cccc\" }]}";
JSONObject jsonObject = new JSONObject(s2);
JSONArray jsonArray = jsonObject.getJSONArray("people");
for (int i = 0; i < jsonArray.length();i++){
    JSONObject jsonObject2 = jsonArray.getJSONObject(i);
    String firstName2 = jsonObject2.getString("firstName");
    String lastName2 = jsonObject2.getString("lastName");
    String email2 = jsonObject2.getString("email");
}
```

Gson 是 Google 提供的用来在 Java 对象和 JSON 数据之间进行映射的 Java 类库，可以将一个 JSON 字符串转成一个 Java 对象，或者反过来。通过调用 toJson(×××) 方法把 Java 对象转换为 JSON 字符串，或者通过调用 fromJson(×××) 方法把 JSON 字符串转换为 Java 对象。

使用 Gson 解析之前，需要先把 Gson 开源库添加到项目中，这里介绍两种添加方法。

1）在 build.gradle 中找到 dependencies 模块，输入：

```
implementation 'com.google.code.gson:gson:2.6.2'
```

采用这种方式时，必须知道第三方开源库的名称和版本号。

2）在可视化界面添加 Gson 开源库。

首先，在工具栏上单击 Project Structure 按钮（见图 8-3），或者使用组合键 <Ctrl+Alt+Shift+S> 打开 Project Structure 窗口，如图 8-4 所示。

图 8-3　Project Structure 按钮位置

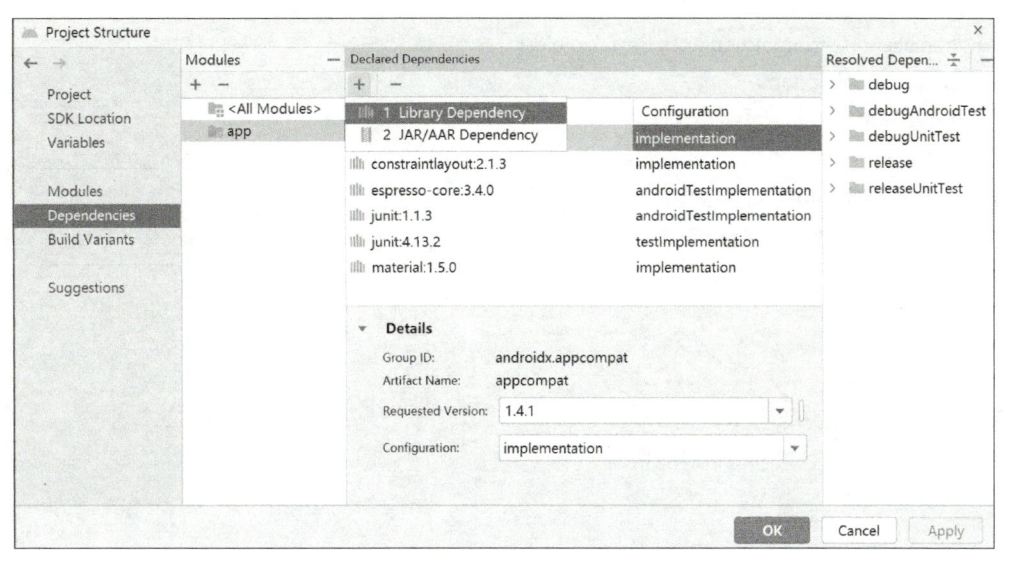

图 8-4　Project Structure 窗口

然后，在窗口左侧列表中选择 Dependencies 选项卡，在中间窗口选择 app 项，单击"+"按钮展开菜单项，选择其中的 1 Library Dependency 项打开新的窗口，如图 8-5 所示。

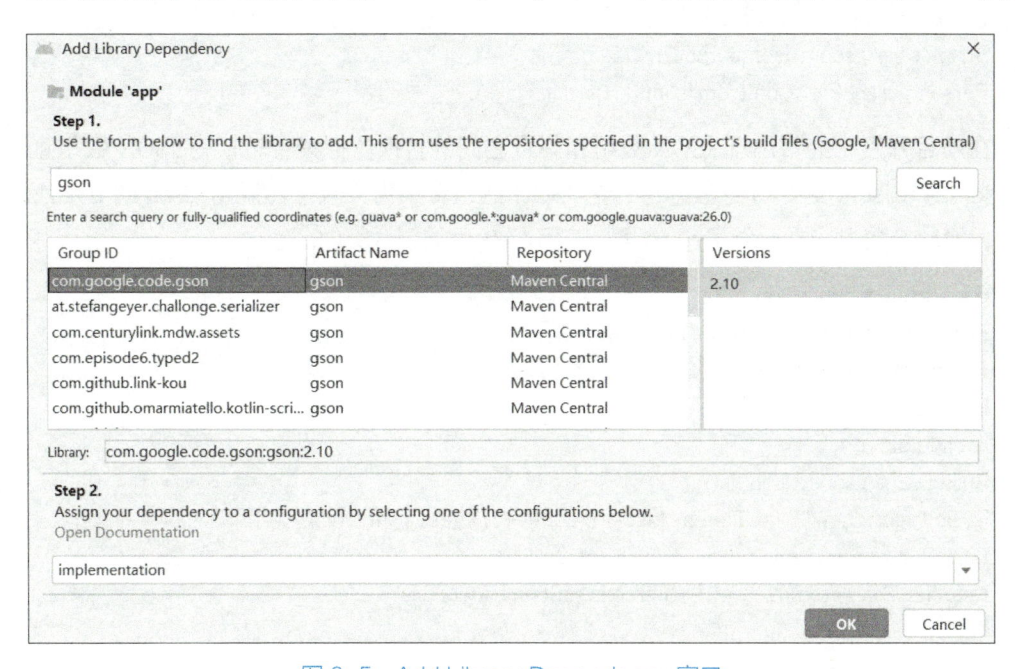

图 8-5　Add Library Dependency 窗口

在 Add Library Dependency 窗口中，在搜索框中输入开源库的名称 gson，单击 Search 按钮，找到需要的开源库，最后单击 OK 按钮即可完成。

在开源网站 GitHub（网址为 https://github.com/google/gson）上，可以下载 Gson 的最新版本，查看 API 文档说明，浏览案例使用向导等。这里主要介绍 Gson 是如何解析 JSON 对象和 JSON 数组的，JSON 数据来源都是由 Java 对象通过 Gson 生成的。序列化对象 Person 代码如下：

```java
public class Person implements Serializable {
    private String name;
    private int age;

    public Person(String name, int age) {
        this.name = name;
        this.age = age;
    }

    @Override
    public String toString() {
        return name + "_" + age;
    }
}
```

通过 Gson 开源库把 Java 对象转换为 JSON 对象，或者把 JSON 对象转换为 Java 对象都非常简单。

```java
Gson gson = new Gson();
Person person = new Person("a", 18);
String s1 = gson.toJson(person);
Person person2 = gson.fromJson(s1, Person.class);
```

在项目开发中经常出现 JSON 数组和集合之间的转换。把集合转换为 JSON 数组直接调用 Gson 的 toJson(×××) 方法即可；把 JSON 数组转换为集合依然调用 Gson 的 fromJson() 方法，但是参数中需要一个 Type 类型，表示转换后的集合类型。

```java
Gson gson = new Gson();
Person p1 = new Person("b", 11);
Person p2 = new Person("c", 22);
list.add(p1);
list.add(p2);
String s2 = gson.toJson(list);
Type type = new TypeToken<List<Person>>(){}.getType();
List<Person> persons = gson.fromJson(s2, type);
textView2.setText(s2 + "\n" + persons.toString());
```

8.6　实训项目与演练

实训 实时天气预报的实现

大气污染严重和空气质量的下降曾一度引发广大人民群众的关注，国家制定了一系列的政策，空气质量持续改善。本实训中的空气指数可以实时显示所在城市的污染情况。本实训通过实现一个天气预报的应用程序来复习 Android 系统的多线程开发和 HTTP 网络通信的应用，同时学习一种使用非常广泛的轻量级数据交换格式 JSON，最终效果如图 8-6 所示。本实训中所使用的数据全部来自于中国气象网，该网站提供了详细的天气状况，并以 JSON 格式的数据返回给客户端，客户端通过解析 JSON 数据就可以得到所需要的数据。从图 8-6 可以看出，该界面分为 3 个部分，是垂直线性布局。界面的最上部为地区和实时温度等信息，中部为风向、湿度和空气指数信息，下部为未来 4 天的天气信息。由于篇幅有限，界面布局代码请到配套电子课件中查看。此外，本实训只获取苏州的天气信息，读者可以课后使用类似方法获取所有城市的数据，从而实现一个真正的天气预报软件。

本实训中的代码一共分为 4 个功能模块：

1）天气图片载入模块：载入所有资源文件中的天气类型图片。

图 8-6　天气预报效果图

2）网络数据读取模块：通过 HTTP GET 向中国气象网发出请求，并读取返回的数据。
网络数据读取模块的代码如下：

```
1    public void run(){
2    StringBuffer response = new StringBuffer();
3    URL url= null;
4    try {
5        url = new URL(urlStr);
6        HttpURLConnection conn = (HttpURLConnection) url.openConnection();// 发送 HTTP 请求
7        InputStream in=conn.getInputStream();
8        BufferedReader br=new BufferedReader(new InputStreamReader(in));// 读取服务器响应
9        StringBuilder sb=new StringBuilder();
10       String s;
11       while((s=br.readLine())!=null){
12           sb.append(s);
13       }
14       String result=sb.toString();
15       Message msg = new Message();
16       msg.obj= result;
17       handler.sendMessage(msg);
18   } catch (MalformedURLException e) {
19       e.printStackTrace();
20   } catch (IOException e) {
21       e.printStackTrace();
22   }
```

3）JSON 数据解析模块：该模块通过解析网络数据读取其中的数据，从而得到城市的实时天气状况和各类指数。

JSON 数据源代码如下：

```
1    {
2      "reason":" 查询成功 !",
3      "result":{
4        "city":" 苏州 ",
5        "realtime":{
6          "temperature":"5",
7          "humidity":"62",
8          "info":" 多云 ",
9          "wid":"00",
10         "direct":" 东风 ",
11         "power":"4 级 ",
12         "aqi":"105"
13       },
14       "future":[
15         {
16           "date":"2023-01-20",
17           "temperature":"0\/10℃ ",
18           "weather":" 多云 ",
19           "wid":{
20             "day":"01",
21             "night":"01"
22           },
23           "direct":" 东北风转东风 "
24         },
25         {
26           "date":"2023-01-21",
27           "temperature":"0\/10℃ ",
28           "weather":" 多云转小到中雨 ",
29           "wid":{
30             "day":"01",
31             "night":"21"
32           },
33           "direct":" 东风转东南风 "
34         },
35         {
36           "date":"2023-01-22",
37           "temperature":"5\/9℃ ",
38           "weather":" 小雨 ",
39           "wid":{
40             "day":"07",
41             "night":"07"
42           },
43           "direct":" 西北风转北风 "
```

```
44      },
45      {
46        "date":"2023-01-23",
47        "temperature":"-2\/7℃ ",
48        "weather":" 小雨转多云 ",
49        "wid":{
50          "day":"07",
51          "night":"01"
52        },
53        "direct":" 北风 "
54      },
55      {
56        "date":"2023-01-24",
57        "temperature":"-4\/1℃ ",
58        "weather":" 晴 ",
59        "wid":{
60          "day":"00",
61          "night":"00"
62        },
63        "direct":" 西北风 "
64      }
65    ]
66  },
67  "error_code":0
68 }
```

JSON 数据解析模块的代码如下：

```
1 public void parseJson(String temperatureInfo){
2     try {
3         //city,temperature,humidity,direct,power,aqi,date,maxTemperature,maxTemperature,weather
4         JSONObject jsonObject=new JSONObject(temperatureInfo);
5         String result2=jsonObject.getString("result");
6         JSONObject jsonObject1=new JSONObject(result2);
7         String city=jsonObject1.getString("city");
8         // 实时天气
9         String realtimeJson=jsonObject1.getString("realtime");
10        JSONObject jsonObject2=new JSONObject(realtimeJson);
11        String temperature=jsonObject2.getString("temperature");
12        String humidity=jsonObject2.getString("humidity");
13        String direct=jsonObject2.getString("direct");
14        String power=jsonObject2.getString("power");
15        String aqi=jsonObject2.getString("aqi");
16        // 未来几天的天气
17        JSONArray jsonArray= jsonObject1.getJSONArray("future");
```

```
18      for(int i=0;i<jsonArray.length();i++){
19          String futureInfo=jsonArray.getString(i);
20          JSONObject jsonObject3=new JSONObject(futureInfo);
21          String date=jsonObject3.getString("date");
22          String temperature2=jsonObject3.getString("temperature");
23          String minTemperature=temperature2.split("\\/")[0];
24          String maxTemperature=temperature2.split("\\/")[1].split("℃ ")[0];
25          String weather=jsonObject3.getString("weather");
26          TemperatureEntity temperatureEntity=new TemperatureEntity(date,minTemperature,
              maxTemperature,weather);
27          futureInfos.add(temperatureEntity);
28      }
29      // 当天的天气
30      TemperatureEntity temperatureEntity=futureInfos.get(0);
31      temperatureEntity.setTemperature(temperature);
32      temperatureEntity.setHumidity(humidity);
33      temperatureEntity.setDirect(direct);
34      temperatureEntity.setPower(power);
35      temperatureEntity.setAqi(aqi);
36      temperatureEntity.setCity(city);
37      Log.i("MainActivity",temperatureEntity.toString());
38      matchData(temperatureEntity);
39      // 未来几天的天气
40      futureInfos.remove(0);
41      for(TemperatureEntity entity1:futureInfos){
42          Log.i("MainActivity",entity1.toString());
43      }
44      lv.setAdapter(new TemperatureAdapter(futureInfos,this));
45  } catch (JSONException e) {
46      e.printStackTrace();
47  }
48 }
```

第 5 行代码表示提取 result 关键字的数据，并产生一个新的 JSON 对象。JSON 对象的数据格式类似于"Key:Value,Key:Value,Key:Value…"这类形式，所以只需要通过 Key 值就可以获取数据。

第 7～15 行代码通过提取各类 Key 值所对应的数据，获取实时天气信息。

第 31～36 行代码将实时天气信息封装在保存当天天气信息的 TemperatureEntity 类对象中。

第 17 行代码获取未来几天的天气信息，保存在 JSON 数组中。

第 18～28 行遍历 JSON 数组，将未来几天天气信息数据加入 List 对象中。

第 40 行将当天天气信息对象从未来天气信息的 List 中删除。

4）界面数据匹配模块的代码如下：

```
1 private String[] weatherInfo={"晴","刮风","大风","小雨","大雨","雷雨","闪电","大雾","
  雪花","多云"};
2 private int[] weatherIcons={R.mipmap.sun,R.mipmap.wind,R.mipmap.heavy_wind,
3                R.mipmap.light_rain,R.mipmap.heavy_rain,R.mipmap.thunderstorm,R.mipmap.
                 lightning,
4                R.mipmap.frog,R.mipmap.snowflake,R.mipmap.cloudy};
5 @Override
6   public View getView(int position, View convertView, ViewGroup parent) {
7       View view= LayoutInflater.from(context).inflate(R.layout.item_weather,null);
8       TextView tvDate=view.findViewById(R.id.text_date);
9       TemperatureEntity entity= futureInfos.get(position);
10      ……
11      String weather=entity.getWeather();
12      // 遍历天气信息数组，根据天气信息的下标取出对应的图片信息。
13      for(int i=0;i<weatherInfo.length;i++){
14          if(weather.contains(weatherInfo[i])){
15              imgWeather.setImageResource(weatherIcons[i]);
16          }
17      }
18      ……
19      return view;
20  }
```

第1～4行代码表示创建天气信息数组和天气图标的数组，天气信息和天气图标一一对应。

第13～17行代码表示通过循环读取当前天气在天气信息数组中的下标位置，根据该位置从天气图标数组中读取该天气的图标信息，并展示。

备注：因为本书用的是"聚合数据"提供的 API，有次数限制。如果次数用完的话，请读者到聚合数据官网再次申请。

单元小结

本单元主要介绍了 Android 应用程序网络通信的方法，这些内容都是在平时开发中会被经常使用的。在学习本单元时需要重点掌握在多线程环境下网络通信和数据交换的基本步骤。另外，本单元中精心安排了 JSON 格式文件解析的内容，请读者仔细研读。

"为了保障网络安全，维护网络空间主权和国家安全、社会公共利益，保护公民、法人和其他组织的合法权益，促进经济社会信息化健康发展，制定本法。"——《中华人民共和国网络安全法》

随着信息技术的不断发展和应用，传统产业面临着数字化、智能化和网络化的转型压力。在这种背景下，产业升级网络化已经成为推动经济发展和实现可持续发展的重要手段。

然而，产业升级网络化也面临着一些挑战，如网络安全、数据隐私等方面的问题。政府发布了一系列的法律、法规，旨在保障网络安全，维护国家安全和社会公共利益，促进网络经济和社会发展。开发者在实际开发过程中，也要采取相应的措施，如输入验证、数据加密传输、使用安全的第三方库等，以保护系统安全。

习　　题

1. 简述使用 HttpURLConnection 访问网络的步骤。
2. Android 网络缓存处理的实现思路是什么？
3. 练习使用 Android 中常用的网络请求框架，并分析各自的优缺点。

单元 9
传感器应用开发

知识目标
- 掌握手机常用传感器的类型和基本概念。
- 掌握手机传感器的应用开发流程。

能力目标
- 能够根据项目需求选择合适的传感器,并实现相应功能。
- 能够及时注册及取消注册传感器监听事件。

素质目标
- 培养系统观念,能够理解万事万物是相互联系、相互依存的。
- 培养科技自立自强意识,能够了解传感器"卡脖子"技术及其在数字经济领域的地位。

9.1 手机传感器介绍

Android 是一个面向应用程序开发的平台,它拥有许多具有很强吸引力的功能,如用户界面元素设计、数据管理和网络应用等。Android 还提供了很多颇具特色的接口,主要包括传感器系统(Sensor)、语音识别技术(Recognizer Intent)、地图定位及导航等功能。希望读者通过学习本单元的相关知识对 Android 有一个更深入的了解,可以开发出一些有特色、有创意的应用程序。本单元重点介绍传感器在 Android 系统中的应用。

传感器是一种物理装置或生物器官,能够探测和感受外界的信号、物理条件(如光、热、湿度)或化学组成(如烟雾),并可将探知的信息传递给其他装置或器官。国家标准 GB/T 7665—2005《传感器通用术语》中对传感器的定义是:"能感受被测量并按照一定的规律转换成可用输出信号的器件或装置,通常由敏感元件和转换元件组成"。总结下来就是,传感器是一种检测装置,能感受被测量的信息,并能将检测到的和感受到的信息,按一定规律变换成为电信号或其他所需形式的信息输出,以满足信息的传输、处理、存储、显示、记录和控制等要求。它是实现自动检测和自动控制的首要环节。

访问设备底层硬件曾一度让软件开发人员感到非常棘手，现在 Android 系统实现了对传感器的良好支持，Android 应用可以通过传感器来获取设备的外界条件，包括手机的运行状态、当前摆放方向、外界的磁场及温度和压力等。Android 系统提供了驱动程序去管理这些传感器硬件，当传感器硬件感知到外部环境发生改变时，Android 系统负责管理这些传感器数据。

大多数 Android 设备都有内置的测量运动、方向和各种环境条件的传感器。这些传感器具有提供高精度和高准确度的原始数据的能力，可用于监视设备在三维方向的移动和位置，或者监视设备周围环境的变化。例如一个游戏可能要从重力传感器中读取轨迹，以便推断出复杂的用户手势和意图，如倾斜、振动、旋转或摆动等。同样，有关天气的应用程序可能要使用设备的温度传感器和湿度传感器来计算并报告露点；有关旅行的应用程序可能要使用地磁场传感器和加速度传感器来报告罗盘方位。

Android 平台支持 3 种宽泛类别的传感器。

1）运动传感器。这类传感器沿着三轴方向测量加速度和扭力。这种类型的传感器包括加速度传感器、重力传感器、陀螺仪和选择矢量传感器等。

2）环境传感器。这类传感器用于测量各种环境参数，例如周围空气的温度和压力、照度和湿度等。这种类型的传感器包括气压计、光度计和温度计等。

3）位置传感器。这类传感器用于测量设备的物理位置。这种类型的传感器包括方向传感器和磁力计等。

下面介绍一些常用的传感器。

1. 重力传感器

手机重力感应技术是利用压电效应来实现的。简单来说就是测量内部一片重物（重物和压电片做成一体）重力正交两个方向的分力大小，以判定水平方向。通过对力敏感的传感器，感受手机在变换姿势时重心的变化，使手机光标变化位置从而实现选择的功能。手机重力感应指的是手机内置重力摇杆芯片，支持摇晃切换所需的界面和功能，是一种非常有趣的功能。

简单来讲，重力传感器就是用户本来把手机拿在手里是竖着的，将它旋转 90°横过来时，它的界面就跟随用户的重心自动"反应"过来，即界面也旋转了 90°，极具人性化。现在，基本所有智能手机都有内置重力传感器，甚至有些非智能手机也有此装置。重力传感器常见的应用有平衡球游戏、横屏浏览网页等。

2. 加速度传感器

加速度传感器是一种能够测量加速力的电子设备。加速力就是当物体在加速过程中作用在物体上的力，就好比地球引力（重力）。加速力可以是个常量，也可以是变量。因此其测量范围比重力传感器要大。但是一般在提及手机的加速度传感器时，其实就是指重力传感器，两者可以被认为是等价的。

3. 方向传感器

手机方向传感器是指安装在手机上用以检测手机本身处于何种方向状态的部件，而不是通常理解的指南针功能。手机方向传感器的检测功能可以检测手机处于正竖、倒竖、左横、右横、仰、俯状态中的哪一状态。具有方向检测功能的手机使用起来更方便、更具人性化。例如，手机旋转后，屏幕图像可以自动跟着旋转并切换长宽比例，文字或菜单也可以同时旋转，方便阅读。

可能会有人问：方向传感器跟重力传感器是一样的吗？其实这两者是不一样的。方向传感器或许叫应用角速度传感器比较合适，一般手机上的方向传感器是感应水平面上的方位角、旋转角和倾斜角的,这些区别在开发赛车游戏时体现得很明显。

4. 陀螺仪传感器

陀螺仪传感器也叫三轴陀螺仪,可以同时测定 6 个方向的位置、移动轨迹及加速度。单轴的只能测量一个方向的量,也就是一个系统需要 3 个单轴的陀螺仪,而三轴的一个就能替代 3 个单轴的。三轴的体积小、重量轻、结构简单、可靠性好,是激光陀螺的发展趋势。如果说重力传感器所测的方向和位置是线性的,方向传感器所测的方向和位置是平面的,那么三轴陀螺仪所测的方向和位置则是立体的。特别是开发一些射击游戏,三轴陀螺仪的优势是很明显的。

5. 接近传感器

距离传感器是利用通过测时间以测算距离的原理,检测物体的距离的一种传感器。其工作原理是通过发射特别短的光脉冲,并测算此光脉冲从发射到被物体反射回来的时间,通过时间来计算与物体之间的距离。这个传感器在手机上的作用是当用户脸部贴着手机打电话时,屏幕灯会自动熄灭;当用户脸部离开手机,屏幕灯会自动开启,并且自动解锁。这个对于待机时间较短的智能手机来说是相当实用的。

6. 光线感应传感器

光线感应传感器也就是感光器,是能够根据周围光亮明暗程度调节屏幕明暗的装置,即在光线强的地方手机会自动关掉键盘灯,并且稍微加强屏幕亮度,达到节电和更好的观看效果;在光线弱的地方手机会自动打开键盘灯(可以通过工具设置将其关掉)。这个传感器也起到了节电的作用。

下面对 Android 手机中的常用传感器进行介绍,见表 9-1。

表 9-1　Android 手机中的常用传感器

传 感 器	类 型	介 绍	使用场景
加速度传感器	TYPE_ACCELEROMETER	以 m/s^2 为单位测量应用于设备三轴（X、Y、Z）的加速力,包括重力	运动检测（振动、倾斜等）
重力传感器	TYPE_GRAVITY	以 m/s^2 为单位测量应用于设备三轴（X、Y、Z）的重力	运动检测（振动、倾斜等）
陀螺仪传感器	TYPE_GYROSCOPE	以 rad/s（弧度/秒）为单位,测量设备围绕 3 个物理轴（X、Y、Z）的旋转率	旋转检测（旋转、翻转等）
光线感应传感器	TYPE_LIGHT	以 1x 为单位,测量周围的亮度等级（照度）	控制屏幕的亮度
线性加速度传感器	TYPE_LINEAR_ACCELERATION	以 m/s^2 为单位测量应用于设备 3 个物理轴（X、Y、Z）的加速力,重力除外	检测一个单独的物理轴的加速度
磁力传感器	TYPE_MAGNETIC_FIELD	以 μT 为单位,测量设备周围 3 个物理轴（X、Y、Z）的磁场	创建一个罗盘
方向传感器	TYPE_ORIENTATION	测量设备围绕 3 个物理轴（X、Y、Z）的旋转角度。在 API Level 3 以后,能够通过使用重力传感器和磁力传感器跟 getRotationMatrix() 方法相结合来获取倾斜矩阵和旋转矩阵	判断设备的位置
压力传感器	TYPE_PRESSURE	以 hPa 或 mBar 为单位来测量周围空气的压力	检测空气压力的变化
接近传感器	TYPE_PROXIMITY	以 cm 为单位,测量一个对象相对于设备屏幕的距离。这个传感器通常用于判断手持设备是否被举到了一个人的耳朵附近	通话期间的电话位置
旋转矢量传感器	TYPE_ROTATION_VECTOR	通过提供设备旋转矢量的 3 个要素来测量设备的方向	运动监测和旋转监测
温度传感器	TYPE_TEMPERATURE	以 ℃（摄氏度）为单位来测量设备的温度	监测温度

9.2 开发传感器应用

开发人员能够访问设备上有效的传感器，并能通过使用 Android 传感器框架来获取原始的传感器数据。传感器框架提供了几个类和接口来帮助开发人员执行相关的任务。传感器框架是 android.hardware 包的一部分，包括了以下一些主要的类和接口。

1. SensorManager

使用这个类可创建一个传感器服务的实例。这个类提供了各种用于访问和监听传感器的方法，它还提供了几个传感器常量，用于报告传感器的精度、设置数据获取的速率，以及校准传感器等。

2. Sensor

使用这个类可创建一个特殊传感器的实例。它提供了判断传感器能力的各种方法。

3. SensorEvent

系统可使用这个类来创建一个传感器事件对象，它提供了相关传感器事件的信息。一个传感器事件对象包含以下信息：原始传感器数据；产生事件的传感器的类型；数据的精度；事件的时间戳。

4. SensorEventListener

使用这个接口可创建两个回调方法，这两个方法在传感器值发生变化时或精确度发生变化时接收通知（传感器事件）。

在典型的应用程序中，使用传感器相关的 API 可以执行 2 项基本任务：第 1 项任务就是识别传感器及传感器能力。在运行时识别传感器和传感器能力，对于判断应用程序是否有功能依赖于特殊的传感器类型和能力是有益的。例如，用户可能想要识别当前设备上的所有传感器，并且要禁用所有依赖传感器所不具备的能力的功能。同样，用户可能想要识别所有的给定类型的传感器，以便能够选择适合应用程序需求的传感器。第 2 项任务就是监视传感器事件。监视传感器事件是获取原始传感器数据的方式，传感器事件是在每次检测到它的测量参数发生变化时发生。

9.3 实训项目与演练

实训 传感器综合示例

本实训集中介绍常见传感器的用法。由于传感器依赖于硬件，因此本实训只能运行于真机。

Android 平台下传感器应用的开发通过监听器机制来实现。某一种或多种传感器应用开发的主要步骤如下：

1）创建 SensorManager 对象。通过 SensorManager 可以访问手持设备的传感器，同时该对象还提供了一些方法用于对捕获的数据进行一些计算等处理。在程序中，通过调用 Context.getSystemService() 方法传入参数 SENSOR_SERVICE 来获得 SensorManager 对象。

2）实现 SensorListener 接口。这是开发传感器应用最主要的工作。实现 SensorListener 接口主要应实现以下 2 个函数。

① void onAccuracyChanged (int sensor, int accuracy)。该函数在传感器的精确度发生变化时调用。SensorManager 提供了 3 种精确度，由高到低分别为：SENSOR_STATUS_ACCURACY_HIGH、SENSOR_STATUS_ACCURACY_MEDIUM 和 SENSOR_STATUS_ACCURACY_LOW。参数 accuracy 为新的精确度。

② void onSensorChanged (SensorEvent sensorEvent)。该函数在传感器的数据发生变化时调用。开发传感器应用的主要的业务代码应该放在这里执行，如读取数据并根据数据的变化进行相应的操作等。

3）注册 SensorListener。开发完 SensorListener 之后，剩下的工作就是在程序的适当位置注册监听和取消监听了。在这里调用步骤 1）中获得的 SensorManager 对象的 registerListener() 函数来注册监听器。其接收的参数为监听器对象、传感器类型，以及传感器事件传递的频度。

取消注册 SensorListener 时调用 SensorManager 的 unregisterListener() 函数。一般来讲，注册和取消注册的函数应该成对出现，如果在 Activity 的 onResume() 函数中注册 SensorListener 监听就应在 onPause() 函数或 onStop() 函数中取消注册。

本实训的运行结果如图 9-1 所示，其中温度传感器返回的值为空，说明本次测试的手机没有温度传感器。

图 9-1 传感器的运行结果

```
1    public class MainActivity extends Activity implements SensorEventListener {
2        // 定义真机的 Sensor 管理器及相关控件
3        private SensorManager mSensorManager;
4        EditText etOrientation;
5        EditText etMagnetic;
6        EditText etTemperature;
7        EditText etLight;
8        EditText etPressure;
9
10       @Override
11       public void onCreate(Bundle savedInstanceState)
12       {
13           super.onCreate(savedInstanceState);
14           setContentView(R.layout.activity_main);
15           // 获取界面上的 EditText 组件
16           etOrientation = (EditText) findViewById(R.id.etOrientation);
17           etMagnetic = (EditText) findViewById(R.id.etMagnetic);
18           etTemperature = (EditText) findViewById(R.id.etTemperature);
```

```java
19          etLight = (EditText) findViewById(R.id.etLight);
20          etPressure = (EditText) findViewById(R.id.etPressure);
21          // 获取真机的传感器管理服务
22          mSensorManager = (SensorManager)getSystemService(SENSOR_SERVICE);
23
24      }
25
26      @Override
27      protected void onResume()
28      {
29          super.onResume();
30          // 为系统的方向传感器注册监听器
31          mSensorManager.registerListener(this,
32              mSensorManager.getDefaultSensor(Sensor.TYPE_ORIENTATION),
33              SensorManager.SENSOR_DELAY_GAME);
34          // 为系统的磁力传感器注册监听器
35          mSensorManager.registerListener(this,
36              mSensorManager.getDefaultSensor(Sensor.TYPE_MAGNETIC_FIELD),
37              SensorManager.SENSOR_DELAY_GAME);
38          // 为系统的温度传感器注册监听器
39          mSensorManager.registerListener(this,
40              mSensorManager.getDefaultSensor(Sensor.TYPE_AMBIENT_TEMPERATURE),
41              SensorManager.SENSOR_DELAY_GAME);
42          // 为系统的光传感器注册监听器
43          mSensorManager.registerListener(this,
44              mSensorManager.getDefaultSensor(Sensor.TYPE_LIGHT),
45              SensorManager.SENSOR_DELAY_GAME);
46          // 为系统的压力传感器注册监听器
47          mSensorManager.registerListener(this,
48              mSensorManager.getDefaultSensor(Sensor.TYPE_PRESSURE),
49              SensorManager.SENSOR_DELAY_GAME);
50      }
51
52      @Override
53      protected void onStop()
54      { // 程序退出时取消注册传感器监听器
55          mSensorManager.unregisterListener(this);
56          super.onStop();
57      }
58
59      @Override
60      protected void onPause()
61      { // 程序暂停时取消注册传感器监听器
62          mSensorManager.unregisterListener(this);
63          super.onPause();
64      }
65      // 以下是实现 SensorEventListener 接口必须实现的方法
```

```java
66      @Override
67      // 当传感器精度改变时回调该方法
68      public void onAccuracyChanged(Sensor sensor, int accuracy)
69      {
70      }
71      @SuppressWarnings("deprecation")
72      @Override
73      public void onSensorChanged(SensorEvent event)
74      {
75          float[] values = event.values;
76          // 真机上获取触发 Event 的传感器类型
77          int sensorType = event.sensor.getType();
78
79
80          StringBuilder sb = null;
81          // 判断是哪个传感器发生了改变
82          switch(sensorType)
83          {
84              // 方向传感器
85              case Sensor.TYPE_ORIENTATION:
86                  sb = new StringBuilder();
87                  sb.append("绕 Z 轴转过的角度：");
88                  sb.append(values[0]);
89                  sb.append("\n 绕 X 轴转过的角度：");
90                  sb.append(values[1]);
91                  sb.append("\n 绕 Y 轴转过的角度：");
92                  sb.append(values[2]);
93                  etOrientation.setText(sb.toString());
94                  break;
95              // 磁力传感器
96              case Sensor.TYPE_MAGNETIC_FIELD:
97                  sb = new StringBuilder();
98                  sb.append("X 方向上的角度：");
99                  sb.append(values[0]);
100                 sb.append("\nY 方向上的角度：");
101                 sb.append(values[1]);
102                 sb.append("\nZ 方向上的角度：");
103                 sb.append(values[2]);
104                 etMagnetic.setText(sb.toString());
105                 break;
106             // 温度传感器
107             case Sensor.TYPE_AMBIENT_TEMPERATURE:
108                 sb = new StringBuilder();
109                 sb.append("当前温度为：");
110                 sb.append(values[0]);
111                 etTemperature.setText(sb.toString());
112                 break;
113             // 光传感器
```

```
114                    case Sensor.TYPE_LIGHT:
115                        sb = new StringBuilder();
116                        sb.append(" 当前光的强度为：");
117                        sb.append(values[0]);
118                        etLight.setText(sb.toString());
119                        break;
120                    // 压力传感器
121                    case Sensor.TYPE_PRESSURE:
122                        sb = new StringBuilder();
123                        sb.append(" 当前压力为：");
124                        sb.append(values[0]);
125                        etPressure.setText(sb.toString());
126                        break;
127                }
128            }
129   }
```

单元小结

本单元主要介绍手机中常用传感器的基本知识及简单用法。5G 不仅是通信技术领域的一次重大变革，更是一次产业跨界融合的拓展，将实现由人与人之间的通信扩展到万物互联。5G 时代的应用将不再仅是面向手机，更多的是面向 VR/AR、车联网、无人驾驶、工业互联网、智能家居、智慧城市等应用场景，实现由个人应用向行业应用的转变。传感器被誉为万物互联之眼，利用好各种传感器的智慧感知能力，才能为开发的 App 在各种场景中增添各种便利的功能。

"必须坚持系统观念。万事万物是相互联系、相互依存的。只有用普遍联系的、全面系统的、发展变化的观点观察事物，才能把握事物发展规律。"——《习近平：高举中国特色社会主义伟大旗帜　为全面建设社会主义现代化国家而团结奋斗——在中国共产党第二十次全国代表大会上的报告》

移动 App 有了各种传感器的加成，可以实现万物互联、赋能各行各业，为产业优化升级提供全方位、全角度的支撑。

习　题

1. 举例说明 Android 应用常用的传感器。
2. 请思考：越来越多的应用从 GPS 转为北斗导航定位系统，这给数字化中国建设带来哪些变化？
3. 查阅文献，举例说明我国传感器还面临着哪些"卡脖子"问题。

单元 10
综合实例：新闻客户端的实现

知识目标

- 掌握 Android 应用开发的整体流程和常用技术，包括 UI 设计、数据存储、网络通信、高级组件等。
- 掌握聚合数据 API 开发流程。
- 了解 Android 应用发布的相关知识。

能力目标

- 能够独立完成一款具有一定规模和复杂度的 Android 应用开发任务。
- 能够根据需求进行应用架构设计，并选择合适的技术实现。
- 能够使用聚合数据 API 实现数据查询功能。
- 能够使用第三方框架实现网络请求、数据解析和图片下载等功能。

素质目标

- 培养创新创业思维，能够服务国家创新驱动发展战略。
- 培养软件开发中的法律与伦理意识，能够保护用户数据隐私并合法获取第三方数据。

10.1 系统功能介绍和架构设计

本单元的综合实例通过将 Android 终端和云平台进行功能整合，从而实现基于云服务的科技新闻移动 App 开发。在该应用中，云端以聚合数据为基础，而客户端基于 Android 12.0 版本进行开发。

10.1.1 系统功能介绍

本实例是一个功能相对简单的新闻客户端系统，从目前已有的新闻移动 App 中选取一些核心功能作为实现技术的研究，以引导读者在今后的开发中实现复杂的、能够产品化的移动 App。

本实例的服务器端采用聚合数据云服务，该服务提供了各种各样的 API，如图 10-1 所示。Android 客户端只负责与服务器接入层之间的数据交互，通过 App 向服务器提交 HTTP 请求，以获取服务器的数据响应，从而实现 App 和云服务之间的通信。

本系统主要实现以下 4 方面的功能。

1）通过控件、布局组合实现界面设计及数据显示功能。

2）通过聚合数据 API 获取新闻数据并解析显示。

图 10-1　聚合数据 API 示例

3）通过多媒体播放引擎播放视频。

4）通过 SQLite、SharedPreferences 实现数据存储功能。

10.1.2　系统架构设计

本系统采用目前普遍使用的 MVC 架构，即分为视图层、控制层和业务逻辑层，用户不直接和云服务的数据库进行交互，而是与服务端的接入层进行数据交互，再由接入层访问云数据库，从而把数据返回给用户。

1）视图层：用于在视图中显示用户的各种请求，接管控制层返回的数据。

2）控制层：主要负责视图层和业务逻辑层之间的交互，调用业务逻辑层，并把业务数据经过处理发送至视图层进行展示。

3）业务逻辑层：负责实现系统中的业务逻辑部分，主要负责对云服务访问的封装和各功能之间的业务关系的处理。

此外，本系统中采用 Square 公司提供的开源框架 OkHttp 向服务器提交用户请求，通过该软件可以模拟 HTTP 请求，从而获取服务器的响应数据。这些数据应采用轻量级网络数据交换格式——JSON 数据格式，使开发者能够方便地进行数据解析和展示。

通过采用以上的系统架构，整个应用能够很好地满足用户需求的改变和重构的要求，使得系统具有很好的复用能力，减轻了开发人员重复开发的负担，同时也保证了代码的可靠性，系统架构能够适用于各种平台上的应用开发。

10.2　聚合数据 API Key 的申请

聚合数据是一家基于 API 技术的综合性数据处理服务商，基于 API 技术向客户提供覆盖多领域、多场景的标准化 API 技术服务与集 API 治理、数据治理和相关技术服务于一体的数字化整体解决方案。使用聚合数据提供的 API 需要申请 API Key。申请流程非常简单，首先注册一个聚合数据账号，然后搜索项目需求接口，如图 10-2 所示，搜索笑话大全接口，通过"免费获取"和"立即申请"2 个步骤即可完成 API Key 的申请。

图 10-2　聚合数据 API Key 的申请

最后在"个人中心"→"数据中心"→"我的 API"中查看申请成功的 API Key，样式如图 10-3 所示。

图 10-3　聚合数据 API Key 样式

10.3　JSON 数据的解析

在本系统中，Android 与云服务之间的交互采用 JSON 作为数据交换格式。JSON 是一种轻量级的数据交换格式，该格式既能被用户方便地读取，也可以被计算机解析和生成。同时，JSON 也是一种与语言无关的数据交换格式，结构非常类似 XML。8.5 节已经对 JSON 数据进行了详细的介绍，此处不再赘述。

本系统采用 Gson 框架对 JSON 数据进行解析。以聚合数据"新闻头条"返回的 JSON 数据为例，为了使用 Gson 框架，需要定义 JSON 数据对应的 3 个 JavaBean 类。

```
1   {
2       "reason": "success",
3       "result": {
4           "stat": "1",
5           "data": [
6               {
7                   "uniquekey": "c0611bea6eb961a57b21a0d1008bbe2e",
8                   "title": " 点赞！东海县公安局学雷锋见行动 ",
9                   "date": "2021-03-08 13:38:00",
10                  "category": " 头条 ",
11                  "author_name": " 江南时报 ",
12                  "url": "https://mini.eastday.com/mobile/210308133849892734209.html",
13                  "thumbnail_pic_s": "https://dfzximg02.dftoutiao.com/news/20210308/20210308133849_b9f3d069a1ab400bf2d87fcc15793ca5_1_mwpm_03201609.png",
14                  "is_content": "1"
15              }
16          ],
17          "page": "1",
18          "pageSize": "3"
19      },
20      "error_code": 0
21  }
```

首先，定义新闻数据对应的 DataBean 类。根据 JSON 数据返回的新闻内容键值，它应该包含 uniquekey、title、date、category、author_name、url、thumbnail_pic_s 及 is_content 8 个属性，以及对应的构造方法、get/set 方法等内容。

```
1   public class DataBean implements Serializable {
2       private String uniquekey;
3       private String title;
4       private String date;
5       private String category;
6       private String author_name;
7       private String url;
8       private String thumbnail_pic_s;
9       private String is_content;
10      ...
11  }
```

其次，定义 result 键值对应的 ResultBean 类，它包含 stat、data、page 和 pageSize 4 个属性，以及对应的构造方法、get/set 方法等内容。

```
1   public class ResultBean implements Serializable {
2       private String stat;
3       private List<DataBean> data ;
4       private String page;
5       private String pageSize;
6       ...
7   }
```

最后，定义最外层的 RootBean 类，它包含 reason、result 和 error_code 3 个属性，以及对应的构造方法、get/set 方法等内容。

```
1   public class RootBean implements Serializable {
2       private String reason;
3       private ResultBean result;
4       private int error_code;
5       ...
6   }
```

有了对应的 JavaBean 类，就可以使用 Gson 框架实现数据解析。下面代码已经获取到了 RootBean 对象，进一步通过各个 JavaBean 类提供的 get 方法，可以获取到 JSON 数据封装的所有数据信息。

```
1   Gsongson = new Gson();
2   RootBean rootBean = gson.fromJson(json, RootBean.class);
3   ResultBean resultBean = rootBean.getResult();
4   ...
```

10.4 注册登录功能的实现

单元 3 的实训项目已经完成了登录界面设计，这里增加一个注册界面设计。单击登录界面的"注册"文字链接，即可打开注册界面，如图 10-4 所示。

图 10-4　注册登录页面

下面着重介绍如何利用单元 7 介绍的 SQLite 实现数据存储功能。首先需要借助辅助类 SQLiteOpenHelper 创建数据库表结构，具体代码如下：

```
1   public class MyDatabaseHelper extends SQLiteOpenHelper {
2       public static final String DBNAME="newsclient.db";
3       public static final int VERSION=1;
4       public MyDatabaseHelper(@Nullable Context context) {
5           super(context, DBNAME, null, VERSION);
6       }
7       @Override
8       public void onCreate(SQLiteDatabase sqLiteDatabase) {
9           String table = "create table if not exists user(id integer primary key autoincrement," +
10                  "username text not null," +
11                  "password text not null," +
12                  "email text not null)";
13          sqLiteDatabase.execSQL(table);
14      }
15      @Override
16      public void onUpgrade(SQLiteDatabase sqLiteDatabase, int i, int i1) {}
17  }
```

第 2 行代码声明了数据库名称。

第 3 行代码声明了当前数据库版本号。

第 4～6 行代码重写了构造方法，仅接收 Context 参数即可。

第 7～14 行代码创建了数据库表结构，根据注册界面的信息存储了用户名、密码和邮箱信息。

第 15～16 行代码用于数据库版本更新，只有第 3 行的版本号发生变化时才会触发。

通过 SQLiteOpenHelper 辅助类创建 SQLiteDatabase 对象后，即可实现数据的增删改查操作功能。以存储用户注册信息为例，具体代码如下：

```
1  MyDatabaseHelper helper=new MyDatabaseHelper(RegisterActivity.this);
2  SQLiteDatabase database=helper.getWritableDatabase();
3  ContentValues values = new ContentValues();
4  values.put("username",usernameString);
5  values.put("password",Utils.getMD5(passwordString));
6  values.put("email",emailString);
7  database.insert("user",null,values);
8  database.close();
```

第 1 行代码用于初始化 SQLiteOpenHelper 辅助类对象。

第 2 行代码用于初始化 SQLiteDatabase 对象。

第 3～6 行代码向数据库表中插入了一条数据。

注意：第 5 行代码对密码进行了 MD5 加密，Utils.getMD5(passwordString) 是自定义加密方法。

第 8 行代码说明数据操作结束后及时关闭数据库。

用户注册成功后，继续实现登录功能。登录模块业务处理较为复杂，首先要判断用户名是否存在，若用户名存在，则根据用户名查询数据库中对应的账号密码，最后判断存储密码和用户输入密码是否一致。具体代码如下：

```
1   MyDatabaseHelper helper=new MyDatabaseHelper(LoginActivity.this);
2   SQLiteDatabase database=helper.getWritableDatabase();
3   Cursor cursor =database.rawQuery("select * from user where username=? limit 1",new
        String[]{usernameString});
4   int count= cursor.getColumnCount();
5   if (count==0){
6       Utils.show(LoginActivity.this," 用户名不存在 ");
7       return;
8   }
9   // 查询结果不为空，获取唯一返回数据
10  cursor.moveToNext();
11  String rightWord=cursor.getString(2);
12  database.close();
13  if (Utils.getMD5(passwordString).equals(rightWord)){
14      // 登录成功，跳转到主界面
15      Utils.startActivity(LoginActivity.this,MainActivity.class);
16      // 结束登录 Activity，防止主界面退回时再次进入登录界面
```

```
17        finish();
18    } else {
19        Utils.show(LoginActivity.this," 用户名和密码不匹配 ");
20    }
```

第 3 行代码根据用户名查询用户信息，此处的 limit 1 说明查询到第 1 条数据后即可结束后续数据查询。

第 4 行代码获取查询数据总数，返回值只有 0 和 1 两种情形。

第 5～8 行代码说明不存在对应的用户名。

第 10 和 11 行代码获取用户名对应的存储密码。

第 13～17 行代码说明如果用户输入的密码和数据库中查询到的密码一致，则跳转到主界面，同时结束登录界面 Activity，防止主界面退出时返回到登录界面。

10.5　新闻浏览功能的实现

登录成功后，首页显示新闻列表，单击某一条新闻跳转到新闻详情界面。如图 10-5 所示，详情页显示了麒麟 980 代表我国芯片产业突破的意义，为推动新一轮科技革命和产业变革深入发展，我们必须实现高水平科技自立自强。单元 4 的实训项目已经实现了新闻客户端底部导航栏功能和新闻列表显示功能，这里主要讲解如何通过聚合数据 API，借助网络访问云端新闻数据。

图 10-5　新闻列表界面

聚合数据 API 通过 HTTP 的 POST 或者 GET 操作来获取实时新闻数据，具体有两方面的数据交换格式：一个是服务器提交格式，另一个是服务器返回数据格式。

1）服务器提交格式。服务器提交格式见表 10-1。

表 10-1 服务器提交格式

URL 接口	http://v.juhe.cn/toutiao/index	
参数	key	在个人中心→我的数据→接口名称上方查看 key 值，必须上传参数
	type	支持的新闻类型，默认为 top（推荐），还有 guonei（国内）、guoji（国际）等数十种类型
	page	当前页数，默认为 1，最大为 50
	page_size	每页返回条数，默认为 30，最大为 30
	is_filter	是否只返回有内容详情的新闻，1 代表是，默认为 0
GET 请求实例	http://v.juhe.cn/toutiao/index?type=top&key=APPKEY	

2）服务器返回数据格式。服务器返回数据格式见表 10-2。

表 10-2 服务器返回数据格式

内容	说明	
| 数据返回格式 | ```
{
    "reason": "success",
    "result": {
        "stat": "1",
        "data": [
            {...}
        ],
        "page": "1",
        "pageSize": "3"
    },
    "error_code": 0
}
``` | |
参数	reason	返回说明，例如 success
	result	返回结果集，其内容主要由若干个数组元素组成，每个数组元素都为一条具体的新闻信息
	error_code	返回码，例如 0 表示正确返回
| GET 请求实例 | ```
{
    "reason": "success",
    "result": {
        "stat": "1",
        "data": [
            {
                "uniquekey": "c0611bea6eb961a57b21a0d1008bbe2e",
                "title": "点赞！东海县公安局学雷锋见行动",
                "date": "2021-03-08 13:38:00",
                "category": "头条",
                "author_name": "江南时报",
                "url": "https://mini.eastday.com/mobile/210308133849892734209.html",
                "thumbnail_pic_s": "https://dfzximg02.dftoutiao.com/news/20210308/20210308133849_b9f3d069a1ab400bf2d87fcc15793ca5_1_mwpm_03201609.png",
                "is_content": "1"
            }
        ],
        "page": "1",
        "pageSize": "3"
    },
    "error_code": 0
}
``` | |

以上便是聚合数据新闻 API 的使用方法。那么对于 Android 应用程序来说，主要完成两方面的工作：一个是向服务器发送参数请求，另一个则是从服务器上获取返回结果，并显示在屏幕中。在 10.3 节已经讲解了返回结果数据解析方法，下面重点讲解如何通过 OkHttp 框架发送 HTTP 请求，以及如何通过 Glide 框架下载图片。首先需要完成以下相关配置。

1）build.gradle 文件远程依赖配置。

```
dependencies {
    implementation 'com.squareup.okhttp3:okhttp:4.10.0'
    implementation 'com.github.bumptech.glide:glide:4.15.0'
    annotationProcessor 'com.github.bumptech.glide:compiler:4.15.0'
    ...
}
```

2）AndroidManifest.xml 网络权限配置。

```
<uses-permission android:name="android.permission.ACCESS_NETWORK_STATE"/>
<application
    ...
    android:usesCleartextTraffic="true">
```

注意： android:usesCleartextTraffic="true" 表示允许使用明文流量请求，如 HTTP 请求。

配置完成以后，首先通过 OkHttp 框架访问聚合数据新闻 API，具体代码如下：

```
1   // 使用 OkHttp 框架 get 异步请求
2   OkHttpClient okHttpClient = new OkHttpClient();
3   Request request = new Request.Builder()
4       .url(Utils.URL)
5       .build();
6   okHttpClient.newCall(request).enqueue(new Callback() {
7       @Override
8       public void onFailure(Call call, IOException e) {
9           // 失败回调
10          
11      }
12      @Override
13      public void onResponse(Call call, final Response response) throws IOException {
14          String json = response.body().string();
15          // 响应成功，这个回调在子线程中，所以不需要创建线程
16          if (response.isSuccessful()) {
17              // 解析 JSON 字符串
18              Gson gson = new Gson();
19              RootBean rootBean = gson.fromJson(json, RootBean.class);
20              ResultBean resultBean = rootBean.getResult();
21              list.clear();
22              list.addAll(resultBean.getData());
23              // 因为在子线程，所以需要回到主线程中更新 UI 数据
24              getActivity().runOnUiThread(new Runnable() {
```

```
25          @Override
26          public void run() {
27              adapter.notifyDataSetChanged();
28          }
29      });
30    }
31  }
32 });
```

第 2 行代码创建了 OkHttp 框架对象。

第 3～5 行代码封装了请求信息，包括聚合数据接口地址（URL）及相关参数。

第 6～32 行代码发送了异步 HTTP 请求。

第 14 行获取请求成功返回的 JSON 字符串。

第 18～22 行代码对返回 JSON 字符串进行解析，并一次性添加到新闻列表数据集合中。

第 24～29 行代码在主线程中通知新闻列表界面刷新数据。

上述代码实现了对新闻列表 JSON 数据的请求、解析及显示功能，但是新闻列表中的图片还需要借助 Glide 框架进行下载。具体代码如下：

```
1  @Override
2  public View getView(int i, View view, ViewGroup viewGroup) {
3      view = mInflater.inflate(R.layout.newsitem, null);
4      ImageView imageView = view.findViewById(R.id.pic);
5      ...
6      Glide
7          .with(context)
8          .load(bean.getThumbnail_pic_s())
9          .centerCrop()
10         .placeholder(R.drawable.ic_launcher_background)
11         .into(imageView);
12     return view;
13 }
```

注意： 图片的下载是在适配器 BaseAdapter 的 getView 方法中实现的。单击新闻列表的每一行即可查看具体新闻内容。由于 JSON 数据已经提供了新闻来源数据，本系统采取 WebView 直接加载原新闻内容，具体代码如下：

```
// 获取传递过来的新闻数据
Intent intent = getIntent();
url = intent.getStringExtra("url");
webView.loadUrl(url);
```

10.6 视频播放功能的实现

视频已经成为新闻娱乐不可或缺的热点资源。本案例实现了视频播放功能，效果如

图 10-6 所示，包括视频播放、暂停、进度条滑动，以及显示当前播放时间、视频总时长等信息。

图 10-6　视频播放页面

单元 6 讲解了多媒体相关知识，这里来看一下视频播放器具体代码。

```
1   VideoView videoView = findViewById(R.id.videoview);
2   videoView.setVideoPath ("http:…");
3   videoView.setMediaController(new MediaController(this));
4   videoView.setOnPreparedListener(new MediaPlayer.OnPreparedListener() {
5       @Override
6       public void onPrepared(MediaPlayer mp) {
7           videoView.start();
8       }
9   });
10  videoView.setOnCompletionListener(new MediaPlayer.OnCompletionListener() {
11      @Override
12      public void onCompletion(MediaPlayer mp) {
13          videoView.start();
14      }
15  });
16  videoView.setOnErrorListener(new MediaPlayer.OnErrorListener() {
17      @Override
18      public boolean onError(MediaPlayer mp,int what,int extra) {
19          return false;
20      }
21  });
```

第 1 行代码使用系统自带的 VideoView 视频播放组件。
第 2 行代码声明了视频资源地址，输入视频播放网址即可。
第 3 行代码绑定系统自带的视频播放控制器。
第 4～9 行代码用于视频缓冲，完成缓冲后播放视频。
第 10～15 行代码用于监听视频是否播放完毕。
第 16～21 行代码用于监听视频播放过程中出现的错误。

10.7 个人中心功能的实现

个人中心模块功能较为简单，主要包括记住用户名和密码，以及退出登录清空数据两大功能，如图 10-7 所示。本案例没有存储具体的用户名和密码数据，而是借助登录成功才能查看新闻客户端这一特点，记住了是否登录成功这一 Boolean 型状态。

当用户打开"记住用户名和密码"Switch 控件，系统会把用户登录状态置为 true，下次用户登录时直接打开应用主界面。当用户打开"退出登录清空数据"Switch 控件，系统会把用户登录状态置为 false，主要借助 SharedPreference 实现了此功能。关键代码如下：

图 10-7　个人中心模块

```
1   SharedPreferences preferences=context.getSharedPreferences(name,mode);
2   SharedPreferences.Editor editor=preferences.edit();
3   mSwitch1.setOnCheckedChangeListener(new CompoundButton.OnCheckedChangeListener() {
4       @Override
5       public void onCheckedChanged(CompoundButton compoundButton,boolean b) {
6           if (b){
7               // 记住用户名和密码
8               editor.putBoolean("login",true);
9           } else {
10              // 清空用户名和密码
11              editor.putBoolean("login",false);
12          }
13          editor.commit();
14      }
15  });
```

第 1 行代码用于创建本地 SharedPreferences 类型存储文件。
第 2 行代码用于初始化 SharedPreferences.Editor 对象，它负责数据的保存和修改。
第 4～15 行代码监听了 Switch 组件开关状态，并根据状态决定是否记住用户名和密码。

单元小结

本单元主要介绍了数据存储、网络数据的交互、JSON 数据的解析、图片的下载等技术的实现方法和综合使用。虽然实例相对简单，但基本的编程思想和技术都已经融入其中，因此读者掌握后应能做到举一反三。在学习本单元时需要重点掌握的是聚合数据 API 的访问、组件和布局的使用、HTTP 网络数据的交换及 JSON 数据的解析和展示，还有多媒体播放等知识。

"不积跬步，无以至千里；不积小流，无以成江海。"——《荀子·劝学》

本单元通过一个科技新闻客户端的实现对前面的单元做一个整理，是每个单元中学到的知识和技能的一次大练兵。平时练习中一点一滴的积累，才能汇聚成最后这个综合案例。读者可参考本案例的技术和框架，举一反三，不断积累，独立探索开发各类 App，比如促进产业发展的工业互联网 App、服务社会的民生应用 App 等。

习 题

1. 举例说明 Android 应用开发常见的第三方 API。
2. 举例说明我国有哪些占据全球领先位置的 App，并分析它们成功的原因。

参 考 文 献

[1] 任杰，鲁育铭，程诺. Android 应用开发教学设计与实践 [J]. 现代职业教育，2020（9）：36-37.

[2] 龙华. 基于 Android 和微信小程序的实验器材设计 [J]. 现代计算机，2022（2）：97-100.

[3] 王家乐，王勋，谢波. 基于群体工程实验的 Android 应用开发课程改革 [J]. 计算机教育，2021（5）：113-115.

[4] 王伟东，罗莹，王坤，等.《Android 平台开发》课程教学改革 [J]. 中国新通信，2021（11）：174-175.

[5] 张亿军. "Android 开发技术"课程建设实施研究 [J]. 计算机时代，2021（12）：95-97，101.

[6] 孙兴华，梁俊花. 基于 Android 的物联网课程体系探索 [J]. 河北北方学院学报（社会科学版），2013（6）：96-99.

[7] 桂易琪. Android 移动开发教学方法的研究与探索 [J]. 课程教育研究，2017（7）：238-239.

[8] 张阳.《Android 程序设计》"应用驱动"教法研究 [J]. 山西青年，2017（15）：41.

[9] 汤方剑，张小飞，胡婷. 面向 Android 应用的安全性评估方案研究 [J]. 信息技术与信息化，2022（11）：41-44.